清华社"视频大讲堂"大系

高效办公视频大讲堂

U0204007

Excel 2019

在市场营销工作中的典型应用 ·（视频教学版）

赛贝尔资讯 ◎编著

清华大学出版社

北京

内 容 简 介

本书针对初、中级读者的学习特点，透彻讲解 Excel 在市场营销领域的各项典型应用。通过剖析大量行业案例，让读者在"学"与"用"的两个层面上融会贯通，真正掌握 Excel 精髓。系统学习本书可以帮助各行业的市场营销人员快速、高效地完成日常工作，提升个人及企业的竞争力。

全书共 13 章，内容包括常用销售表单、客户资料管理、销售任务管理、销售数据统计分析、销售收入统计分析、销售利润统计分析、销售成本统计分析、销售报表、往来账款管理、销售业绩考核与管理、采购与库存管理、销售预测分析和公司营销决策分析。本书以 Excel 2019 为基础进行讲解，适用于 Excel 2019/2016/2013/2010/2007/2003 等各个版本。

本书面向需要提高 Excel 应用技能的各层次读者，可作为市场营销、销售管理等岗位人员的案头必备工具书。

图书在版编目（CIP）数据

Excel 2019 在市场营销工作中的典型应用：视频教学版 / 赛贝尔资讯编著 . — 北京：清华大学出版社，2022.1（2024.2重印）
（清华社"视频大讲堂"大系高效办公视频大讲堂）
ISBN 978-7-302-58996-9

Ⅰ . ① E… Ⅱ . ①赛… Ⅲ . ①表处理软件—应用—市场营销学 Ⅳ . ① TP391.13 ② F713.50–39

中国版本图书馆 CIP 数据核字 (2021) 第 174823 号

责任编辑：贾小红
封面设计：姜　龙
版式设计：文森时代
责任校对：马军令
责任印制：沈　露

出版发行：清华大学出版社
　　　　网　　址：https://www.tup.com.cn，https://www.wqxuetang.com
　　　　地　　址：北京清华大学学研大厦 A 座　　　邮　　编：100084
　　　　社 总 机：010–83470000　　　　　　　　邮　　购：010–62786544
　　　　投稿与读者服务：010-62776969，c-service@tup.tsinghua.edu.cn
　　　　质量反馈：010-62772015，zhiliang@tup.tsinghua.edu.cn
印 装 者：大厂回族自治县彩虹印刷有限公司
经　　销：全国新华书店
开　　本：170mm×230mm　　　印　　张：15.75　　　字　　数：512 千字
版　　次：2022 年 3 月第 1 版　　　　　　　　印　　次：2024 年 2 月第 2 次印刷
定　　价：69.80 元

产品编号：090122-01

前◉言

时至今日，如果你还认为 Excel 仅仅是一个录入数据和制作表格的工具，那你就大错特错了。

无论哪个行业，业务流程中都会产生大量的数据，这些数据中隐含着许多有价值的结论和信息，但一般人很难清晰地看明白。Excel 就是这样一个工具，借助它，你可以快速地对海量数据进行多维度筛选、处理、计算和分析，得出一些可视化的结论，进而找出其中隐藏的现象、规律、矛盾等，为进一步的业务决策提供依据。用好 Excel，我们的工作会更轻松便捷、游刃有余。

市场营销和销售管理工作中，业务繁杂，工作细碎，需要打交道的层面非常多，有供应商、渠道商、终端用户、库房管理部门、财务部门、人力考核部门等；接触到的报表有各类销售报表、客户管理报表、成本报表、利润报表、往来账款报表、采购报表、库存报表等，每个都很重要，绝对不能出错。营销及销售部门做出的营销预算和决策分析更需要建立在足够的数据支撑及客观、理性、合理之上。

本书重点探讨 Excel 在市场营销和销售管理工作中的应用，详细介绍了各类相关报表的统计和分析方法，如常见的函数应用、数据分析工具、规划求解、图表，数据透视表等。同时，教会大家如何利用市场营销知识对宏观数据做预测分析和公司营销决策分析。

本书恪守"实用"的原则，力求为读者提供大量实用、易学的操作案例，让营销人员从杂乱庞大的数据中快速找到重点，从而更好地把握现在及未来的市场营销分析和决策。在操作环境上，本书以 Excel 2019 为基础进行讲解，但内容和案例本身同样适用于 Excel 2016/2013/ 2010/2007/2003 等各个版本。

本书特点

本书针对初、中级读者的学习特点，透彻讲解 Excel 在市场营销和销售管理中的典型应用，让读者在"学"与"用"两个层面上实现融会贯通，真正掌握 Excel 的精髓。

> ➤ **系统、全面的知识体系。** 本书对市场营销、销售管理工作中的常用表格和各种数据分析技巧进行归纳整理，每一章都含有多个完整、系统的数据分析案例，帮助读者理出一条清晰的学习思路，更有针对性。

> ➤ **高清教学视频，易学、易用、易理解。** 本书采用全程图解的方式讲解操作步骤，清晰直观；同时，本书提供了 172 节同步教学视频，手机扫码，随时观看，充分利用碎块化时间，快速、有效地提升 Excel 技能。

- 一线行业案例，数据真实。本书所有案例均来自于一线企业，数据更真实、实用，读者可即学即用，随查随用，拿来就用。同时围绕数据分析工作中的一些常见问题，给出了理论依据、解决思路和实用方法，真正使读者"知其然"和"知其所以然"。
- 经验、技巧荟萃，速查、速练、速用。为避免读者实际工作中走弯路，本书对一些易错、易被误用的知识点进行了归纳总结，以经验、技巧、提醒的形式出现，读者可举一反三，灵活运用，避免"踩坑"。同时，本书提供了 Excel 技术点便捷查阅索引，并额外提供了数千个 Word、Excel、PPT 高效办公常用技巧和素材、案例，读者工作中无论遇到什么问题，都可以随时查阅，快速解决问题，是一本真正的案头必备工具书。
- QQ 群在线答疑，高效学习。

配套学习资源

纸质书内容有限，为方便读者掌握更多的职场办公技能，除本书中提供的案例素材和对应的教学视频外，还免费赠送了一个"职场高效办公技能资源包"，其内容如下。

- 1086 节 Office 办公技巧应用视频：包含 Word 职场技巧应用视频 179 节，Excel 职场技巧应用视频 674 节，PPT 职场技巧应用视频 233 节。
- 115 节 Office 实操案例视频：包含 Word 工作案例视频 40 节，Excel 工作案例视频 58 节，PPT 工作案例视频 17 节。
- 1326 个高效办公模板：包含 Word 常用模板 242 个，Excel 常用模板 936 个，PPT 常用模板 148 个。
- 564 个 Excel 函数应用实例：包含 Excel 行政管理应用实例 88 个，人力资源应用实例 159 个，市场营销应用实例 84 个，财务管理应用实例 233 个。
- 680 多页速查、实用电子书：包含 Word/Excel/PPT 实用技巧速查，PPT 美化 100 招。
- 937 个设计素材：包含各类办公常用图标、图表、特效数字等。

读者扫描本书封底的"文泉云盘"二维码，或微信搜索"清大文森学堂"，可获得加入本书 QQ 交流群的方法。加群时请注明"读者"或书名以验证身份，验证通过后可获取"职场高效办公技能资源包"。

读者对象

本书面向需要提升 Excel 数据分析技能，进而提供工作效率的各层次读者，可作为高效能数据分析人员的案头必备工具书。本书适合以下人群阅读：

- 从事市场营销、销售工作的专职或兼职人员
- 以 Excel 为主要工作环境进行数据计算和分析的办公人员
- 经常使用 Excel 制作各类报表和图表的用户
- 希望掌握 Excel 公式、函数、图表、数据透视表的用户
- 在校学生和社会求职者

本书由赛贝尔资讯策划和组织编写。尽管在写作过程中，我们已力求仔细和精益求精，但不足和疏漏之处仍在所难免。读者朋友在学习过程中，遇到一些难题或是有一些好的建议，欢迎通过清大文森学堂和 QQ 交流群及时向我们反馈。

祝学习快乐！

编者
2022 年 1 月

目●录

目录

V

第10章 销售业绩考核与管理

第11章 采购与库存管理

第12章 销售预测分析

第13章 公司营销决策分析

第1章

常用销售表单

营销所获取的第一手资料即为原始的产品销售数据。因为只有依照原始销售数据的分析结果，才可以根据瞬息万变的市场随时调整营销策略，以获取最大利润。而在实际的销售市场需求中，经常会用到各种各样的表格及票据，通过对这些表格及票据进行合理设计，设置统一的格式等，可以大大地为营销工作提供方便。

- ☑ 商品报价单
- ☑ 商品订购单
- ☑ 批量订货价格折扣表
- ☑ 商品发货单

1.1 商品报价单

"商品报价单"可用于公司招、投标或者商品管理，主要包括客户的基本信息、各项产品的信息以及报价内容和备注信息，如图1-1所示。

	A	B	C	D	E	F	G	H	I	J	K	L	M
1				产品报价表									
2	客户名称		供货单位										
3	地址		地址										
4	电话		电话										
5	传真		传真										
6	联系人		联系人										
7	手机		手机										
8	邮箱		邮箱										
9	谢谢您的垂询。我们很高兴给您提供如下报价价目明细表												
10								备 注					
11	序号	品 名	型号	规 格	单位	单价¥	单价¥						
12	1					未含税	含税						
13	2												
14	3												
15	4												
16	5												
17	6												
18	7												
19	备注：												
20	1．本报价20天内有效，超过20天请重新寻价。												
21	2．如有库存，将在三天内发货，如无库存，生产周期为21天。												
22	3．含税价格，为17%增值税。												
23	4．付款方式为：在您的信用未得到认可前，要求100%预付。至于日后合作之月结条件，需要先填写《客户信用调查表》，由我司进行专业评估后再做决定。												
24	5．此报价仅限客户需求数量报价，如其他数量则需另外提供报价。												
25	如果对上述条款有任何问题，请随时向我们垂询。												

图 1-1

1.1.1 输入文本

1. 使用序列填充输入序号

❶ 打开 Excel 2019 工作簿，右击 Sheet1 工作表标签，在弹出的快捷菜单中单击"重命名"命令，如图1-2所示。

图 1-2

❷ 输入新的工作表名称，如图1-3所示。

图 1-3

❸ 接着在工作表中输入标题、公司名称、日期以及相关表格项目文本。并在 A12 单元格中输入 1 并选中，如图1-4所示。

❹ 利用填充柄，拖动至 A18 单元格，松开鼠标，然后在弹出的快捷菜单中选中"填充序列"单选按钮，如图1-5所示。

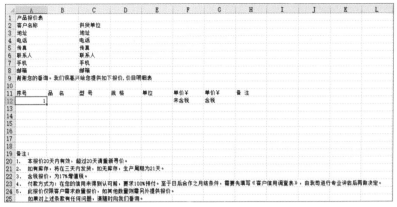

图 1-4

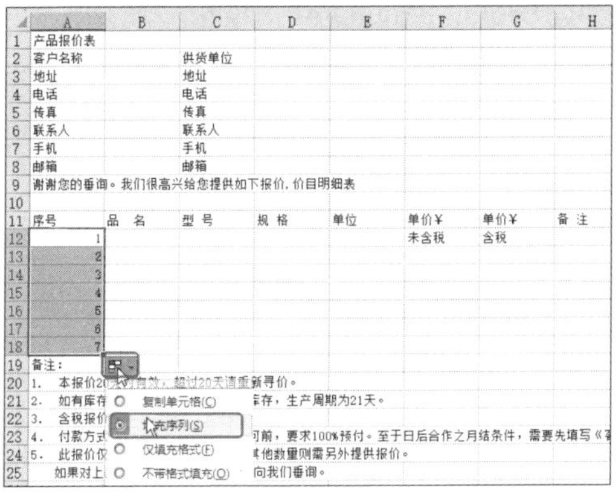

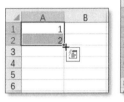

图 1-5

图1-6 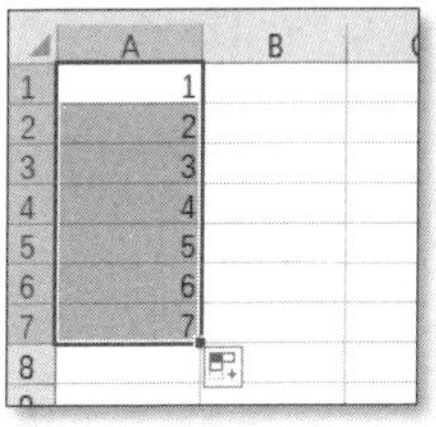   图1-7

2. 设置字体格式

❶ 选中 A1:H1 单元格区域，切换到"开始"选项卡，单击"对齐方式"组中的"合并后居中"按钮。然后设置字号为 18，字体为"宋体"，如图 1-8 所示。

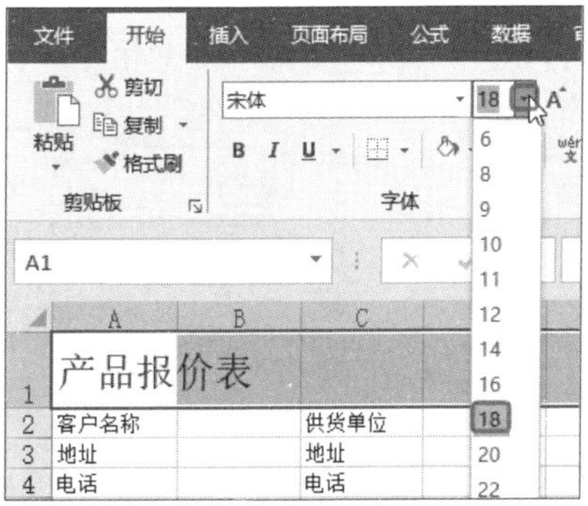

图 1-8

❷ 选中 A1:H1 单元格区域，切换到"开始"选项卡，单击"对齐方式"组中的"合并后居中"按钮，即可合并居中标题，如图 1-9 所示。再按照相同的方法合并其他单元格区域，如图 1-10 所示。

✍ **专家提示**

如果要快速复制相同的序号，则可以在如图 1-5 所示的列表中选择"复制单元格"命令即可。

🎯 **知识扩展**

也可以在表格的前两个单元格中输入数字 1 和数字 2（如图 1-6 所示），再将鼠标指针放在 A2 单元格右下角，出现黑色十字形时，按住鼠标左键向下拖动至 A7 单元格，释放鼠标左键后，即可完成指定序列的填充，如图 1-7 所示。

图 1-9

图 1-10

❸ 选中整个数据单元格区域，在"开始"选项卡的"字体"组中为字体设置格式和大小，如图 1-11 所示。

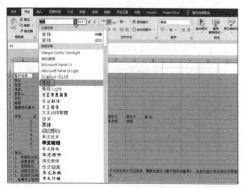

图 1-11

1.1.2 设置边框和底纹

❶ 选中要添加边框的单元格区域，在"开始"

选项卡的"对齐方式"组中单击右侧的对话框启动器按钮（如图 1-12 所示），打开"设置单元格格式"对话框。

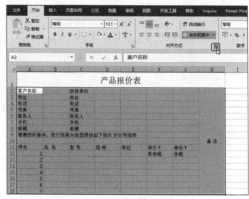

图 1-12

❷ 在"边框"选项卡下，分别设置边框线条的颜色和样式，并单击"预置"栏下的"外边框"，如图 1-13 所示。

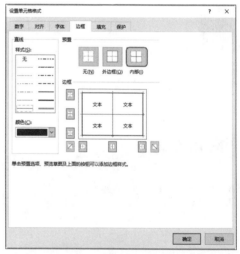

图 1-13

❸ 再次设置内部边框的线条颜色和样式，并单击"预置"栏下的"内部"，如图 1-14 所示。

❹ 单击"确定"按钮返回表格，即可看到表格添加的边框线效果，如图 1-15 所示。

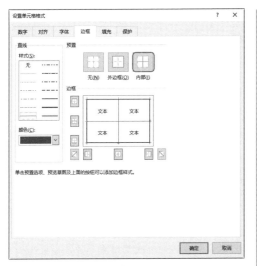

图 1-14

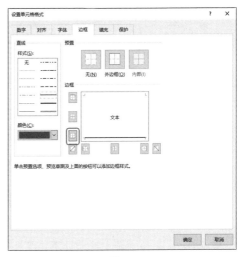

图 1-16

图 1-15

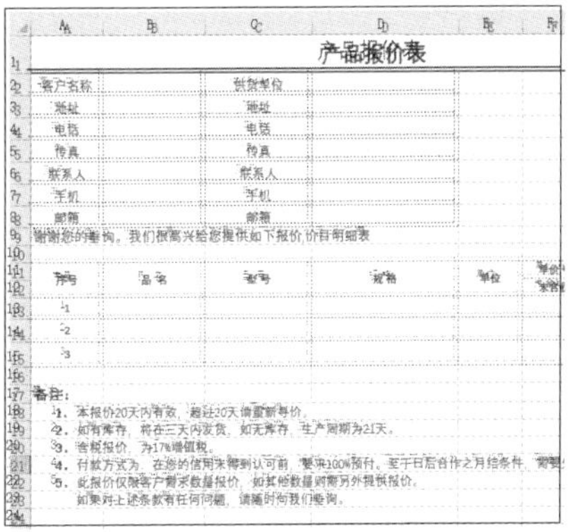

图 1-17

知识扩展

如果要设置自定义边框样式，可以在"边框"栏下设置自定义边框样式。选中 A1 单元格后，打开"设置单元格格式"对话框，设置好线条颜色和样式后，单击"边框"栏下的"下框线"按钮（如图 1-16 所示），即可为单元格只添加下框线，效果如图 1-17 所示。

1.1.3 设置行高和列宽

❶选择 A2:H18 单元格区域，换到"开始"标签，在"单元格"选项组中单击"格式"右侧的下拉按钮，在下拉菜单中选择"行高"选项，如图 1-18 所示。

❷打开"行高"对话框，输入行高值为 20，如图 1-19 所示。

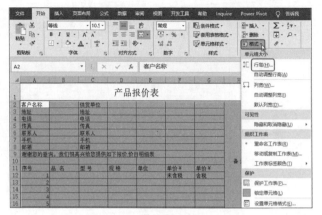

图 1-18

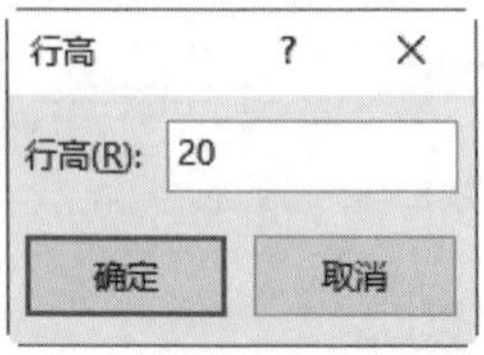

图 1-19

❸ 单击“格式”右侧的下拉按钮，在下拉菜单中选择“列宽”选项。打开“列宽”对话框，可以设置自定义列宽。

❹ 将报价单各部分进一步完善后，即可完成商品报价单的设计制作，如图 1-20 所示。

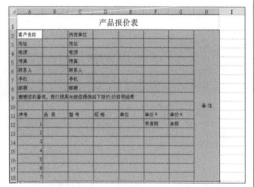

图 1-20

专家提示

如果要快速将列宽或者行高自适应单元格内的文本长度，则可以在“格式”列表中选择“自动调整行高”或“自动调整列宽”命令。

知识扩展

如果要手动快速调整行高和列宽，则可以将鼠标指针放在要调整的列的列边线上，按住鼠标左键向右拖动（如图 1-21 所示），释放鼠标左键即可改变列宽。将鼠标指针放在要调整的行的行边线上，按住鼠标左键向下拖动（如图 1-22 所示），释放鼠标左键即可改变行高。

图 1-21

图 1-22

一次性选中多个列，拖动列边线即可调整多列列宽（如图 1-23 所示），一次性选中多个行，拖动行边线即可调整多行行高，如图 1-24 所示。

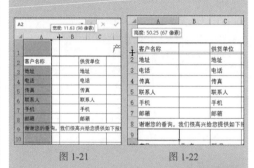

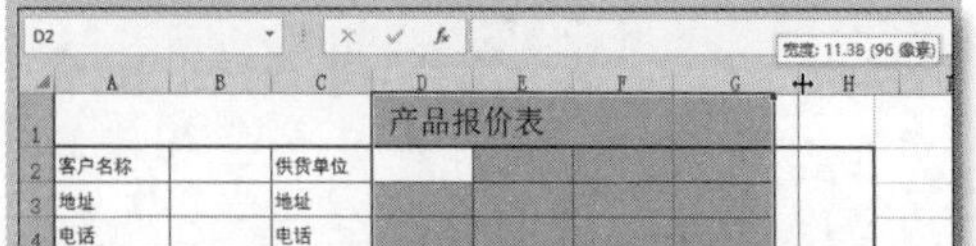

图 1-23

图 1-24

1.2 ▶ 商品订购单

公司和其他客户有交易往来时，为了方便管理商品订购信息，可以建立表格即"商品订购单"，分别输入产品的基本信息和订购价格，如图 1-25 所示。

商品订购单

序号	产品类别	产品名称	规格	单位	单价（元）	折扣率	订购数量	总计
1	书写工具	中性笔	3色	件	¥ 200.00	0.88	120	¥ 21,120.00
2	财务用品	请假条	黑白	件	¥ 280.00	0.90	90	¥ 22,680.00
3	书写工具	圆珠笔	黑	件	¥ 330.00	0.88	100	¥ 29,040.00
4	书写工具	记号笔	蓝色	条	¥ 180.00	0.90	40	¥ 6,480.00
5	文具管理	杂志格	3色	条	¥ 340.00	0.90	80	¥ 24,480.00
6	白板系列	儿童画板	蓝色	条	¥ 320.00	0.88	400	¥ 112,640.00
7	书写工具	橡皮	粉色	件	¥ 120.00	0.88	100	¥ 10,560.00
8	财务用品	付款凭证	淡蓝	件	¥ 280.00	0.90	80	¥ 20,160.00
9	书写工具	削笔器	蓝色	条	¥ 180.00	0.90	70	¥ 11,340.00
10	白板系列	优质白板	蓝色	件	¥ 126.00	0.88	120	¥ 13,305.60
11	纸张制品	华丽活页芯	3色	件	¥ 190.00	0.88	100	¥ 16,720.00
12	桌面用品	订书机	蓝色	条	¥ 180.00	0.90	90	¥ 14,580.00
13	文具管理	展会证	蓝色	件	¥ 69.00	0.90	80	¥ 4,968.00
14	财务用品	账本	2色	件	¥ 100.00	0.88	130	¥ 11,440.00

客户名称:美天服饰　　　　　　　　　　　　　　　　地址:长江路206号

总合计　　　　　　　　　　　　　　　　　　　　¥ 319,513.60

此订购单在一周内送达
用户确认：　　　　　　　　　　　联系电话:××××××××

蓝天服饰配送部
2020年5月15日

图 1-25

1.2.1 公式计算

商品订购单，应包含客户名称、地址、联系电话、订购商品名称、订购数量、单价及总计金额等信息。下面通过公式计算来完成商品订购单的创建。

❶ 重命名 Sheet2 工作表为"商品订购单"，在工作表中输入商品订购相关数据，并进行适当设置，如图 1-26 所示。

图 1-26

❷在 I4 单元格中输入公式：

=H4×F4×G4

按 Enter 键，拖动 I4 单元格右下角的填充柄，向下复制公式至 I17 单元格，即可计算出每种商品的订购价格，如图 1-27 所示。

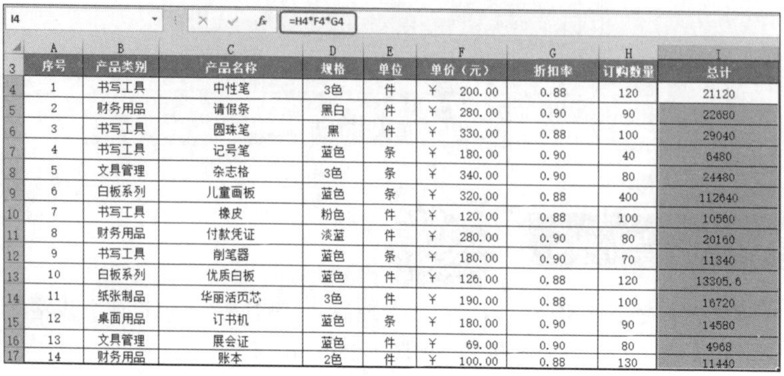

图 1-27

❸选中"I4:I17"单元格区域，单击"公式"选项卡，在"函数库"组中单击"自动求和"按钮，在下拉菜单中选择"求和"命令，如图 1-28 所示。

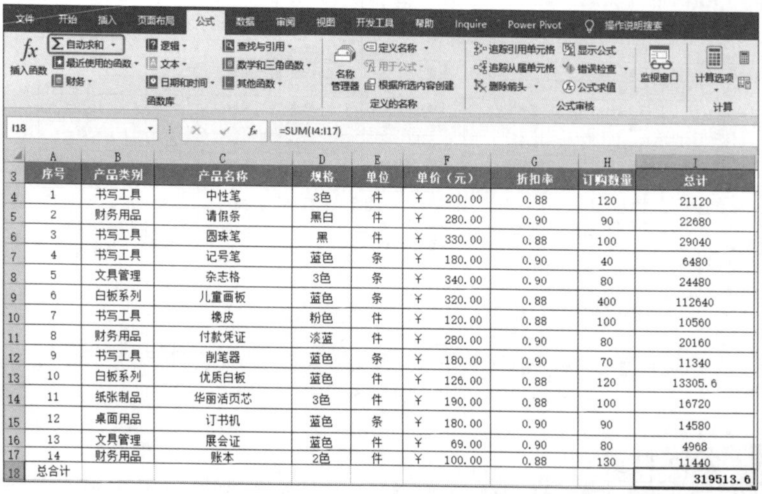

图 1-28

1.2.2 设置会计专用格式

❶选择 H4:H17 单元格区域，单击"开始"标签，在"数字"选项组中单击"常规"右侧的下拉按钮，在下拉菜单中选择"会计专用"格式，如图 1-29 所示。

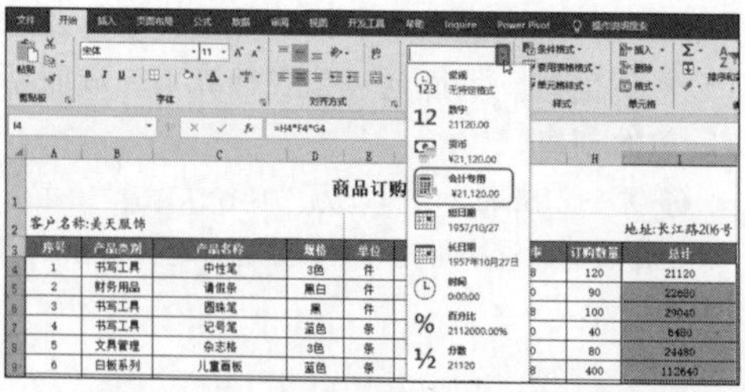

图 1-29

❷ 对表格各区域进一步完善，即可完成商品订购单的制作，如图 1-30 所示。

商品订购单

客户名称:美天服饰　　　　　　　　　　　　　　　　　地址:长江路206号

序号	产品类别	产品名称	规格	单位	单价（元）	折扣率	订购数量	总计
1	书写工具	中性笔	3色	件	¥ 200.00	0.88	120	¥ 21,120.00
2	财务用品	请假条	黑白	件	¥ 280.00	0.90	90	¥ 22,680.00
3	书写工具	圆珠笔	黑	件	¥ 330.00	0.88	100	¥ 29,040.00
4	书写工具	记号笔	蓝色	条	¥ 180.00	0.90	40	¥ 6,480.00
5	文具管理	杂志格	3色	条	¥ 340.00	0.90	80	¥ 24,480.00
6	白板系列	儿童画板	蓝色	条	¥ 320.00	0.88	400	¥ 112,640.00
7	书写工具	橡皮	粉色	件	¥ 120.00	0.88	100	¥ 10,560.00
8	财务用品	付款凭证	淡蓝	件	¥ 280.00	0.90	80	¥ 20,160.00
9	书写工具	削笔器	蓝色	条	¥ 180.00	0.90	70	¥ 11,340.00
10	白板系列	优质白板	蓝色	件	¥ 126.00	0.88	120	¥ 13,305.60
11	纸张制品	华丽活页芯	3色	件	¥ 190.00	0.88	100	¥ 16,720.00
12	桌面用品	订书机	蓝色	条	¥ 180.00	0.90	90	¥ 14,580.00
13	文具管理	展会证	蓝色	件	¥ 69.00	0.90	80	¥ 4,968.00
14	财务用品	账本	2色	件	¥ 100.00	0.88	130	¥ 11,440.00
总合计								¥ 319,513.60

此订购单在一周内送达
用户确认:　　　　　　　　　　　　联系电话:×××××××

蓝天服饰配送部
2020年5月15日

图 1-30

1.3 批量订货价格折扣表

折扣是市场经济的必然产物，正确运用折扣，有利于调动采购商的积极性和扩大销路，在国际贸易中，它是加强对外竞销的一种手段。批量订货价格折扣表是根据客户订购的货物的数量来确定商品的折扣的，订货数量越多，价格折扣越低。

如图 1-31 所示为批量订货价格折扣表。本节需要根据 1.2 节中的商品订购单稍作改动，得到折扣表。

I18　　　　fx　=SUM(I4:I17)

商品订购单

客户名称:美天服饰　　　　　　　　　　　　　　　　　地址:长江路206号

序号	产品类别	产品名称	规格	单位	单价（元）	折扣率	订购数量	总计
1	书写工具	中性笔	3色	件	¥ 200.00	0.88	120	¥ 21,120.00
2	财务用品	请假条	黑白	件	¥ 280.00	0.90	90	¥ 22,680.00
3	书写工具	圆珠笔	黑	件	¥ 330.00	0.88	100	¥ 29,040.00
4	书写工具	记号笔	蓝色	件	¥ 180.00	0.90	40	¥ 6,480.00
5	文具管理	杂志格	3色	条	¥ 340.00	0.90	80	¥ 24,480.00
6	白板系列	儿童画板	蓝色	条	¥ 320.00	0.88	400	¥ 112,640.00
7	书写工具	橡皮	粉色	件	¥ 120.00	0.88	100	¥ 10,560.00
8	财务用品	付款凭证	淡蓝	件	¥ 280.00	0.90	80	¥ 20,160.00
9	书写工具	削笔器	蓝色	条	¥ 180.00	0.90	70	¥ 11,340.00
10	白板系列	优质白板	蓝色	件	¥ 126.00	0.88	120	¥ 13,305.60
11	纸张制品	华丽活页芯	3色	件	¥ 190.00	0.88	100	¥ 16,720.00
12	桌面用品	订书机	蓝色	条	¥ 180.00	0.90	90	¥ 14,580.00
13	文具管理	展会证	蓝色	件	¥ 69.00	0.90	80	¥ 4,968.00
14	财务用品	账本	2色	件	¥ 100.00	0.88	130	¥ 11,440.00
总合计								¥ 319,513.60

图 1-31

1.3.1 复制工作表

上面已经介绍过了商品订购单，这里根据商品订购单来创建批量订货价格折扣表。

❶ 右击"商品订货单"工作表标签，在弹出的快捷菜单中单击"移动或复制"命令，如图 1-32 所示，打开"移动或复制工作表"对话框。

❷ 选中"建立副本"复选框，在"下列选定工

作表之前"中单击"(移到最后)"选项，单击"确定"按钮，如图1-33所示。

图1-32   图1-33

专家提示

如果要移动工作表，则可以在"移动或复制工作表"对话框取消选中"建立副本"复选框。

❸ 单击"确定"按钮返回表格，即可复制"商品订购单"工作表，将复制的工作表重命名为"批量订货价格折扣表"，并更改表格标题为"批量订货价格折扣表"，如图1-34所示。

图1-34

知识扩展

如果要快速复制工作表，则可以在选中当前工作表标签时，按住Ctrl键的同时拖动工作表标签，至合适位置后释放鼠标左键，即可完成同工作簿中工作表的快速复制。

1.3.2 插入列

❶ 右击G列，在弹出的快捷菜单中单击"插入"命令，如图1-35所示。

图1-35

❷ 在新增列中输入"折扣率"，在"数量"列中输入订购数量，如图1-36所示。

图1-36

知识扩展

如果要插入多列或多行，则可以选中连续的多行或多列，在右键快捷菜单中单击"插入"命令即可，如图1-37、图1-38所示。

Excel 2019 在市场营销工作中的典型应用（视频教学版）

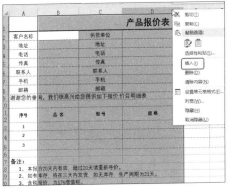

图 1-37

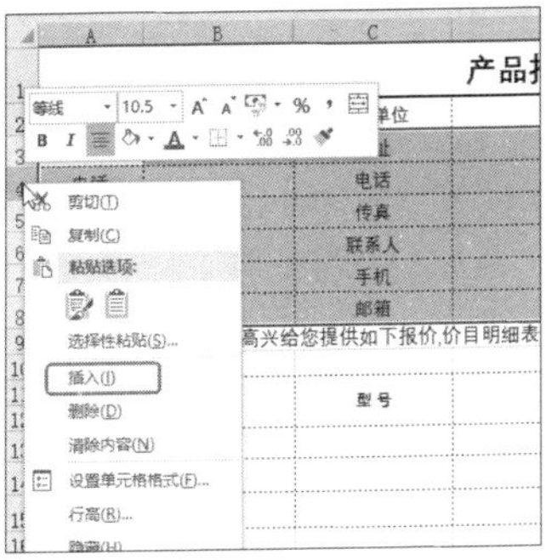

图 1-38

1.3.3 计算折扣率

❶ 在 G4 单元格中输入公式：

=IF(H4>=5,"0.88","0.90")

按 Enter 键，拖动 G5 单元格右下角的自动填充柄至 G17 单元格，即可依次计算出商品折扣率如图 1-39 所示。

❷ 在 I4 单元格中输入公式：

=H4*F4*G4

按 Enter 键，拖动 I5 单元格右下角的自动填充

柄至 I17 单元格，即可批量计算出折扣后的价格，如图 1-40 所示。

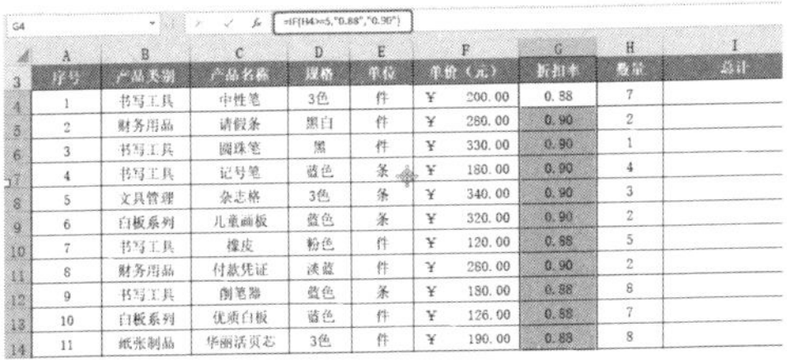

图 1-39

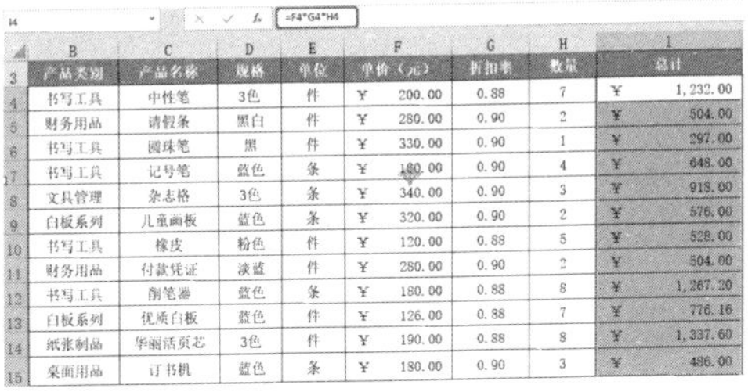

图 1-40

❸ 在 I18 单元格中输入公式：

=SUM(I4:I17)

按 Enter 键，即可完成批量订货价格折扣表的制作，如图 1-41 所示。

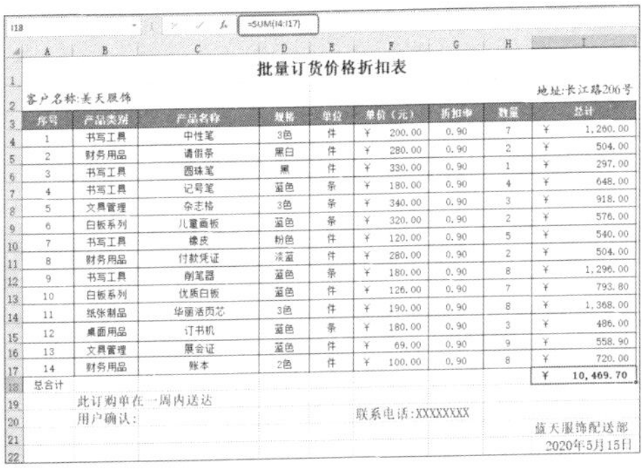

图 1-41

1.4 ▶ 商品发货单

企业或公司把自己或他人的产品发到指定的人或公司并作为提货、出门、运输、验收等过程的票务单据，是体现企业或公司销售额的一个重要依据。

如图 1-42 所示为商品发货单，记录了当日的发货商品名称、单价和发货金额，以及客户信息。

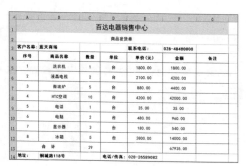

图 1-42

1.4.1　设置边框和底纹

商品发货单包含的内容有商品名称、数量、单价以及金额等信息。下面在 Excel 中创建商品发货单。

❶ 插入新工作表，重命名工作表标签为"商品发货单"，在工作表中输入商品发货单的相关基本信息，如图 1-43 所示。

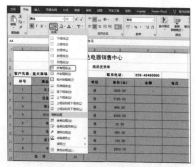

图 1-43

❷ 选中 A4:G13 单元格区域，单击"开始"选项卡的"字体"组中"边框"右侧的下拉按钮，在展开的下拉列表中选择"所有框线"命令，如图 1-44 所示。

图 1-44

❸ 选中 A1:G3 单元格，单击"开始"选项卡的"字体"组中"填充颜色"右侧的下拉按钮，在展开的下拉列表中选择合适的颜色，如图 1-45 所示。

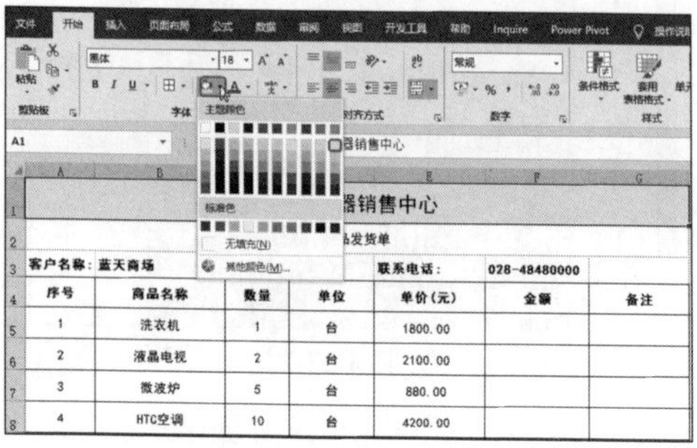

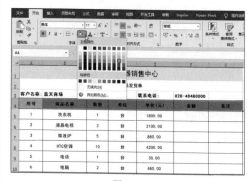

图 1-45

❹ 接着选择 A4:G4 单元格区域，单击"开始"选项卡的"字体"组中"填充颜色"右侧的下拉按钮，在展开的下拉列表中选择合适的颜色，如图 1-46 所示。

图 1-46

1.4.2　公式计算

❶ 在 F5 单元格中输入公式：

=C5*E5

按 Enter 键，拖动 F5 单元格右下角的填充柄，向下复制公式至 F12 单元格，即可计算出每一件发货商品的金额，如图 1-47 所示。

❷ 选中 F5:F12 单元格区域，在"公式"选项卡的"函数库"组中，单击"自动求和"下拉按钮，在下拉菜单中选择"求和"命令，如图 1-48 所示。

Excel 2019 在市场营销工作中的典型应用（视频教学版）

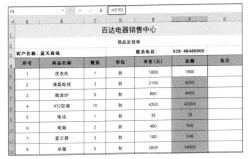

图 1-47

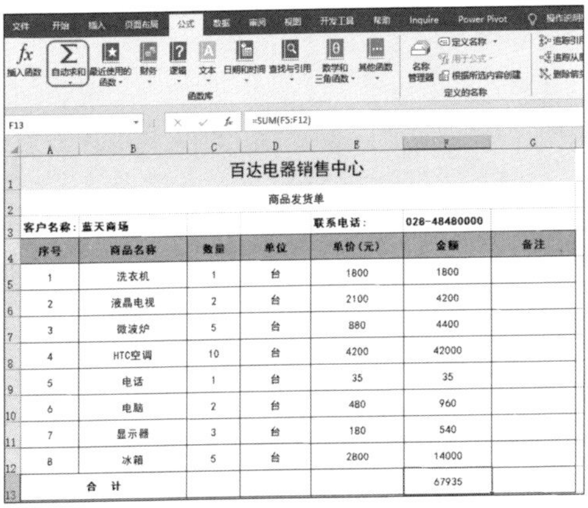

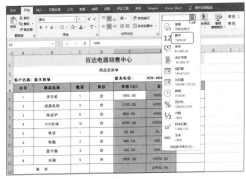

图 1-48

1.4.3　设置数字格式

❶ 选择 E5:F13 单元格区域，在"开始"选项卡的"数字"组中单击"常规"右侧的下拉按钮，在下拉菜单中选择"数字"命令，如图 1-49 所示。

❷ 对表格各区域进一步完善，即可完成商品发货单的制作。

图 1-49

第2章 客户资料管理

客户管理，亦即客户关系管理，客户关系是指围绕客户生命周期发生、发展的信息归集。客户关系管理的核心是客户价值管理，通过"一对一"营销原则，满足不同价值客户的个性化需求，提高客户忠诚度和保有率，实现客户价值持续贡献，从而全面提升企业的盈利能力。

- ☑ 客户月拜访计划表
- ☑ 客户信息管理表
- ☑ 客户销售利润排名
- ☑ 客户交易评估表

2.1 ▶ 客户月拜访计划表

为了更有效地开展客户拜访工作，应提前做好客户月拜访计划，如图 2-1 所示为当月的拜访记录表格。

图 2-1

2.1.1 设置条件格式

在 Excel 中创建客户月拜访计划表，可以使用公式统计出每位客户每月的拜访次数以及每位客户的周拜访频率。

❶ 新建 Excel 2019 工作簿，将其重命名为"客户月拜访计划表"，然后在表格中输入表头、列标识及客户月拜访计划表的相关基本信息，并设置合适的格式，如图 2-2 所示。

图 2-2

❷ 选择 C3:AG3 单元格区域，在"开始"选项卡下的"样式"选项组中单击"条件格式"下拉按钮，在其下拉菜单中选择"新建规则"命令，如图 2-3 所示，打开"新建格式规则"对话框。

图 2-3

❸ 在"选择规则类型"列表框中选中"使用公式确定要设置格式的单元格"选项，在下方的"为符合此公式的值设置公式"框中输入公式：

=IF(WEEKDAY(DATE(YEAR($AC$2),MONTH($AC$2),C$3),3)=6,1,0)

单击"格式"按钮，如图 2-4 所示，打开"设置单元格格式"对话框。

图 2-4

❹ 在"字体"选项卡下设置字形为"加粗"，然后在"填充"选项卡下选择一种填充颜色（如"红色"），如图 2-5 所示。

图 2-5

15

❺ 单击"确定"按钮，返回"新建格式规则"对话框，在"预览"区域会显示所设置的格式。

❻ 再次单击"确定"按钮返回工作表中，系统会使用条件格式中设置的格式突出显示日期为"星期日"的天数，如图2-6所示。

图 2-6

❼ 在表格中对应的日期列和客户列交叉处的单元格中插入符号，如图2-7所示。

图 2-7

2.1.2 计算拜访次数和周拜访频率

在 Excel 中创建客户拜访表后，下面可以使用公式统计出每位客户每月的拜访次数以及每位客户的周拜访频率。

❶ 在 AH4 单元格中输入公式：

=COUNTIF(C4:AG4," ★ ")

按 Enter 键，向下复制公式至 AH11 单元格，即可统计出每位客户每月的拜访次数，如图2-8所示。

图 2-8

❷ 在 C12 单元格中输入公式：

=COUNTIF(C4:C11," ★ ")

按 Enter 键，向右复制公式至 AG12 单元格，即可统计出每日所有客户的拜访次数，如图2-9所示。

❸ 在 B4 单元格中输入公式：

=AH4/4

按 Enter 键，向下复制公式至 B11 单元格，即可统计出每月所有客户的周拜访频率，如图2-10所示。

图 2-9

图 2-10

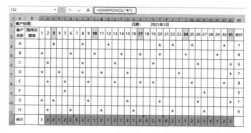

2.2 客户信息管理表

客户信息管理表包括客户的基本信息以及客户等级，本节可以使用条件格式等功能在客户等级表中进行标记，如图2-11所示。

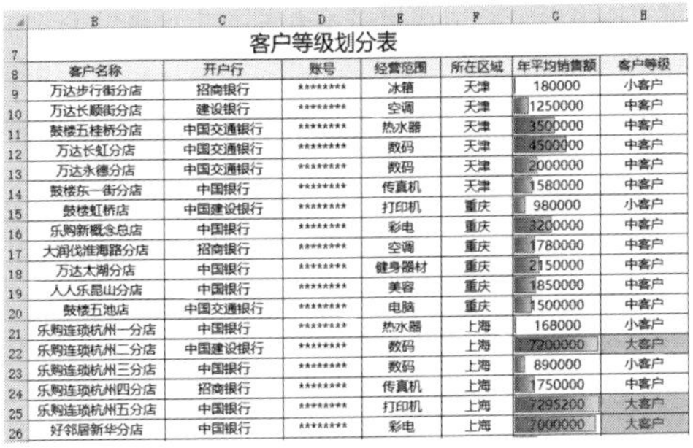

客户名称	开户行	账号	经营范围	所在区域	年平均销售额	客户等级
万达步行街分店	招商银行	********	冰箱	天津	180000	小客户
万达长顺街分店	建设银行	********	空调	天津	1250000	中客户
鼓楼五桂桥分店	中国交通银行	********	热水器	天津	3500000	中客户
万达长虹分店	中国交通银行	********	数码	天津	4500000	中客户
万达永德分店	中国交通银行	********	数码	天津	2000000	中客户
鼓楼东一街分店	中国银行	********	传真机	天津	1580000	中客户
鼓楼虹桥店	中国建设银行	********	打印机	重庆	980000	小客户
乐购新概念总店	中国银行	********	彩电	重庆	3200000	中客户
大润伐淮海路分店	招商银行	********	空调	重庆	1780000	中客户
万达太湖分店	中国银行	********	健身器材	重庆	2150000	中客户
人人乐昆山分店	中国银行	********	美容	重庆	1850000	中客户
鼓楼五池店	中国交通银行	********	电脑	重庆	1500000	中客户
乐购连琐杭州一分店	中国银行	********	热水器	上海	168000	小客户
乐购连琐杭州二分店	中国建设银行	********	数码	上海	7200000	大客户
乐购连琐杭州三分店	中国银行	********	数码	上海	890000	小客户
乐购连琐杭州四分店	招商银行	********	传真机	上海	1750000	中客户
乐购连琐杭州五分店	中国银行	********	打印机	上海	7295200	大客户
好邻居新华分店	中国银行	********	彩电	上海	7000000	大客户

图 2-11

2.2.1 创建客户等级划分表

客户等级的划分是一种常见的客户管理方法，通常是根据客户的销售额将客户划分为不同的等级。

1. 设置公式划分客户等级

❶ 新建 Excel 2019 工作簿，将其重命名为“客户信息管理表”，并将 Sheet1 工作表重命名为“客户等级划分表”，然后在表格中输入表头、列标识及客户的相关信息并设置格式。

❷ 选择 A9:A25 单元格区域，在“开始”选项卡下的“数字”选项组中设置数字格式为“文本”，然后输入以 KH0 开头的客户编号，如图 2-12 所示。

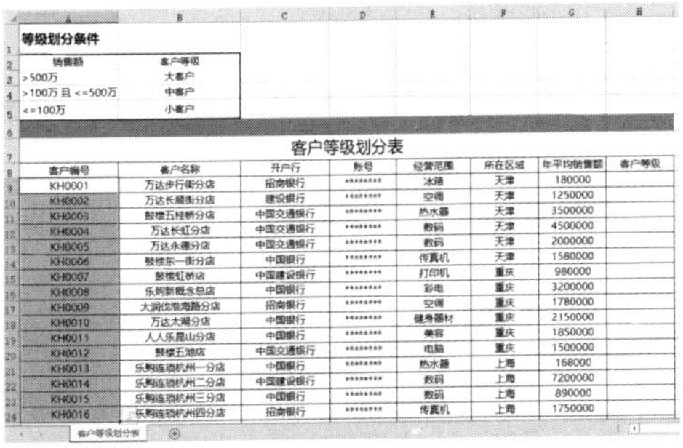

等级划分条件

销售额	客户等级
>500万	大客户
>100万 且 <=500万	中客户
<=100万	小客户

客户等级划分表

客户编号	客户名称	开户行	账号	经营范围	所在区域	年平均销售额	客户等级
KH0001	万达步行街分店	招商银行	********	冰箱	天津	180000	
KH0002	万达长顺街分店	建设银行	********	空调	天津	1250000	
KH0003	鼓楼五桂桥分店	中国交通银行	********	热水器	天津	3500000	
KH0004	万达长虹分店	中国交通银行	********	数码	天津	4500000	
KH0005	万达永德分店	中国交通银行	********	数码	天津	2000000	
KH0006	鼓楼东一街分店	中国银行	********	传真机	天津	1580000	
KH0007	鼓楼虹桥店	中国建设银行	********	打印机	重庆	980000	
KH0008	乐购新概念总店	中国银行	********	彩电	重庆	3200000	
KH0009	大润伐淮海路分店	招商银行	********	空调	重庆	1780000	
KH0010	万达太湖分店	中国银行	********	健身器材	重庆	2150000	
KH0011	人人乐昆山分店	中国银行	********	美容	重庆	1850000	
KH0012	鼓楼五池店	中国交通银行	********	电脑	重庆	1500000	
KH0013	乐购连琐杭州一分店	中国银行	********	热水器	上海	168000	
KH0014	乐购连琐杭州二分店	中国建设银行	********	数码	上海	7200000	
KH0015	乐购连琐杭州三分店	中国银行	********	数码	上海	890000	
KH0016	乐购连琐杭州四分店	招商银行	********	传真机	上海	1750000	

图 2-12

❸ 在 H9 单元格中输入公式：

=IF(G9>5000000,"大客户",IF(G9>=1000000,"中客户","小客户"))

按 Enter 键，向下复制公式至 H28 单元格，即可划分出所有客户的等级，如图 2-13 所示。

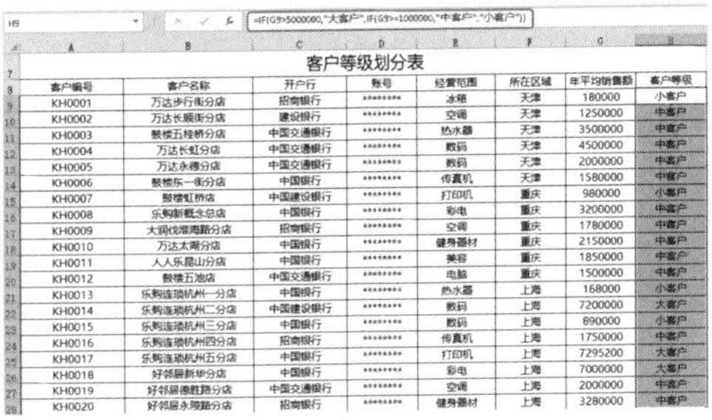

客户等级划分表

客户编号	客户名称	开户行	账号	经营范围	所在区域	年平均销售额	客户等级
KH0001	万达步行街分店	招商银行	********	冰箱	天津	180000	小客户
KH0002	万达长顺街分店	建设银行	********	空调	天津	1250000	中客户
KH0003	鼓楼五桂桥分店	中国交通银行	********	热水器	天津	3500000	中客户
KH0004	万达长虹分店	中国交通银行	********	数码	天津	4500000	中客户
KH0005	万达永德分店	中国交通银行	********	数码	天津	2000000	中客户
KH0006	鼓楼东一街分店	中国银行	********	传真机	天津	1580000	中客户
KH0007	鼓楼虹桥店	中国建设银行	********	打印机	重庆	980000	小客户
KH0008	乐购新概念总店	中国银行	********	彩电	重庆	3200000	中客户
KH0009	大润伐淮海路分店	招商银行	********	空调	重庆	1780000	中客户
KH0010	万达太湖分店	中国银行	********	健身器材	重庆	2150000	中客户
KH0011	人人乐昆山分店	中国银行	********	美容	重庆	1850000	中客户
KH0012	鼓楼五池店	中国交通银行	********	电脑	重庆	1500000	中客户
KH0013	乐购连琐杭州一分店	中国银行	********	热水器	上海	168000	小客户
KH0014	乐购连琐杭州二分店	中国建设银行	********	数码	上海	7200000	大客户
KH0015	乐购连琐杭州三分店	中国银行	********	数码	上海	890000	小客户
KH0016	乐购连琐杭州四分店	招商银行	********	传真机	上海	1750000	中客户
KH0017	乐购连琐杭州五分店	中国银行	********	打印机	上海	7295200	大客户
KH0018	好邻居新华分店	中国银行	********	彩电	上海	7000000	大客户
KH0019	好邻居德胜路分店	中国交通银行	********	空调	上海	2000000	中客户
KH0020	好邻居永陵路分店	招商银行	********	健身器材	上海	3280000	中客户

图 2-13

专家提示

=IF(G9>5000000," 大 客 户 ", IF(G9>=1000000, " 中客户 "," 小客户 "))

该公式表示：首先判断 G9 单元格中的年平均销售额是否大于 500 万元，如果是则返回“大客户”。

再判断是否在 100 万到 500 万元，如果是则返回“中客户”。

最后小于 100 万元的即是“小客户”。

2. 设置条件格式

❶ 选中“年平均销售额”列单元格区域，在“开始”选项卡下的“样式”组中单击“条件格式”按钮，在其下拉菜单中选择“数据条”命令，然后在其子菜单中选择一个数据条样式，如图 2-14 所示即可以不同长度的数据条显示大小不同的销售额。

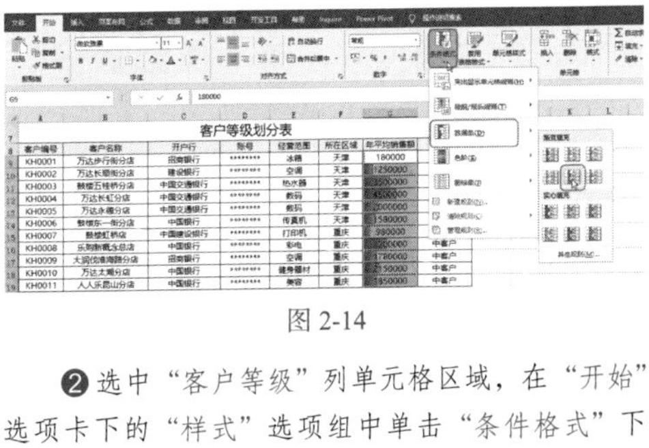

图 2-14

❷ 选中“客户等级”列单元格区域，在“开始”选项卡下的“样式”选项组中单击“条件格式”下拉按钮，在其下拉菜单中选择“突出显示单元格规则”→“等于”命令，如图 2-15 所示，打开“等于”对话框。

图 2-15

❸ 设置当"客户等级"等于"大客户"时则单元格显示为"浅红填充色深红色文本"，如图 2-16 所示。

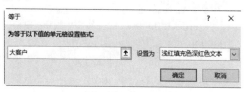

图 2-16

❹ 单击"确定"按钮返回工作表中，此时，"客户等级"列中所有"大客户"类型便按指定格式显示，效果如图 2-17 所示。

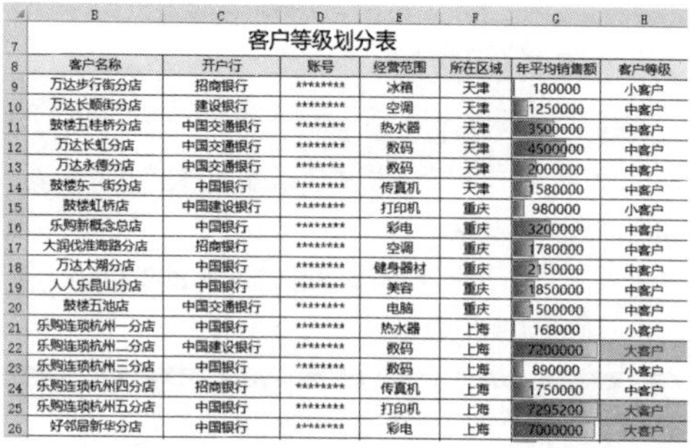

图 2-17

3. 设置"客户名称"超链接

设置"客户名称"超链接可以实现当单击客户名称时即可打开该公司的简介，具体操作如下。

❶ 首先选中要设置超链接的单元格，如 B9 单元格，切换至"插入"选项卡，在"链接"组中单击"超链接"按钮，如图 2-18 所示，打开"插入超链接"对话框。

❷ 选择要链接文件的保存路径即可，如图 2-19 所示。

❸ 设置完成后，单击"确定"按钮返回工作表

中，此时单元格中的客户名称显示为蓝色并带有下画线。

图 2-18

图 2-19

❹ 单击设置的超链接，即可打开相关公司简介的文档，如图 2-20 所示。

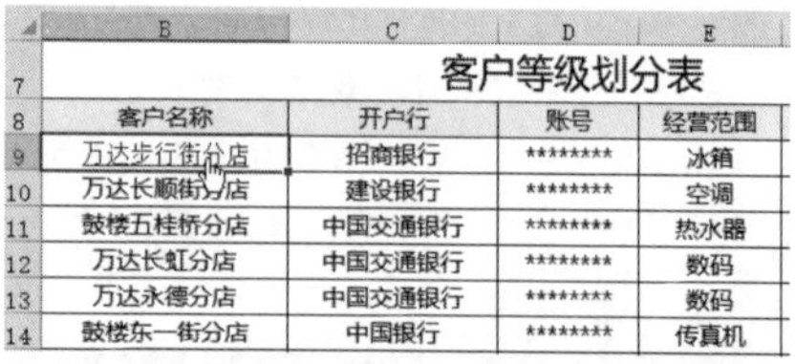

图 2-20

❺ 按相同的方法依次为所有客户名称设置超链接即可。

2.2.2 统计不同等级客户数量

在对客户划分等级后，还应对不同等级的客户数量进行统计，掌握企业各个等级的客户数量，以便企业及时调整客户开发和管理策略，开发更多的优质客户。

1. 创建不同等级客户数量统计表格

❶ 将 Sheet2 工作表重命名为"不同等级客户数量统计"，在其中创建不同等级客户数量统计表格，如图 2-21 所示。

图 2-21

❷ 在 C3 单元格中输入公式：

=COUNTIF(客户等级划分表 !$H$9:$H$28,B3)

按 Enter 键，向下复制公式至 C5 单元格，即可从 "客户等级划分表" 的 H9:H28 单元格区域中统计出各等级客户的数量，如图 2-22 所示。

图 2-22

❸ 在 C6 单元格中输入公式：

=SUM(C3:C5)

按 Enter 键，即可统计出所有等级客户的总数，如图 2-23 所示。

图 2-23

2. 创建图表分析不同等级客户数量

❶ 选择 B3:C5 单元格区域，单击 "插入" 选项卡下的 "图表" 组中单击 "饼图" 下拉按钮，在下拉菜单中选择分离型 "三维饼图" 图表类型，如图 2-24 所示。

❷ 此时即可在工作表中创建分离型三维饼图，添加图表标题及百分比标签，效果如图 2-25 所示。

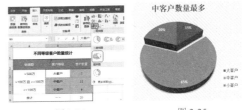

图 2-24   图 2-25

2.2.3 保护并共享客户信息管理表

在绝大多数公司或企业中，"客户信息管理表" 是内部的机密资料，未经许可是不得随意查看的。这就需要对其设置保护措施，防止公司内部资料外泄，造成不必要的损失。但同时对于企业内部员工，可以对工作簿进行共享，方便员工了解和分析。下面详细介绍保护以及在公司内部共享工作簿的具体操作方法。

1. 保护 "客户信息管理表" 工作簿

❶ 在 "客户信息管理表" 工作簿中单击 "文件" 选项卡，在展开的视图功能区中单击 "保护工作簿" 按钮，在展开的下拉菜单中选择 "用密码进行加密" 命令，如图 2-26 所示，打开 "加密文档" 对话框。

❷ 在其中的文本框中输入密码（本例中输入123456），然后单击 "确定" 按钮，如图 2-27 所示。

❸ 此时弹出 "确认密码" 对话框，再次输入密码，然后单击 "确定" 按钮，如图 2-28 所示。

❹ 关闭并保存 "客户信息管理表" 工作簿后

再重新打开时，则弹出输入密码的提示对话框，如图 2-29 所示。

图 2-26   图 2-27

19

图 2-28　　　　　　图 2-29

2. 保护"客户信息管理表"单张工作表

❶打开"客户信息管理表"工作表，切换至"客户等级划分表"工作表，在"审阅"选项卡下的"更改"选项组中单击"保护工作表"按钮，如图 2-30 所示，打开"保护工作表"对话框。

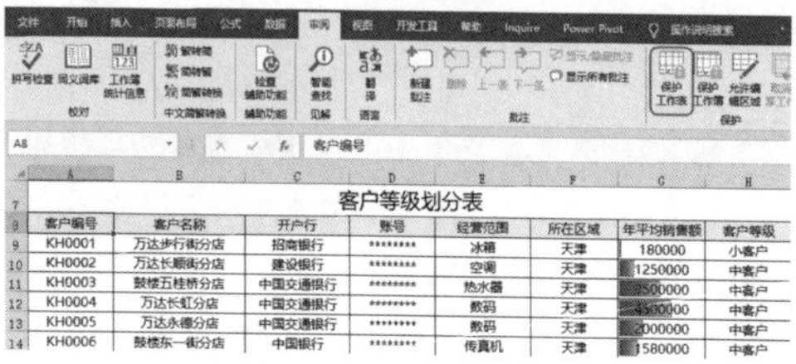

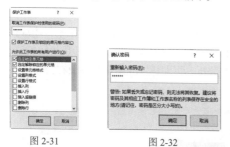

图 2-30

❷在"取消工作表保护时使用的密码"文本框中输入密码（本例中输入 123456），并在其下方的列表框中设置用户权限，如图 2-31 所示。

❸单击"确定"按钮，弹出"确认密码"对话框，在文本框中再次输入密码，如图 2-32 所示。

图 2-31　　　　　　图 2-32

❹单击"确定"按钮，即可完成对"客户等级划分表"的保护。此时在工作表中进行某一操作时（如双击单元格），即可弹出如图 2-33 所示的警告信息对话框。

图 2-33

3. 存储"客户信息管理表"工作簿至 OneDrive

Microsoft 365 中的 Word、Excel、PowerPoint 等 Office 文件拥有自动保存功能，这样用户就永远不会丢失文件了，保存的地址可以选择你的个人 OneDrive 存储。Microsoft 用户可以将文件和照片保存到 OneDrive，随时随地从任何设备进行访问。下面介绍如何将 Excel 工作簿文件上传到云，存储至 OneDrive 实现重要文件的云存储。

❶打开"客户信息管理表"工作簿，单击"文件"选项卡，在打开的面板中单击左侧的"共享"标签，依次单击"与人共享"→"保存到云"按钮（如图 2-34 所示），进入"另存为"设置页面。

图 2-34

❷单击"另存为"面板中的 OneDrive，再单击右侧的"登录"链接（如图 2-35 所示），进入登录页面。

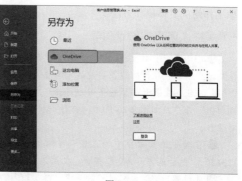

图 2-35

Excel 2019 在市场营销工作中的典型应用（视频教学版）

专家提示

用户可以事先在电脑上登录 Microsoft 官网，然后准备好自己的邮箱地址和密码，根据页面提示注册自己的 Microsoft 账号，就可以使用 OneDrive 了。

❸ 依次输入用户名和登录密码即可（用户需要事先在 Microsoft 官网注册），如图 2-36、图 2-37 所示。

图 2-36

图 2-37

❹ 登录完毕后，单击"OneDrive- 个人"→ OneDrive 命令（如图 2-38 所示），打开"另存为"对话框。

图 2-38

❺ 在打开的默认文件夹中设置文件名即可，如图 2-39 所示。

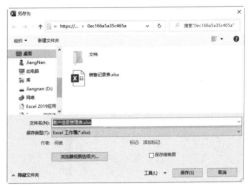

图 2-39

❻ 单击"保存"按钮返回表格，可以看到任务栏显示"正在上传到 OneDrive"的提示文字，如图 2-40 所示。

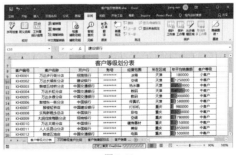

图 2-40

❼ 打开网页进入 OneDrive，即可看到上传完毕同步到云端的"客户信息管理表"工作簿，如图 2-41 所示。

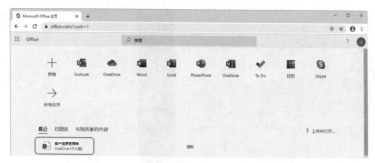

图 2-41

4. 共享"客户信息管理表"工作簿

下面介绍如何共享"客户信息管理表"工作簿。

❶ 打开工作簿，单击右上角的"共享"按钮（如图 2-42 所示），打开共享对话框。

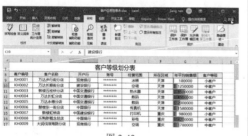

图 2-42

❷ 设置共享方式为"可编辑"，单击"获取共享链接"（如图 2-43 所示），进入获取共享连接界面。

❸ 单击"创建编辑链接"按钮（如图 2-44 所示），即可显示工作簿链接（如图 2-45 所示），点击"复制"按钮即可复制链接，转发给其他用户即可。

图 2-43

图 2-44　　　　　图 2-45

2.3 ▶ 客户销售利润排名

根据客户的销售收入和销售利润，可以设置公式对客户销售利润进行排名，如图 2-46 所示。

客户销售利润排名				
客户名称	销售收入	销售利润	利润率	排名
布洛克家居	￥750,136.00	￥30,492.32	4.06%	5
永嘉家居有限公司	￥519,978.00	￥109,633.39	21.08%	2
西家汇家居世界	￥232,312.00	￥99,245.52	42.72%	1
利玩大商场	￥810,435.00	￥37,056.52	4.57%	3
白马家具	￥766,184.00	￥31,253.25	4.08%	4
合计	￥3,079,045.00	￥307,681.00		

图 2-46

2.3.1 计算销售利润率和排名

下面需要建立"客户销售利润排行榜"，通过对利润进行排名，了解公司哪些客户成交量最高。

❶ 插入新工作表，将工作表标签重命名为"客户销售利润排名"，在工作表中输入客户销售利润的

相关信息，并进行单元格格式设置，如图 2-47 所示。

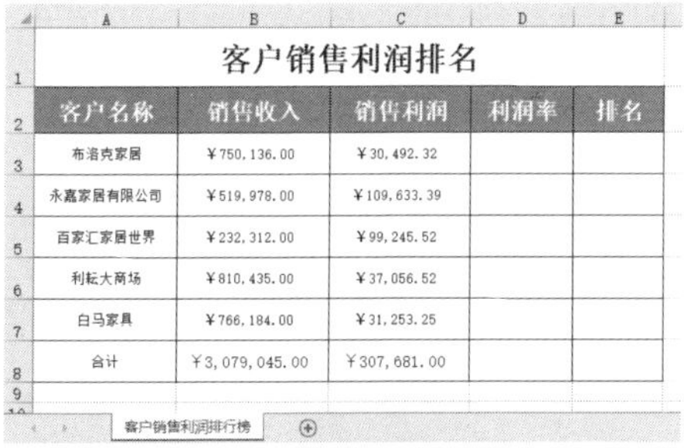

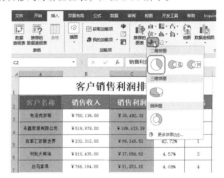

图 2-47

❷ 在 D3 单元格中输入公式：

=C3/B3

按 Enter 键后向下填充公式，计算出各个客户的销售利润率，如图 2-48 所示。

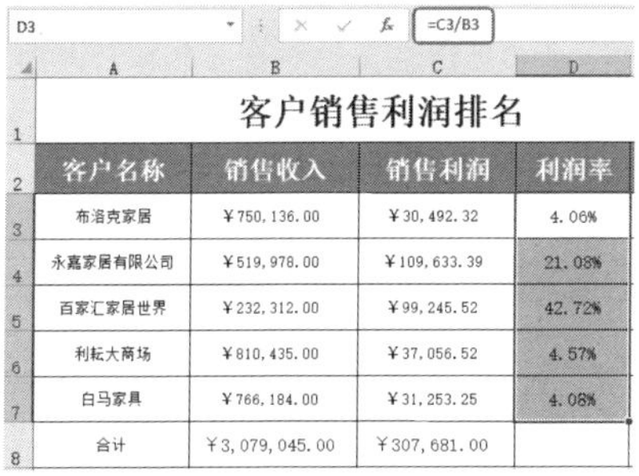

图 2-48

❸ 在 E3 单元格中输入公式：

=RANK(D3,$D$3:$D$7)

按 Enter 键后向下填充公式，计算出各个客户的销售利润率排名，如图 2-49 所示。

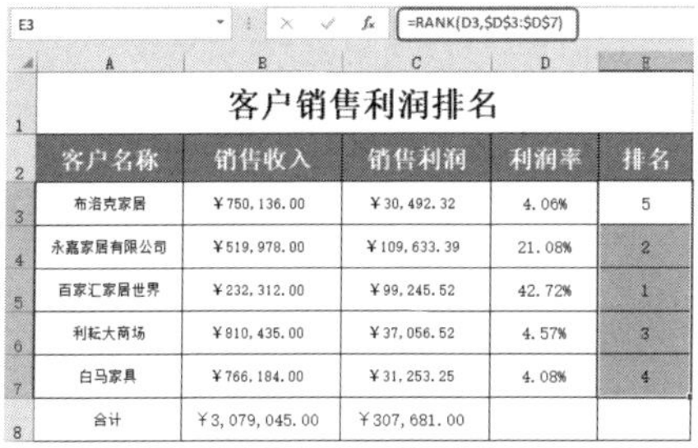

图 2-49

2.3.2 创建饼图

根据客户销售利润排名表格，可以为各个

客户的销售利润建立饼图图表，通过图表可以直接查看各个客户的销售利润占比。

❶ 按 Ctrl 键依次选中 A2:A7、C2:C7 单元格区域，切换到"插入"选项卡，在"图表"组单击"饼图"下拉按钮，在弹出的下拉列表中选择分离"三维饼图"图表类型，如图 2-50 所示。单击后即可创建默认格式的饼图图表，如图 2-51 所示。

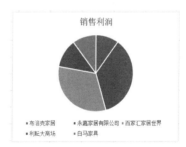

图 2-50

图 2-51

❷ 选中图表，在图表中的数据系列处右击，在弹出的快捷菜单中选择"添加数据标签"（如图 2-52 所示）命令，即可为图表添加数据标签。

图 2-52

❸ 如果对默认添加的数据标签不满意，则可以再双击图表中的数据标签，即可打开"设置数据标签

格式"对话框。分别选中"类别名称"和"百分比"复选框即可，如图 2-53 所示。

④ 返回工作表中，系统会为图表添加百分比数据标签，重新更改图表标题即可，如图 2-54 所示。

图 2-53

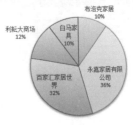

百家汇和永嘉家居销售利润最高

图 2-54

2.4 ▶ 客户交易评估表

企业与每一位客户的交易情况一般都有记录，可以针对交易情况建立交易评估表，以便比较每名客户与企业的交易次数、交易额等情况，从而为企业销售决策提供有利的依据，如图 2-55、图 2-56 所示。

图 2-55

图 2-56

2.4.1 制作交易评估表

要进行交易评估首先要建立交易记录表。具体操作如下：

① 新建 Excel 2019 工作簿，将其重命名为"客户交易评估表"，并将 Sheet1 工作表重命名为"5月份下单记录"，然后在表格中输入表头、列标识及各项下单记录的数据信息，并设置单元格格式。

② 在 G3 单元格中输入公式：

=PRODUCT(E3,F3)

按 Enter 键，向下复制公式至 G26 单元格，即可计算出所有订单总额，如图 2-57 所示。

图 2-57

❸ 将 Sheet2 工作表重命名为"5月交易评估表",然后输入表头、列标识及相关信息,如图 2-58 所示。

图 2-58

2.4.2 进行交易评估计算

完成交易评估工作表的创建之后,接下来介绍如何运用公式从"5月份下单记录"工作表中提取数据,得出评估结果。

❶ 在"5月份交易评估表"表格中选中 C6 单元格,输入公式:

=COUNTIF('5 月份下单记录 '!$B$3:$B$26,B6)

按 Enter 键,向下复制公式至 C20 单元格,即可统计出所有客户的下单次数,如图 2-59 所示。

图 2-59

❷ 在 D6 单元格中输入公式:

=SUMIF('5 月份下单记录 '!$B$3:$B$26,B6,'5 月份下单记录 '!$G$3:$G$26)

按 Enter 键,向下复制公式至 D20 单元格,即可统计出所有客户的下单总额,如图 2-60 所示。

图 2-60

专家提示

=COUNTIF('5 月 份 下 单 记 录 '!$B$3:$B$26,B6)

该公式表示:在"5月份下单记录"工作表中的 B3:B26 单元格区域中寻找与"5月交易评估表"工作表中的 B6 单元格中相同的数据,并计算出总共出现的次数。

=SUMIF('5 月份下单记录 '!$B$3:$B$26,B6,'5 月份下单记录 '!$G$3:$G$26)

该公式表示:在"5月份下单记录"工作表中的 B3:B26 单元格区域中寻找与"5月交易评估表"工作表中的 B6 单元格中相同的客户名称,并在 G3:G26 单元格区域中计算出该客户的下单总额。

❸ 在 E2 单元格中输入公式:

=MAX(C6:C20)

按 Enter 键,即可得出最多的下单次数,如图 2-61 所示。

❹ 在 E3 单元格中输入公式:

=MAX(D6:D20)

按 Enter 键,即可得出最高的下单总额,如图 2-62 所示。

❺ 在 C2 单元格中输入公式:

=INDEX(B6:C20,MATCH(E2,C6:C20,0),1)

按 Enter 键,即可得出下单次数最多的客户名称,如图 2-63 所示。

❻ 在 C3 单元格中输入公式:

=INDEX(B6:D20,MATCH(E3,D6:D20,0),1)

按 Enter 键,即可得出下单总额最高的客户名称,如图 2-64 所示。

图 2-61

图 2-62

	A	B	C	D	E	F	G
1		5月份交易评估表					
2	下单次数最多的客户	宝云建设	下单次数	4			
3	下单总额最多的客户		订单总额	1614			
4							
5	编号	客户名称	下单次数	订单总额			
6	001	宝云建设	4	1397			
7	002	美的专卖店	2	621			
8	003	好朋友超市	1	728			
9	004	心心服饰	2	610			
10	005	百姓鞋业	2	1614			
11	006	彩壳图文	1	900			
12	007	金鑫人力资源公司	1	720			
13	008	归原房产投资	2	484			
14	009	人人服饰	1	264			
15	010	惜缘刺绣工作室	2	971			
16	011	全家福婚纱	1	950			
17	012	石头记工艺品	1	728			
18	013	三星电器	1	165			
19	014	诺亚方舟电脑科技	2	383			
20	015	天桥伞业		396			

图 2-63

	A	B	C	D	E	F	G
1		5月份交易评估表					
2	下单次数最多的客户	宝云建设	下单次数	4			
3	下单总额最多的客户	百姓鞋业	订单总额	1614			
4							
5	编号	客户名称	下单次数	订单总额			
6	001	宝云建设	4	1397			
7	002	美的专卖店	2	621			
8	003	好朋友超市	2	728			
9	004	心心服饰	2	610			
10	005	百姓鞋业	2	1614			
11	006	彩壳图文	1	900			
12	007	金鑫人力资源公司	1	720			
13	008	归原房产投资	2	484			
14	009	人人服饰	1	264			
15	010	惜缘刺绣工作室	2	971			
16	011	全家福婚纱	1	950			
17	012	石头记工艺品	1	728			
18	013	三星电器	1	165			
19	014	诺亚方舟电脑科技	2	383			
20	015	天桥伞业		396			

图 2-64

专家提醒

=INDEX(B6:C20,MATCH(E2,C6:C20,0),1)

"MATCH(E2,C6:C20,0)" 表示在 C6:C20 单元格区域中查找与 E2 单元格中的下单次数相同的数目，其中参数 0 表示查找等于指定数据值的单元格。

"=INDEX(B6:C20,MATCH(E2,C6:C20,0),1)" 表示在 B6:C20 单元格区域中查找指定下单次数所在的行与第 1 列（即"客户名称"列）交叉的单元格中的客户名称。

公式末尾的参数 1 表示 B6:C20 单元格区域中的第 1 列即"姓名"列，将该参数更换为其他列数，即可返回相应的数据。

=INDEX(B6:D20,MATCH(E3,D6:D20,0),1) 表示的含义同上。

❼ 完成了以上公式计算后，当下单记录更改时，交易评估值会自动随之更改，从而达到自动评估的目的。

第3章 销售任务管理

销售任务在许多企业中，都是一个需要认真考虑的问题，如何设定销售任务，如何合理分解销售任务，在实际工作中都要合理实施。如果企业缺乏正确的任务分配原则，就难以制定出正确的销售目标，也就难有正确的结果，所以销售任务的分配至关重要。

☑ 年度销售计划表

☑ 销售任务细分表

☑ 销售任务完成分析

☑ 销售任务分配表

3.1 年度销售计划表

年度销售计划表（如图 3-1 所示）是公司对下一年销售工作制定的一个目标，该计划中应尽量使用可以量化的指标，如计划年增长率。

年度销售计划表				
年份:	2020		计划年增长率:	30%
产品性质	产品名称	去年销售额（万元）	预计增长率（%）	本年计划数(万元)
老产品	A	150.00	0.00%	150.00
老产品	B	320.20	0.00%	320.20
成熟产品	C	520.50	5.00%	546.53
成熟产品	D	280.00	5.00%	294.00
成熟产品	E	160.20	5.00%	168.21
成熟产品	F	200.00	5.00%	210.00
新产品	J		3.33%	30.00
新产品	H		3.33%	30.00
新产品	I		3.33%	30.00
全年合计			30.00%	

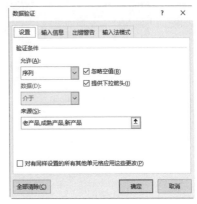

图 3-1

3.1.1 数据有效性设置

下面在 Excel 中将公司的产品按性质分为老产品、成熟产品和新产品，老产品很难有所增长，预计成熟产品实现 30% 的增长，新产品完成增长率中的 10 个百分比，据此制订详细的年度销售计划表。

❶ 新建工作簿，并命名为“销售任务管理”，将 Sheet1 工作表标签重命名为“年度销售计划表”，输入表格标题与各项列标识，并进行单元格格式设置。

❷ 选中 A4:A12 单元格区域，单击“数据”选项卡的“数据工具”组下的“数据有效性”按钮，如图 3-2 所示。

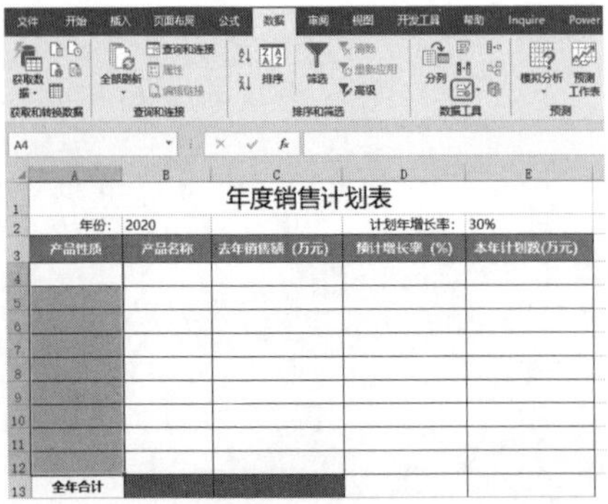

图 3-2

❸ 打开“数据验证”对话框，在“允许”下拉列表中选择“序列”，在“来源”文本框中输入“老产品，成熟产品，新产品”，如图 3-3 所示。

图 3-3

专家提示

这里的序列也可以事先在表格的空白区域手动输入，然后直接使用拾取器拾取这部分单元格区域即可。

❹ 单击“输入信息”标签，在“输入信息”文本框中输入“请从下拉列表中选择”，如图 3-4 所示。

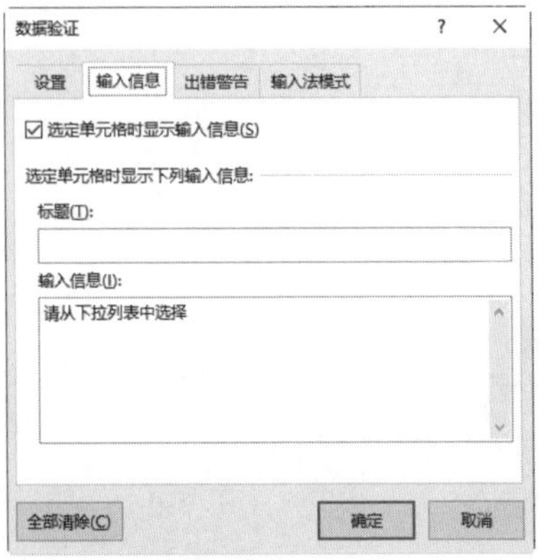

图 3-4

❺ 单击“出错警告”标签，在“错误信息”文本框中输入“输入内容无效！”，单击“确定”按钮，如图 3-5 所示。

图 3-5

✐ 专家提示

如果要清除单元格区域中设置的所有数据验证，则可以在"数据验证"对话框中单击左下角的"全部清除"按钮即可。

⑥ 单击设置了数据有效性的单元格区域，可以从下拉列表中选择要输入的值，如图 3-6 所示。

图 3-6

3.1.2　设置数字格式

下面在表格中输入数据，并设置数据格式。

① 在 C4:C9 单元格区域中输入去年销售额，接着选中 C4:C9、E4:E13 单元格区域，单击"开始"标签下"数字"选项组中的"数字格式"下拉按钮，在下拉列表中选择"数字"类型，如图 3-7 所示。

② 选中 D4:D13 单元格区域，单击"开始"标签

下"数字"选项组中的"数字格式"下拉按钮，在下拉列表中选择"百分比"类型，并设置为两位小数的百分比格式，如图 3-8 所示。

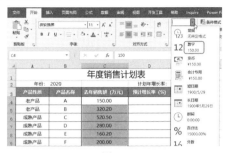

图 3-7

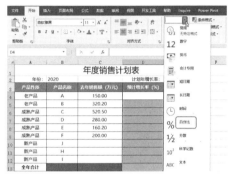

图 3-8

3.1.3　设置公式

假设某公司在去年实现销售额的基础上，下面根据计划中的增长率和产品的性质来计算计划销售额。

① 在 D4 单元格中输入公式：

=IF(A4=" 老产品 ",0,IF(A4=" 成熟产品 ", 20%/COUNTIF($A$4:$A$12," 成熟产品 "),10%/COUNTIF($A$4:$A$12," 新产品 ")))

按 Enter 键，然后向下复制公式至 D12 单元格，如图 3-9 所示。

② 在 E4 单元格中输入公式：

=C4*(1+D4)

按 Enter 键，向下复制公式至 E9 单元格，计算本年计划数，如图 3-10 所示。

③ 假设 2020 年上市的 3 种新产品预计销售额均为 30 万元，选择单元格区域 E10：E12，输入 30，

按 Ctrl+Enter 组合键，如图 3-11 所示。

D4 =IF(A4="老产品",0,IF(A4="成熟产品",20%/COUNTIF($A$4:$A$12,"成熟产品"),10%/COUNTIF($A$4:$A$12,"新产品")))

年度销售计划表				
年份：	2020		计划年增长率：	30%
产品性质	产品名称	去年销售额（万元）	预计增长率（%）	本年计划数(万元)
老产品	A	150.00	0.00%	
老产品	B	320.20	0.00%	
成熟产品	C	520.50	5.00%	
成熟产品	D	280.00	5.00%	
成熟产品	E	160.20	5.00%	
成熟产品	F	200.00	5.00%	
新产品	J		3.33%	
新产品	H		3.33%	
新产品	I		3.33%	
全年合计				

图 3-9

E4 =C4*(1+D4)

年度销售计划表				
年份：	2020		计划年增长率：	30%
产品性质	产品名称	去年销售额（万元）	预计增长率（%）	本年计划数(万元)
老产品	A	150.00	0.00%	150.00
老产品	B	320.20	0.00%	320.20
成熟产品	C	520.50	5.00%	546.53
成熟产品	D	280.00	5.00%	294.00
成熟产品	E	160.20	5.00%	168.21
成熟产品	F	200.00	5.00%	210.00
新产品	J		3.33%	
新产品	H		3.33%	
新产品	I		3.33%	
全年合计				

图 3-10

年度销售计划表				
年份：	2020		计划年增长率：	30%
产品性质	产品名称	去年销售额（万元）	预计增长率（%）	本年计划数(万元)
老产品	A	150.00	0.00%	150.00
老产品	B	320.20	0.00%	320.20
成熟产品	C	520.50	5.00%	546.53
成熟产品	D	280.00	5.00%	294.00
成熟产品	E	160.20	5.00%	168.21
成熟产品	F	200.00	5.00%	210.00
新产品	J		3.33%	30.00
新产品	H		3.33%	30.00
新产品	I		3.33%	30.00
全年合计				

图 3-11

❹ 在 D13 单元格中输入公式：

=SUM(D4:D12)

按 Enter 键，计算出合计增长率，如图 3-12 所示。

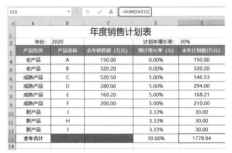

D13 =SUM(D4:D12)

年度销售计划表			
年份：	2020		计划年增长率：
产品性质	产品名称	去年销售额（万元）	预计增长率（%）
老产品	A	150.00	0.00%
老产品	B	320.20	0.00%
成熟产品	C	520.50	5.00%
成熟产品	D	280.00	5.00%
成熟产品	E	160.20	5.00%
成熟产品	F	200.00	5.00%
新产品	J		3.33%
新产品	H		3.33%
新产品	I		3.33%
全年合计			30.00%

图 3-12

❺ 在 E13 单元格中输入公式：

=SUM(E4:E12)

按 Enter 键，计算出合计计划销售额，并设置数据格式为“数值”类型，得到年度销售计划表的最终效果，如图 3-13 所示。

E13 =SUM(E4:E12)

年度销售计划表				
年份：	2020		计划年增长率：	30%
产品性质	产品名称	去年销售额（万元）	预计增长率（%）	本年计划数(万元)
老产品	A	150.00	0.00%	150.00
老产品	B	320.20	0.00%	320.20
成熟产品	C	520.50	5.00%	546.53
成熟产品	D	280.00	5.00%	294.00
成熟产品	E	160.20	5.00%	168.21
成熟产品	F	200.00	5.00%	210.00
新产品	J		3.33%	30.00
新产品	H		3.33%	30.00
新产品	I		3.33%	30.00
全年合计			30.00%	1778.94

图 3-13

3.2 各月销售任务细分表

制定好公司的年度销售计划后，如何科学、合理地将整年的销售任务细分到每个月，是保证年度销售计划顺利完成的有力保障，如图 3-14 所示。

各月销售任务细分表				
年份：	2020	年度销售任务：	3000.00	单位：（万元）
月份	去年销售额	销售额占比	本年计划数	计划增长率
1月	280	14%	418.51	49%
2月	196	10%	292.96	49%
3月	110	5%	164.42	49%
4月	171.7	9%	256.64	49%
5月	180	9%	269.04	49%
6月	92.8	5%	138.71	49%
7月	109.6	5%	163.82	49%
8月	122.7	6%	183.40	49%
9月	155.6	8%	232.57	49%
10月	260	13%	388.62	49%
11月	208.7	10%	311.94	49%
12月	120	6%	179.36	49%
合计	2007.1	100%	3000	

图 3-14

3.2.1 制作各月销售任务细分表

下面在 Excel 中创建各月销售任务细分表。

❶ 将工作表 Sheet2 标签重命名为“各月销售任务细分表”，在工作表中输入各月销售任务细分表的基本信息，并进行单元格格式设置，如图 3-15 所示。

❷ 接着在单元格区域 B4:B15 中输入各月的销售

额，如图 3-16 所示。

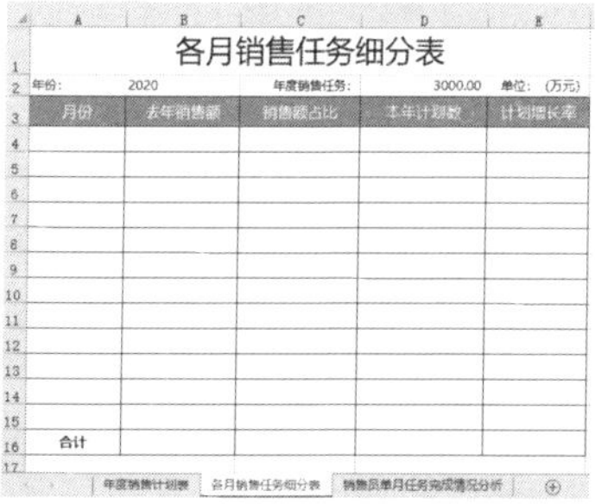

图 3-15

图 3-16

3.2.2 设置公式

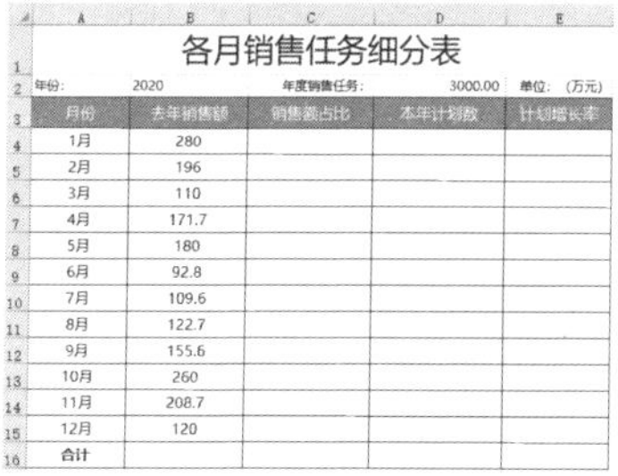

下面介绍如何设置公式统计销售任务细分表，得出销售额占比、本年计划数和计划增长率。

1. 计算合计值

在 B16 单元格中输入公式：

=SUM(B4:B15)

按 Enter 键，向右复制公式至 D16 单元格，如图 3-17 所示。

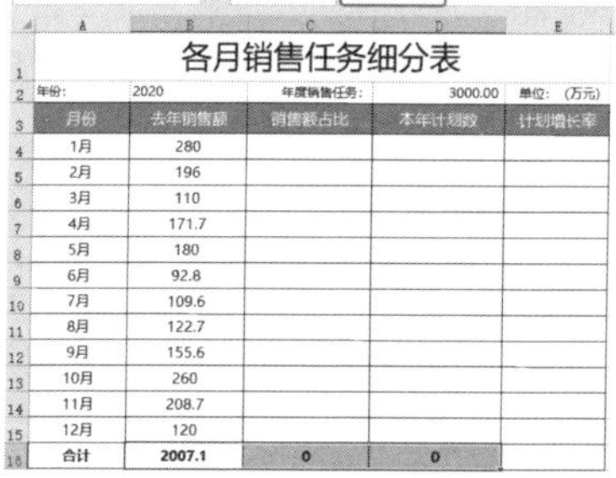

图 3-17

2. 计算销售额占比

❶ 在 C4 单元格中输入公式：

=B4/$B$16

按 Enter 键，向下复制公式至 C15 单元格，计算出去年各月的销售额占比，如图 3-18 所示。

图 3-18

❷ 选中 C4:C16 单元格区域，单击"开始"标签下"数字"选项组中的"数字格式"下拉按钮，在下拉列表中选择"百分比"命令，并设置为两位小数的百分比格式，如图 3-19 所示。

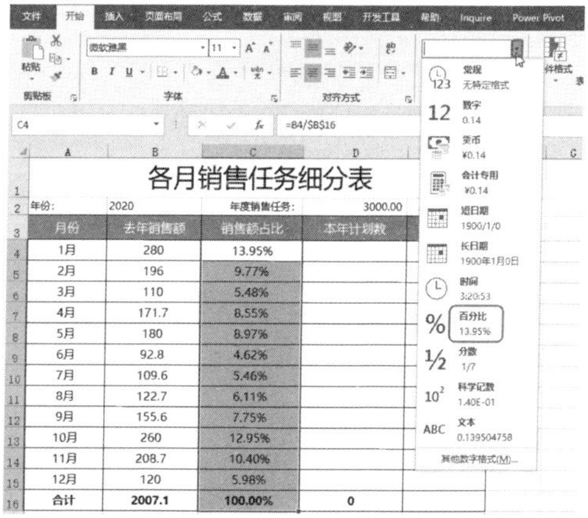

图 3-19

3. 计算本年计划数及计划增长率

❶ 在 D4 单元格中输入公式：

=$D$2*C4

按 Enter 键，向下复制公式至 D15 单元格。计算本年各月销售额计划数，如图 3-20 所示。

D4 | × ✓ fx =$D$2*C4

各月销售任务细分表

月份	去年销售额	销售额占比	本年计划数	计划增长率
年份:	2020	年度销售任务:	3000.00	单位: (万元)
1月	280	14%	418.51	
2月	196	10%	292.96	
3月	110	5%	164.42	
4月	171.7	9%	256.64	
5月	180	9%	269.04	
6月	92.8	5%	138.71	
7月	109.6	5%	163.82	
8月	122.7	6%	183.40	
9月	155.6	8%	232.57	
10月	260	13%	388.62	
11月	208.7	10%	311.94	
12月	120	6%	179.36	
合计	2007.1	100%	3000	

图 3-20

❷ 在 E4 单元格中输入公式：

=(D4-B4)/B4

按 Enter 键，向下复制公式至 E15 单元格，计算出各月的计划增长率，如图 3-21 所示。

E4 | × ✓ fx =(D4-B4)/B4

各月销售任务细分表

月份	去年销售额	销售额占比	本年计划数	计划增长率
年份:	2020	年度销售任务:	3000.00	单位: (万元)
1月	280	14%	418.51	49%
2月	196	10%	292.96	49%
3月	110	5%	164.42	49%
4月	171.7	9%	256.64	49%
5月	180	9%	269.04	49%
6月	92.8	5%	138.71	49%
7月	109.6	5%	163.82	49%
8月	122.7	6%	183.40	49%
9月	155.6	8%	232.57	49%
10月	260	13%	388.62	49%
11月	208.7	10%	311.94	49%
12月	120	6%	179.36	49%
合计	2007.1	100%	3000	

图 3-21

3.3 销售员任务完成情况分析

要保证部门及公司能按计划完成销售任务，还应将销售任务细分到每个销售人员，并且每月对销售员的具体完成情况进行对比分析，如图 3-22 所示。

销售员单月任务完成情况分析

销售员	目标销售额	实际销售额	完成率	差异值分析
月份:	2020年6月			
郝凌云	35000	30000	85.71%	-5000
周倩	30000	30582	101.94%	582
王涛	25000	17235	68.94%	-7765
林逸	20000	20245	101.23%	245
吴菲菲	15000	20850	139.00%	5850
王妃	10000	8900	89.00%	-1100
周建军	9000	7200	80.00%	-1800
罗宾	9000	9800	108.89%	800
赵梅	7000	5800	82.86%	-1200
李娟娟	10000	13850	138.50%	3850

图 3-22

3.3.1 设置公式

下面在 Excel 中创建表格，输入目标销售额和实际销售额数据，并计算出各销售员的完成率及差异值。

❶ 将工作表 Sheet3 标签重命名为"销售员单月任务完成情况分析"，在工作表中输入销售员任务完成情况分析表的基本信息，并进行单元格格式设置，如图 3-23 所示。

销售员单月任务完成情况分析

销售员	目标销售额	实际销售额	完成率	差异值分析
月份:	2020年12月			
郝凌云	35000	30000		
周倩	30000	30582		
王涛	25000	17235		
林逸	20000	20245		
吴菲菲	15000	20850		
王妃	10000	8900		
周建军	9000	7200		
罗宾	9000	9800		
赵梅	7000	5800		
李娟娟	10000	13850		

年度销售计划表 | 各月销售任务细分表 | 销售员单月任务完成情况分析

图 3-23

❷ 在 D4 单元格中输入公式：

=C4/B4

按 Enter 键，向下复制公式至单元格 D13，计算该月各销售员的任务完成比率，如图 3-24 所示。

❸ 单击"开始"标签下"数字"选项组中的"数字格式"下拉按钮，在下拉菜单中选择"百分比"命令，如图 3-25 所示。

❹ 在 E4 单元格中输入公式：

=C4-B4

按 Enter 键，向下复制公式至 E13 单元格，计算各销售月本月实际销售额与目标销售额的差异值，如图 3-26 所示。

图 3-24

图 3-25

图 3-26

3.3.2 设置条件格式

下面通过设置条件格式，突出显示已完成任务的销售员的行，并使用数据条对实际与目标销售额的差异值进行分析。

❶ 选中 A4:D13 单元格区域，单击"开始"标签下"样式"选项组中的"条件格式"下拉按钮，在下拉菜单中选择"新建规则"命令，如图 3-27 所示。

图 3-27

❷ 在打开的"新建格式规则"对话框中，选择"使用公式确定要设置格式的单元格"（如图 3-28 所示），在"为符合此公式的值设置格式"文本框中输入公式：

图 3-28

=IF($D4>=1,1,0)

单击"格式"按钮。在"设置单元格格式"对话框中单击"填充"标签，选择一种合适的颜色，如图 3-29 所示。

图 3-29

❸ 单击“确定”按钮返回“新建格式规则”对话框，单击“确定”按钮返回工作表中，即可显示设置的条件格式，如图 3-30 所示。

❹ 选择单元格区域 E4:E13，单击“开始”标签下“样式”选项组中的“条件格式”下拉按钮，在下拉菜单中选择“色阶”命令，在下级列表中选择一种合适的填充效果，如图 3-31 所示。

销售员单月任务完成情况分析

月份：2020年12月

销售员	目标销售额	实际销售额	完成率	差异值分析
郝凌云	35000	30000	85.71%	-5000
周薇	30000	30582	101.94%	582
王涛	25000	17235	68.94%	-7765
林逸	20000	20245	101.23%	245
吴菲菲	15000	20850	139.00%	5850
王妃	10000	8900	89.00%	-1100
周建军	9000	7200	80.00%	-1800
罗宾	9000	9800	108.89%	800
赵梅	7000	5800	82.86%	-1200
李娟娟	10000	13850	138.50%	3850

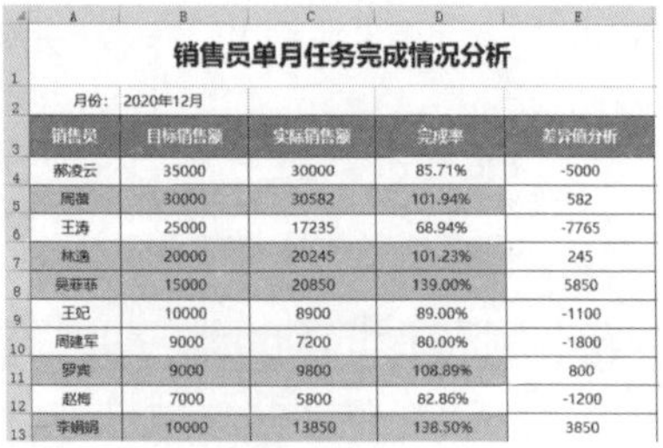

图 3-30

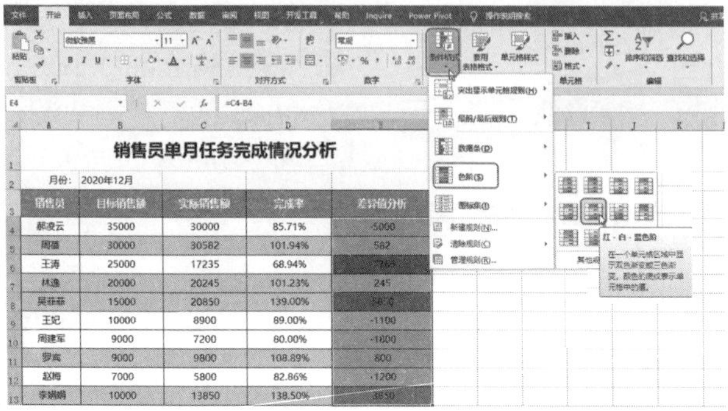

图 3-31

3.4 本月销售任务分配表

本月销售任务分配表是根据销售部当月的销售任务情况、各销售区域的特定以及销售人员的差异，将每月的总目标任务合理地划分到各销售员，从而使销售部能按时按量地完成销售目标，如图 3-32 所示。

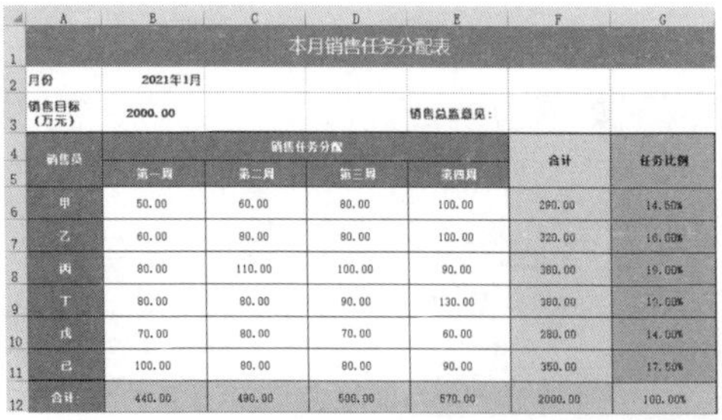

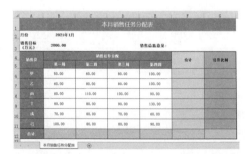

本月销售任务分配表

月份 2021年1月

销售目标（万元） 2000.00　　销售总监意见：

销售员	销售任务分配				合计	任务比例
	第一周	第二周	第三周	第四周		
甲	50.00	60.00	80.00	100.00	290.00	14.50%
乙	60.00	80.00	80.00	100.00	320.00	16.00%
丙	80.00	110.00	100.00	90.00	380.00	19.00%
丁	80.00	80.00	90.00	130.00	380.00	19.00%
戊	70.00	80.00	70.00	60.00	280.00	14.00%
己	100.00	80.00	80.00	90.00	350.00	17.50%
合计	440.00	490.00	500.00	570.00	2000.00	100.00%

图 3-32

3.4.1 制作销售任务分配表

在 Sheet3 工作表中输入本月销售任务分配表的基本信息，并进行单元格格式设置，如图 3-33 所示。

本月销售任务分配表

月份 2021年1月

销售目标（万元） 2000.00　　销售总监意见：

销售员	销售任务分配				合计	任务比例
	第一周	第二周	第三周	第四周		
甲	50.00	60.00	80.00	100.00		
乙	60.00	80.00	80.00	100.00		
丙	80.00	110.00	100.00	90.00		
丁	80.00	80.00	90.00	130.00		
戊	70.00	80.00	70.00	60.00		
己	100.00	80.00	80.00	90.00		
合计						

图 3-33

3.4.2 设置公式

1. 计算合计值

❶ 在 F6 单元格中输入公式：

=SUM(B6:E6)

按 Enter 键, 向下复制公式至 F11 单元格, 依次计算出合计值, 如图 3-34 所示。

图 3-34

❷ 接着在 B12 单元格中输入公式:

=SUM(B6:B11)

按 Enter 键, 向右复制公式至 G12 单元格, 依次计算出合计值如图 3-35 所示。

2. 计算任务比例

在 G6 单元格中输入公式:

=F6/$B$3*100%

按 Enter 键, 向下复制公式至 G11 单元格, 依次计算出比值, 如图 3-36 所示。

图 3-35

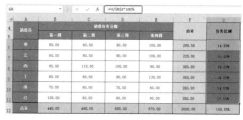

图 3-36

第

4 产品结构及消费行为分析

章

为了更好地管理商品的销售记录，可以分期建立销售记录表。通过建立完成的销售记录表可以进行数据计算、统计、分析，如计算销售员的业绩奖金、对各类别商品的销售额进行合并统计、分析哪种商品的销售额最高等。

通过创建切片器可以筛选任意符合条件的销售记录，也可以使用分类汇总功能统计销售数据。

☑ 数据透视表分析业绩

☑ 分类汇总统计销售数据

☑ 影响消费者购买的因素分析

☑ 饼图分析公司产品结构

4.1 销售情况分析

销售记录表详细记录了公司一段时间内的销售情况，根据销售记录表中的数据，可以使用Excel 2019 中的相关功能进行详细分析，如图 4-1 所示，即使用数据透视表并插入切片器对数据统计筛选；如图 4-2 所示为复制过来使用的分类汇总结果，虽然使用公式也可以统计产品的销售金额，但是使用数据透视表可以让统计的过程更加简单快速；如图 4-3、图 4-4 所示分别为使用了分类汇总功能统计相关销售数据。

图 4-1

图 4-2

图 4-3

图 4-4

4.1.1 数据透视表分析业绩

本节需要根据销售记录表创建数据透视表，再根据透视表插入切片器，使用切片器可以在多个透视表之间实现销售数据的快速统计。

1. 创建数据透视表

当需要从多个角度来分析销售收入数据时，可以在工作表中创建多个数据透视表。

❶ 打开"销售数据统计表"，切换到"插入"标签，在"表格"组单击"数据透视表"下拉按钮，在其下

拉列表中选择"数据透视表"选项,如图4-5所示。

❷打开"创建数据透视表"对话框,设置"表/区域"为"销售数据统计表!$A$2:$H$27",在"选择放置数据透视表的位置"列表中选中"新工作表"单选按钮,如图4-6所示。

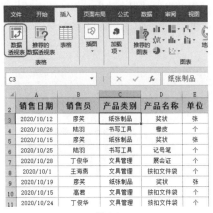

图 4-5

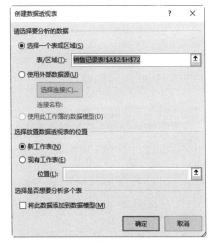

图 4-6

专家提示

默认是将数据透视表放在新工作表位置,也可以选择放置位置为"现有工作表"的指定位置,方便对比、查看数据源表格和数据透视表表格。

❸在创建的数据透视表中,将"产品类别"拖动到"行标签"区域,将"销售数量"和"销售金额"拖动到"数值"区域,如图4-7所示。

图 4-7

2. 添加数据透视表

下面需要在已经创建好的透视表中添加新的透视表。

❶再次单击"插入"标签中"表格"选项组的"数据透视表"选项,在当前工作表中创建一个新的数据透视表,如图4-8、图4-9所示。

图 4-8

图 4-9

❷将"销售员"拖动到"行标签"区域,将"销售金额"拖动到"数值"区域,如图4-10所示。

图4-10

专家提示

直接选中指定字段名称前面的复选框,也可以快速添加字段。

❸按照相同的方法在工作表中添加一个新的数据透视表,将"销售日期"拖动到"行标签"区域,将"销售金额"拖动到"数值"区域。

❹选中透视表中任意单元格,在"分析"选项卡的"组合"组中单击"分组选择"按钮(如图4-11所示),打开"组合"对话框。

图4-11

❺设置"步长"为"日","天数"为10,如图4-12所示。

图4-12

❻单击"确定"按钮即可完成字段的分组,如图4-13所示,最后重新修改日期名称即可,最终效果如图4-14所示。

3. 插入切片器

创建了多个数据透视表后,下面需要在表格中插入切片器对数据进行筛选查看。

❶单击第一个数据透视表中任意单元格,切换到"分析"标签,在"筛选"组单击"插入切片器"按钮,如图4-15所示,打开"插入切片器"对话框。

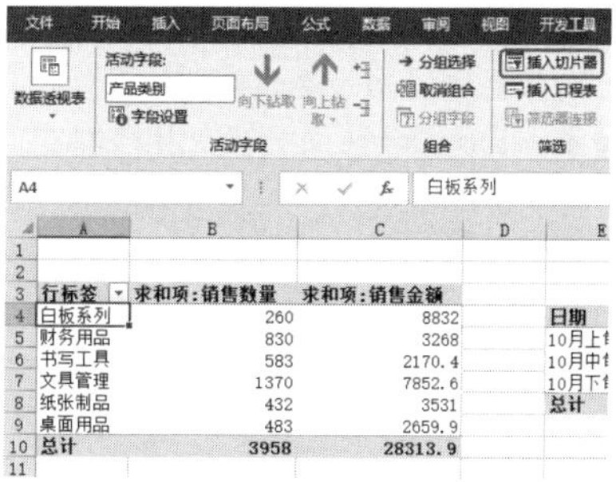

图4-15

❷分别选中"销售员"和"产品类别"复选框即可,如图4-16所示。

图4-13   图4-14

第4章 产品结构及消费行为分析

39

图 4-16

❸ 单击"确定"按钮，即可根据已知数据透视表插入两个切片器，如图 4-17 所示。通过单击指定销售员姓名和产品类别，即可筛选出指定条件的记录。

图 4-17

✏️ 专家提示

如果要取消切片器的筛选结果，则可以直接单击切片器右上角的清除按钮即可。

4. 设置切片器

当工作表中包含多个数据透视表之后，为了区分不同的切片器对应的数据筛选，可以设置好报表链接。

❶ 在"切片器工具"选项下单击"选项"标签，在"切片器"选项组单击"数据透视表连接"按钮，如图 4-18 所示，打开"数据透视表连接（产品类别）"对话框。

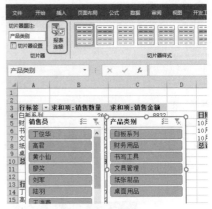

图 4-18

❷ 选中要建立连接的数据透视表，如图 4-19 所示。

图 4-19

❸ 单击"确定"按钮完成切片器的设置，在"切片器"中单击"白板系列"按钮，此时所有的数据透视表中只显示"白板系列"的数据统计结果，如图 4-20 所示。

图 4-20

❹ 在"切片器"中单击多个名称按钮，则系统会自动更正所有的数据透视表中多个指定产品类别的数据统计结果，如图 4-21 所示。

图 4-21

5. 美化切片器

❶ 选中切片器，切换到"选项"标签，在"切片器样式"选项组单击▾按钮，在下拉列表中选择一种切片器样式，如图 4-22 所示。

图 4-22

❷ 单击选择后，即可快速更改切片器的样式，包括字体格式、图形填充和轮廓效果等，效果如图 4-23 所示。

图 4-23

﹝4.1.2﹞ 分类汇总统计销售数据

分类汇总可以为同一类别的记录自动添加合计或小计（如计算同一类数据的总和、平均值、最大值等），从而得到分散记录的合计数据。因此这项功能是数据分析（特别是大数据分析）中的常用的功能之一。

本节会介绍一些分类汇总的基本设置方法，比如更改分类汇总的方式、创建多级分类汇总等。

1. 按类别统计销售数据

本例需要使用分类汇总功能，按产品类别统计销售金额合计值。

❶ 选中数据区域任意单元格，在"数据"选项卡的"排序和筛选"组中单击"降序"按钮，如图 4-24 所示。

图 4-24

📝 专家提示

在执行分类汇总之前，需要对相关字段数据执行排序，否则会导致错误的分类汇总结果。

❷ 继续在"数据"选项卡的"分级显示"组中单击"分类汇总"按钮（如图 4-25 所示），打开"分类汇总"对话框。

图 4-25

❸ 设置"分类字段"为"产品类别"，"选定汇总项"为"销售金额"，如图 4-26 所示。

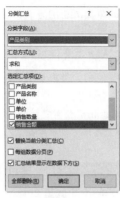

图 4-26

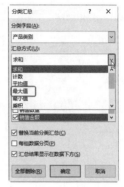

专家提示

如果要删除分类汇总结果，则可以在“分类汇总”对话框中单击左下角的“全部删除”按钮即可。

❹ 单击“确定”按钮返回表格，此时可以看到按产品类型汇总了销售金额的合计值，如图 4-27 所示。

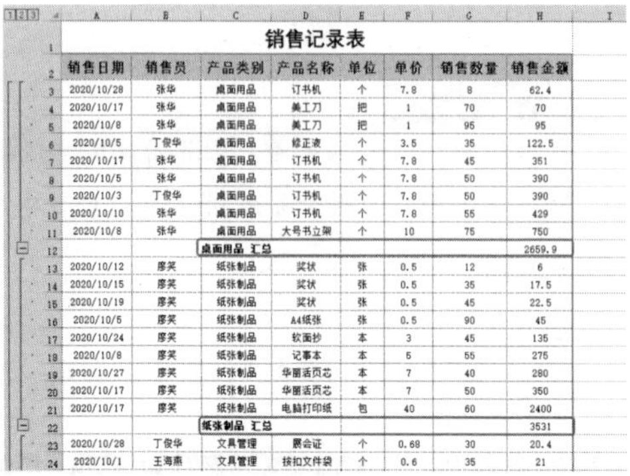

销售日期	销售员	产品类别	产品名称	单位	单价	销售数量	销售金额
2020/10/28	张华	桌面用品	订书机	个	7.8	8	62.4
2020/10/17	张华	桌面用品	美工刀	把	1	70	70
2020/10/8	张华	桌面用品	美工刀	把	1	95	95
2020/10/5	丁俊华	桌面用品	修正液	个	3.5	35	122.5
2020/10/17	张华	桌面用品	订书机	个	7.8	45	351
2020/10/5	张华	桌面用品	订书机	个	7.8	50	390
2020/10/3	丁俊华	桌面用品	订书机	个	7.8	50	390
2020/10/10	张华	桌面用品	订书机	个	7.8	55	429
2020/10/8	张华	桌面用品	大号书立架	个	10	75	750
		桌面用品 汇总					2659.9
2020/10/12	廖笑	纸张制品	奖状	张	0.5	12	6
2020/10/15	廖笑	纸张制品	奖状	张	0.5	35	17.5
2020/10/19	廖笑	纸张制品	奖状	张	0.5	45	22.5
2020/10/5	廖笑	纸张制品	A4纸张	张	0.5	90	45
2020/10/24	廖笑	纸张制品	软面抄	本	3	45	135
2020/10/8	廖笑	纸张制品	记事本	本	5	55	275
2020/10/27	廖笑	纸张制品	华丽活页芯	本	7	40	280
2020/10/17	廖笑	纸张制品	华丽活页芯	本	7	50	350
2020/10/17	廖笑	纸张制品	电脑打印纸	包	40	60	2400
		纸张制品 汇总					3531
2020/10/28	丁俊华	文具管理	展会证	个	0.68	30	20.4
2020/10/1	王海燕	文具管理	按扣文件袋	个	0.6	35	21

图 4-27

2. 更改汇总方式

默认的汇总方式为“求和”，下面需要更改汇总方式为最大值。

❶ 再次打开“分类汇总”对话框，更改“汇总方式”为“最大值”即可，如图 4-28 所示。

❷ 单击“确定”按钮返回表格，即可看到按产品类别汇总了最大销售金额，如图 4-29 所示。

图 4-28

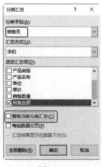

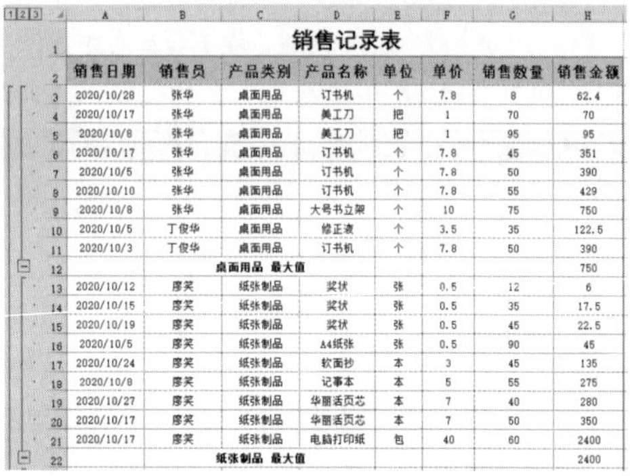

销售日期	销售员	产品类别	产品名称	单位	单价	销售数量	销售金额
2020/10/28	张华	桌面用品	订书机	个	7.8	8	62.4
2020/10/17	张华	桌面用品	美工刀	把	1	70	70
2020/10/8	张华	桌面用品	美工刀	把	1	95	95
2020/10/17	张华	桌面用品	订书机	个	7.8	45	351
2020/10/5	张华	桌面用品	订书机	个	7.8	50	390
2020/10/10	张华	桌面用品	订书机	个	7.8	55	429
2020/10/8	张华	桌面用品	大号书立架	个	10	75	750
2020/10/5	丁俊华	桌面用品	修正液	个	3.5	35	122.5
2020/10/3	丁俊华	桌面用品	订书机	个	7.8	50	390
		桌面用品 最大值					750
2020/10/12	廖笑	纸张制品	奖状	张	0.5	12	6
2020/10/15	廖笑	纸张制品	奖状	张	0.5	35	17.5
2020/10/19	廖笑	纸张制品	奖状	张	0.5	45	22.5
2020/10/5	廖笑	纸张制品	A4纸张	张	0.5	90	45
2020/10/24	廖笑	纸张制品	软面抄	本	3	45	135
2020/10/8	廖笑	纸张制品	记事本	本	5	55	275
2020/10/27	廖笑	纸张制品	华丽活页芯	本	7	40	280
2020/10/17	廖笑	纸张制品	华丽活页芯	本	7	50	350
2020/10/17	廖笑	纸张制品	电脑打印纸	包	40	60	2400
		纸张制品 最大值					2400

图 4-29

3. 多级分类汇总

如果要汇总多个统计结果，可以多次设置汇总参数。

❶ 保持上一步的分类汇总结果，再次打开“分类汇总”对话框，设置新的“分类字段”为“销售员”，取消选中“替换当前分类汇总”复选框，如图 4-30 所示。

图 4-30

❷ 单击"确定"按钮返回表格，即可看到多级分类汇总结果，如图 4-31 所示。

图 4-31

✎ **专家提示**

> 如果不取消选中"替换当前分类汇总"复选框，会导致覆盖之前的分类汇总结果。

4. 查看汇总结果

设置分类汇总之后，可以通过单击表格左上角不同的按钮，得到不同的分类汇总结果。

❶ 单击数字标签 2，即可看到按产品类别汇总的销售金额数据，如图 4-32 所示。

图 4-32

❷ 单击数字标签 3，即可看到二级分类汇总结果，如图 4-33 所示。

✎ **专家提示**

> 如果要清晰的查看各项分类汇总的明细数据，则可以单击左侧的 4 数字标签。

图 4-33

5. 复制分类汇总结果

分类汇总的结果不能直接复制，首先需要选中可见单元格，再执行复制粘贴。

❶ 打开"定位条件"对话框，选中"可见单元格"单选按钮（如图 4-34 所示），单击"确定"按钮，即可选中区域中的可见单元格，再按 Ctrl+C 组合键执行复制，如图 4-35 所示。

图 4-34

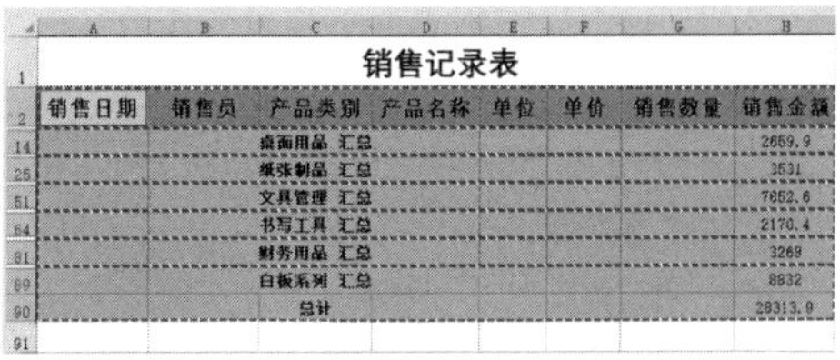

图 4-35

❷ 新建工作表按 Ctrl+V 组合键执行粘贴，如图 4-36 所示。最后将复制过来的内容重新整理并设置单元格格式即可，效果如图 4-37 所示。

第 4 章 产品结构及消费行为分析

43

	A	B	C	D	E	F	G	H
1	销售日期	销售员	产品类别	产品名称	单位	单价	销售数量	销售金额
2			桌面用品 汇总					2659.9
3			纸张制品 汇总					3531
4			文具管理 汇总					7852.6
5			书写工具 汇总					2170.4
6			财务用品 汇总					3268
7			白板系列 汇总					8832
8			总计					28313.9
9								
10								
11								
12								

图 4-36

	A	B
1	各类别商品销售额汇总	
2	产品类别	销售金额
3	桌面用品	2659.9
4	纸张制品	3531
5	文具管理	7852.6
6	书写工具	2170.4
7	财务用品	3268
8	白板系列	8832
9	总计	28313.9

图 4-37

4.2 ▶ 消费者购买行为研究

消费者购买行为研究，是市场调研中最普遍、最经常实施的一项研究，是指对获取消费者使用、处理商品所采用的各种行动以及事先决定这些行动的决策过程的定量研究和定性研究。该项研究除了可以了解消费者是如何获取产品与服务的，还可以了解消费者是如何消费产品的，以及产品在用完或消费之后是如何被处置的。因此，它是营销决策的基础，消费者行为研究对于提高营销决策水平、增强营销策略的有效性方面有着很重要的意义。

本节中会就某个商品的调查数据表格，对消费者购买行为进行分析研究。

如图 4-38、图 4-39 所示为广告宣传对购买的影响，以及品牌和外观对礼品购买的影响；如图 4-40、图 4-41 所示为通过建立柱形图和条形图对消费者的更换频率进行了分析。

图 4-38

图 4-39

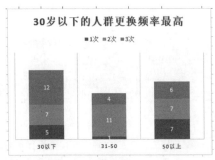

图 4-40

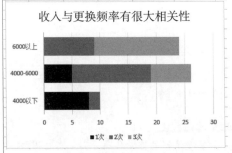

图 4-41

4.2.1 影响消费者购买的因素分析

要对影响消费者购买的因素进行分析，首先需要统计出问卷结果中各个因素的被选中条数，然后再进行分析。

1. 统计影响消费者购买的各因素数量

影响消费者购买商品的因素有广告宣传作用、当下流行指标、商家促销活动以及他人意见的影响等。本例会根据调查统计表格，将各种影响因素的人数总和统计出来，方便分析哪种因素的影响最大。

❶ 如图 4-42 所示为有效的调查结果数据表。

结果统计数据库

序号	性别	年龄	婚否	收入状况	更换频率(年)	购买自用品时考虑因素1	购买自用品时考虑因素2	购买礼品时受影响因素1	购买礼品时受影响因素2	购买时受影响因素1	购买时受影响因素2	购物场所	开支计划
1	男	30以下	未婚	6000以上	3次	质量	价格	品牌	外观时尚	商家促销	他人意见	大商场大超市	稍有计划
2	男	30以下	已婚	4000-6000	3次	质量	品牌	质量	外观时尚	广告宣传	流行时尚	其他	有计划但偶尔有额外支出
3	女	31-50	已婚	4000-6000	2次	品牌	价格	价格	品牌	广告宣传	他人意见	专卖店	有严格计划
4	男	50以上	已婚	6000以上	2次	质量	品牌	品牌	外观时尚	流行时尚	他人意见	批发市场	有计划但偶尔有额外支出
5	男	30以下	未婚	4000以下	1次	价格	外观时尚	质量	品牌	商家促销	广告宣传	大商场大超市	无计划
6	女	31-50	未婚	6000以上	3次	品牌	外观时尚	品牌	外观时尚	广告宣传	流行时尚	大商场大超市	有计划但偶尔有额外支出
7	女	50以上	已婚	6000以上	3次	质量	品牌	质量	外观时尚	商家促销	流行时尚	大商场大超市	有严格计划
8	男	30以下	已婚	4000-6000	3次	质量	品牌	质量	外观时尚	广告宣传	流行时尚	其他	有计划但偶尔有额外支出
9	男	31-50	已婚	4000-6000	1次	品牌	价格	价格	品牌	广告宣传	他人意见	专卖店	有严格计划
10	女	50以上	已婚	4000-6000	1次	质量	品牌	品牌	外观时尚	流行时尚	他人意见	批发市场	有计划但偶尔有额外支出
11	男	30以下	未婚	6000以上	3次	价格	外观时尚	质量	品牌	商家促销	广告宣传	大商场大超市	无计划
12	男	50以上	已婚	6000以上	2次	质量	品牌	品牌	外观时尚	流行时尚	他人意见	批发市场	有计划但偶尔有额外支出
13	女	30以下	未婚	4000以下	1次	价格	外观时尚	质量	品牌	商家促销	广告宣传	大商场大超市	无计划
14	男	31-50	未婚	6000以上	3次	品牌	外观时尚	价格	品牌	广告宣传	流行时尚	大商场大超市	有计划但偶尔有额外支出
15	男	50以上	已婚	4000以下	1次	质量	品牌	质量	外观时尚	商家促销	流行时尚	大商场大超市	有严格计划
16	女	30以下	已婚	4000-6000	2次	质量	品牌	质量	外观时尚	广告宣传	流行时尚	其他	有计划但偶尔有额外支出
17	女	31-50	已婚	4000-6000	2次	品牌	价格	价格	品牌	广告宣传	他人意见	专卖店	有严格计划
18	男	50以上	已婚	6000以上	3次	质量	品牌	质量	外观时尚	商家促销	流行时尚	大商场大超市	有严格计划
19	女	30以下	已婚	4000-6000	3次	质量	品牌	质量	外观时尚	广告宣传	流行时尚	其他	有计划但偶尔有额外支出
20	女	31-50	已婚	4000-6000	2次	品牌	价格	价格	品牌	广告宣传	他人意见	专卖店	有严格计划
21	男	50以上	已婚	6000以上	2次	质量	品牌	品牌	外观时尚	流行时尚	他人意见	批发市场	有计划但偶尔有额外支出
22	男	30以下	未婚	6000以上	3次	价格	外观时尚	质量	品牌	商家促销	广告宣传	大商场大超市	无计划

调查结果数据库

图 4-42

❷ 在其后新建工作表，并将其重命名为“影响购买的因素分析”。然后输入如图 4-43 所示的统计标识。

影响消费者购买的因素分析

影响因素	广告宣传	流行时尚	商家促销	他人意见
受影响人数				

调查结果数据库 | 影响购买的因素分析

图 4-43

❸ 在 B3 单元格中输入公式：

=COUNTIF(调查结果数据库 !$K$3:$L$62,B2)

按 Enter 键，即可计算出影响的人数，如图 4-44 所示。

B3 =COUNTIF(调查结果数据库!$K$3:$L$62,B2)

影响消费者购买的因素分析

影响因素	广告宣传	流行时尚	商家促销	他人意见
受影响人数	43			

图 4-44

专家提示

COUNTIF 函数用于在调查结果数据库 !$K$3:$L$62 区域中查找和 B2 单元格内容相同的单元格个数。

❹ 向右复制此公式，依次得到受到其他影响因素的总人数，如图 4-45 所示。

影响消费者购买的因素分析

影响因素	广告宣传	流行时尚	商家促销	他人意见
受影响人数	43	34	24	19

图 4-45

2. 购买礼品时受影响因素分析

购买礼品的影响因素包括商品的品牌、质量、价格以及外观。根据调查数据表，可以将选择各种影响因素的人数统计出来。

❶ 新建工作表，并将其重命名为“影响购买的

因素分析”，输入如图 4-46 所示的各项信息。

影响消费者购买的因素分析				
影响因素	广告宣传	流行时尚	商家促销	他人意见
受影响人数	43	34	24	19
购买礼品时受影响因素				
影响因素	品牌	质量	价格	外观时尚
受影响人数				

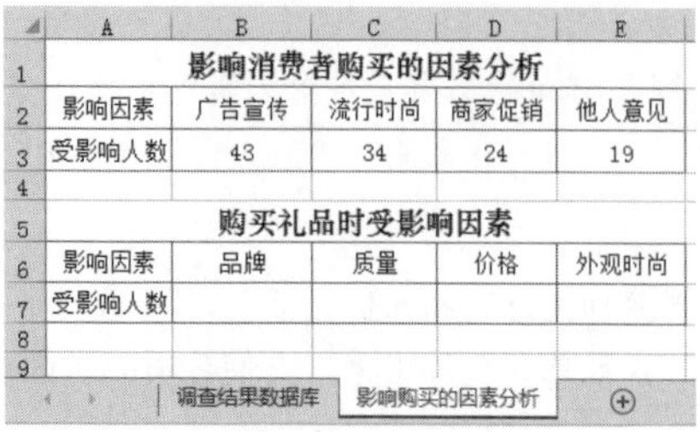

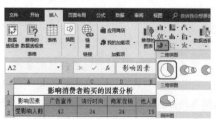

图 4-46

❷ 在 B7 单元格中输入公式：

=COUNTIF(调查结果数据库 !$I$3:$J$62,B6)

按 Enter 键，即可计算出受品牌影响的人数，如图 4-47 所示。

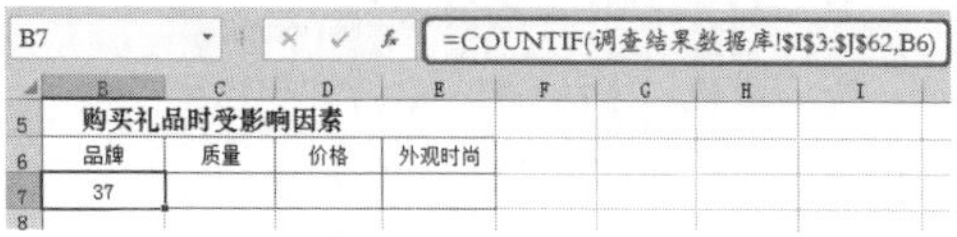

图 4-47

❸ 向右复制此公式，依次得到选择其他因素的人数合计，如图 4-48 所示。

购买礼品时受影响因素				
影响因素	品牌	质量	价格	外观时尚
受影响人数	37	34	12	37

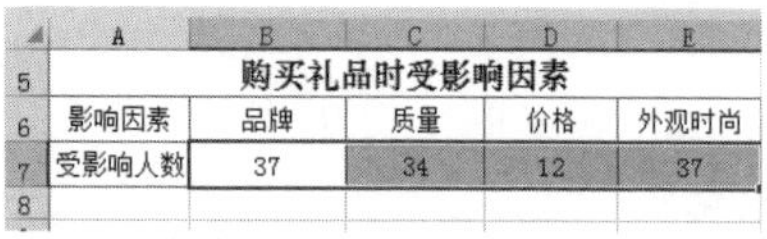

图 4-48

3. 建立图表分析消费者购买行为

通过建立饼图，可直观地查看影响销售者购买商品的决定因素。

❶ 选中 A2:E3 单元格区域，在“插入”选项卡的“图表”组中单击“插入饼图或圆环图”下拉按钮，在打开的下拉列表中单击“二维饼图”(如图 4-49 所示)，即可新建饼图，如图 4-50 所示。

图 4-49

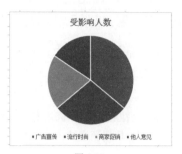

图 4-50

❷ 单击“图表元素”，在打开的列表中依次选择“数据标签”→“更多选项”命令 (如图 4-51 所示)，打开“设置数据标签格式”对话框。

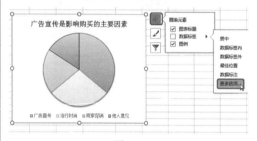

图 4-51

专家提示

如果对添加的数据标签没有要求，则可以在“数据标签”右侧的子菜单中直接单击选择一种样式即可。

❸ 分别选中“类别名称”和“百分比”复选框，如图 4-52 所示。

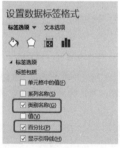

图 4-52

❹ 单击图表扇面，然后再在“广告宣传”饼块上单击，即可单独选中该数据点。在“图表工

具"→"格式"选项卡中单击"形状填充"下拉按钮，在打开的下拉列表中选择"橙色"，如图4-53所示。

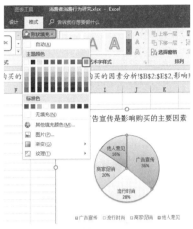

图 4-53

⑤ 再将"广告宣传"数据点向外拖动让其分离，效果如图4-54所示。

图 4-54

⑥ 选中 A6:E7 单元格区域，在"插入"选项卡的"图表"组中单击"插入饼图或圆环图"下拉按钮，在打开的下拉列表中单击"二维饼图"（如图4-55所示），即可新建饼图图表，如图4-56所示。

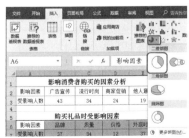

图 4-55

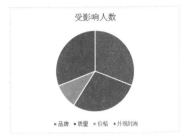

图 4-56

⑦ 按照相同的办法为图表套用样式并输入直观说明图表表达效果的标题文字，效果如图4-57所示。从图表中可以得出品牌和外观是影响消费者购买礼品的两个重要因素。

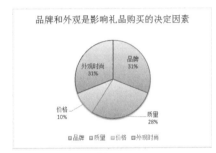

图 4-57

4.2.2 更换频率分析

消费者更换新商品的频率受到性别、年龄和收入的影响，通过这些分析，可以帮助企业更准确的确定市场投放类型和人群。

1. 建立更换频率结构统计表

根据调查数据表中的数据，可以统计各不同性别、收入和年龄对不同更换次数的选择数量。

❶ 新建工作表，并重新命名为"更换频率分析"，输入如图4-58所示各项统计标识。

图 4-58

❷切换到"调查结果数据库"中，选中除了标题行之外的所有数据单元格区域（要包含列标识），在"公式"选项卡的"定义的名称"组中单击"根据所选内容创建"按钮（如图 4-59 所示），打开"根据所选内容创建名称"对话框。选中"首行"复选框，如图 4-60 所示。

图 4-59

图 4-60

❸单击"确定"按钮完成名称定义。打开"名称管理器"对话框，可以看到表格中以列标识建立的所有名称，如图 4-61 所示。

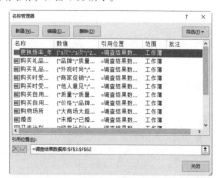

图 4-61

❹在 B4 单元格中输入公式：

=SUMPRODUCT((更换频率 _ 年 =$A4)*(性别 =B$3))

按 Enter 键，即可计算出选择更换 1 次的男性总人数，如图 4-62 所示。先向右复制公式，再选中 B4:C4 单元格区域，向下复制公式，依次得到选择各个不同更换次数中男性和女性的总人数，如图 4-63 所示。

图 4-62

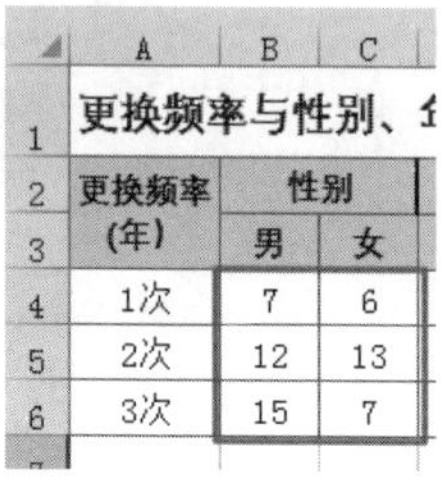

图 4-63

❺在 D4 单元格中输入公式：

=SUMPRODUCT((更换频率 _ 年 =$A4)*(年龄 =D$3))

按 Enter 键，即可计算出选择更换 1 次的 30 岁以下总人数，如图 4-64 所示。先向右复制公式，再选中 D4:F4 单元格区域，向下复制公式，依次得到选择各个不同更换次数中 30 岁以下、31 ～ 50 岁以及 50 岁以上的总人数，如图 4-65 所示。

图 4-64

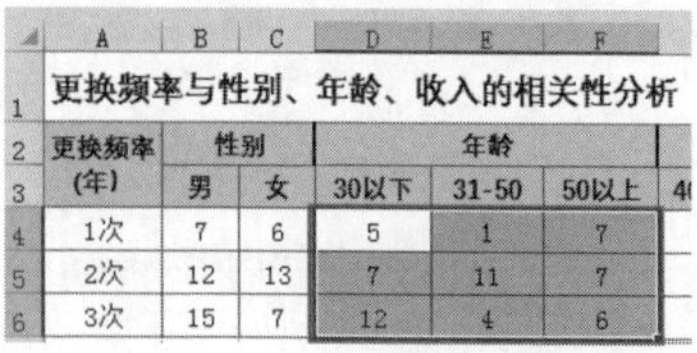

图 4-65

❻在 G4 单元格中输入公式：

=SUMPRODUCT((更换频率 _ 年 =$A4)*(收入

Excel 2019 在市场营销工作中的典型应用（视频教学版）

状况 =G$3))

按 Enter 键，即可计算出更换 1 次的收入在 4000 元以下总人数，如图 4-66 所示。再选中 G4:I4 单元格区域，向下复制公式，依次得到选择各个不同更换次数中收入 4000 以下、4000 ~ 6000 元以及 6000 元以上的总人数，如图 4-67 所示。

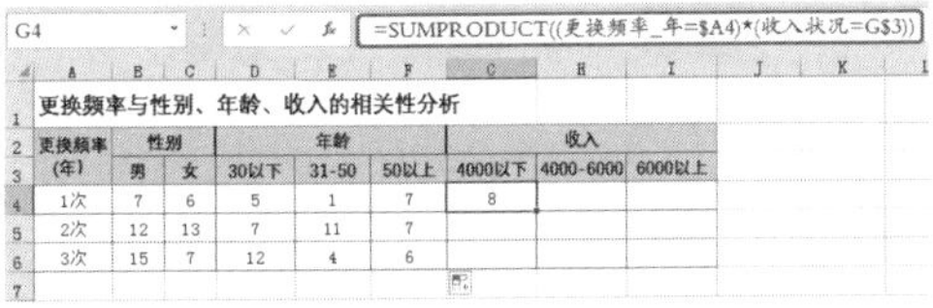

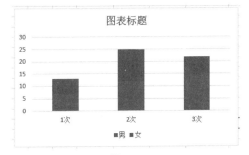

G4 =SUMPRODUCT((更换频率_年=$A4)*(收入状况=G$3))

更换频率与性别、年龄、收入的相关性分析								
更换频率(年)	性别		年龄			收入		
	男	女	30以下	31-50	50以上	4000以下	4000-6000	6000以上
1次	7	6	5	1	7	8		
2次	12	13	7	11	7			
3次	15	7	12	4	6			

图 4-66

更换频率与性别、年龄、收入的相关性分析								
更换频率(年)	性别		年龄			收入		
	男	女	30以下	31-50	50以上	4000以下	4000-6000	6000以上
1次	7	6	5	1	7	8	5	0
2次	12	13	7	11	7	2	14	9
3次	15	7	12	4	6	0	7	15

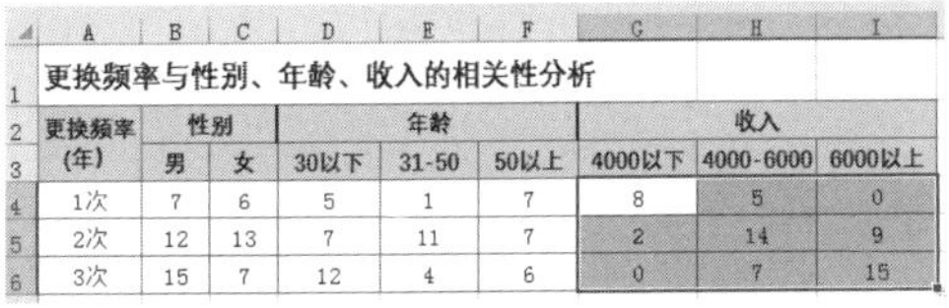

图 4-67

2. 图表分析性别与更换频率的相关性

不同性别更换商品的频次各不相同，通过这项分析可以帮助企业更好地确定投放市场，比如加大在男性还是女性受众群中进行宣传。

❶ 选中 A9:C12 单元格区域，在“插入”选项卡的“图表”组中单击“插入柱形图或条形图”下拉按钮，在打开的下拉列表中单击“堆积柱形图”（如图 4-68 所示），新建堆积柱形图图表，如图 4-69 所示。

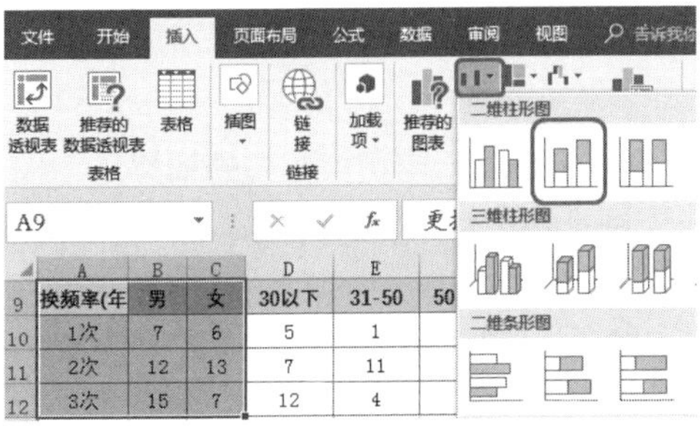

图 4-68

❷ 选中图表，单击右侧的“图表样式”按钮，在打开的样式列表中单击“样式 2”（如图 4-70 所示），即可一键应用图表样式。

❸ 然后为图表输入能说明统计目的的名称，从图表中可以看到每年更换两次的人数是最多的，如图 4-71 所示。

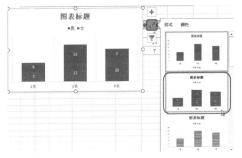

图 4-69

图 4-70

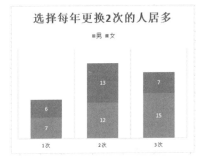

图 4-71

❹ 选中图表，在“图表工具”→“设计”选项卡的“数据”组中单击“切换行 / 列”按钮（如图 4-72 所示），即可得到新的图表。从图表中可以看到男性每年的更换次数高于女性，如图 4-73 所示。

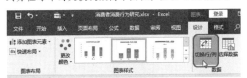

图 4-72

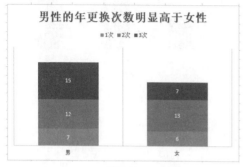

图 4-73

3. 图表分析年龄与更换频率的相关性

不同的年龄更换商品的频率也是不相同的，通过分析不同年龄阶段更换商品的次数，可以更好地确定在哪个年龄段投放广告的宣传效果最佳。

❶ 按下 Ctrl 键依次选中 A9:A12 和 D9:F12 单元格区域，在"插入"选项卡的"图表"组中单击"插入柱形图或条形图"下拉按钮，在打开的下拉列表中单击"堆积柱形图"（如图 4-74 所示），即可新建堆积柱形图图表，如图 4-75 所示。

❷ 为图表设置美化效果，可以在图表中看到 30 岁以下人群的更换频率是最高的，如图 4-76 所示。

❸ 在"图表工具"→"设计"选项卡的"数据"组中单击"切换行 / 列"按钮，得到如图 4-77 所示图表，从图表中可以看到选择更换两次或三次的人数更多。

图 4-74

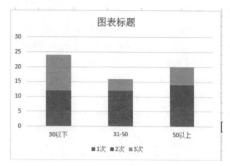

图 4-75

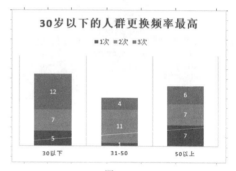

图 4-76

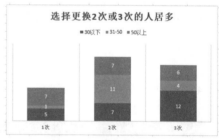

图 4-77

4. 图表分析收入与更换频率的相关性

通过建立图表可以直观显示收入与更换频率的相关性。

❶ 按下 Ctrl 键依次选中 A9:A12 和 G9:I12 单元格区域，在"插入"选项卡的"图表"组中单击"插入柱形图或条形图"下拉按钮，在打开的下拉列表中单击"堆积条形图"（如图 4-78 所示），即可新建堆积条形图图表，如图 4-79 所示。

❷ 为图表设置美化效果，更改图表标题，如图 4-80 所示。从图表中可以看到收入与更换频率之间存在很大的相关性。

图 4-78

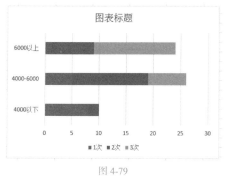

图 4-79

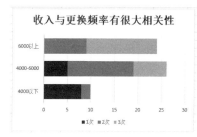

图 4-80

4.3 公司产品结构对比图

已知某公司开发了五种软件教育产品，并且统计了各种产品的市场占有比例，下面需要创建饼图图表分析公司产品结构，了解哪一类产品占比最高。如图 4-81 所示为分离出来的最高占有比例数据系列，如图 4-82 所示为常规的饼图图表效果。

本节中需要应用到数据标签的设置、扇面的特殊填充效果设置，以及图表区纹理填充的设置。

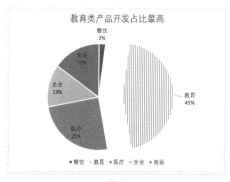

图 4-81

图 4-82

4.3.1 添加类别和百分比两种数据标签

本例需要为创建好的饼图图表，添加百分比数值标签和对应的类别名称，用户可以在"设置数据标签格式"对话框中设置。

❶ 选中数据区域，在"插入"选项卡的"图表"组中单击"插入饼图或圆环图"下拉按钮，打开下拉列表，如图 4-83 所示。

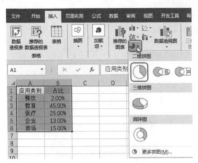

图 4-83

❷ 单击"饼图"图表类型，即可创建默认格式的饼图，如图 4-84 所示。

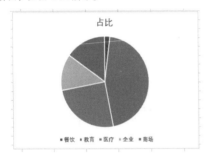

图 4-84

❸ 选中饼图，单击右侧的"图表元素"按钮，在打开的列表中依次选择"数据标签"及其下拉列表中的"更多选项"，如图 4-85 所示，打开"设置数据标签格式"对话框。

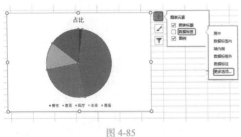

图 4-85

❹ 选中"类别名称"和"百分比"复选框（如图 4-86 所示），返回图表即可看到添加两种数据标签的图表效果，如图 4-87 所示。

图 4-86

图 4-87

4.3.2 分离最大值饼块

如果要突出展示图表中的重要数据，比如饼图中的最大值和最小值，可以直接拖动指定单个扇面图形至其他位置即可。

❶ 选中饼图图表，并在需要分离的数据饼图上再单击一次，即可单独选中该扇面图形，如图 4-88 所示。

❷ 按住鼠标左键不放，拖动分离该饼块图形（如图 4-89 所示），至合适位置后释放鼠标左键，即可分离最大值饼块图表，效果如图 4-90 所示。

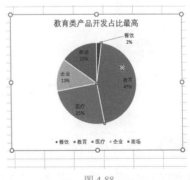

图 4-88

图 4-89 　　　　　　　 图 4-90

在"填充"标签下还可以选择为图表数据系列设置纹理、图片、纯色以及渐变填充效果。

4.3.3　单个扇面的特殊填充

如果要突出显示某个扇面数据，可以单独为其设置特殊的格式效果，比如设置纯色、渐变色填充、图案以及纹理填充等效果。

❶ 双击某个饼图系列打开"设置数据点格式"对话框，选中"图案填充"单选按钮，并设置图案样式和前景背景色，如图 4-91 所示。

图 4-91

❷ 关闭对话框后返回图表，即可看到单个选中的扇面已显示指定的图案填充效果，如图 4-92 所示。

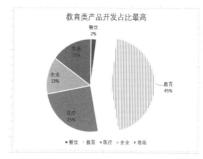

图 4-92

4.3.4　图表区的纹理填充效果

在"设置图表区格式"对话框中，可以为图表区指定特定的纹理填充效果。

❶ 双击图表区打开"设置图表区格式"对话框，选中"图片或纹理填充"单选按钮，单击"纹理"下拉按钮，如图 4-93 所示。在打开的列表中选择一种纹理样式即可，如图 4-94 所示。

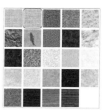

图 4-93 　　　　　　 图 4-94

❷ 关闭对话框后返回图表，即可看到图表区指定的纹理填充效果，如图 4-95 所示。

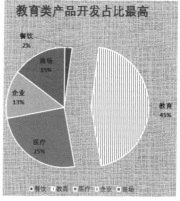

图 4-95

第 **5** 章

销售收入统计分析

销售收入是指销售商品、自制半成品或提供劳务等而收到的货款、劳务价款或取得索取价款凭证确认的收入。销售收入也称作营业收入，营业收入按比重和业务的主次及经常性情况，一般可分为主营业务收入和其他业务收入。

☑ 创建图表分析销售收入

☑ 图表分析销售收入变动趋势

☑ 销售收入预测分析

5.1 ▶ 按产品系列统计销售收入

根据公司销售记录表，可以创建公式统计各个产品的销售收入，再根据统计结果创建图表直观的分析各系列销售收入的占比，如图 5-1、图 5-2 所示。

D10	▼	× ✓ fx	=SUM(D4:D9)

按产品系列统计销售收入

产品系列	销售数量	销售收入
白板系列	260	8832
财务用品	830	3268
文具管理	1530	9375.4
书写工具	583	2170.4
纸张制品	432	3531
桌面用品	483	2659.9
合计	4118	29836.7

图 5-1

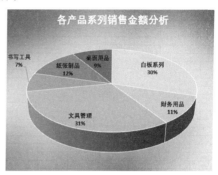

图 5-2

5.1.1 制作销售记录表

在分析各产品销售收入之前，需要准备好"销售记录表"。销售记录表包括各种商品的产品类别、销量以及销售金额，如图 5-3 所示。

销售记录表

销售日期	销售员	产品类别	产品名称	单位	单价	销售数量	销售金额
2020/10/12	廖笑	纸张制品	奖状	张	0.5	12	6
2020/10/26	陆羽	书写工具	橡皮	个	1	15	15
2020/10/15	廖笑	纸张制品	奖状	张	0.5	35	17.5
2020/10/25	陆羽	书写工具	记号笔	个	0.8	25	20
2020/10/28	丁俊华	文具管理	展会证	个	0.68	30	20.4
2020/10/1	王海燕	文具管理	按扣文件袋	个	0.6	35	21
2020/10/19	廖笑	纸张制品	奖状	张	0.5	45	22.5
2020/10/15	高君	文具管理	按扣文件袋	个	0.6	40	24
2020/10/24	丁俊华	文具管理	按扣文件袋	个	0.6	45	27
2020/10/4	王海燕	文具管理	抽杆文件夹	个	1	35	35
2020/10/18	黄小仙	书写工具	圆珠笔	只	0.8	45	36
2020/10/21	高君	文具管理	展会证	个	0.68	60	40.8
2020/10/5	廖笑	纸张制品	A4纸张	张	0.5	90	45
2020/10/3	吴鹏	财务用品	付款凭证	本	1.5	30	45
2020/10/18	陆羽	书写工具	记号笔	个	0.8	60	48
2020/10/3	王海燕	文具管理	展会证	个	0.68	90	61.2
2020/10/28	张华	桌面用品	订书机	个	7.8	8	62.4

销售员业绩分析 | Sheet2 | Sheet1 | 销售记录表 | ⊕

图 5-3

5.1.2 创建统计表格并设置公式

在对销售记录进行登记后，由于销售记录过多，销售部门可以创建新的工作表，来体现各个系列产品的销售情况。

① 新建工作表为"按产品系列统计销售收入"，如图 5-4 所示。

图 5-4

② 在 C4 单元格中输入公式：

=SUMIF(销售记录表 !$C:$C,B4,销售记录表 !$G:$G)

按 Enter 键，计算出"白板系列"总销售数量，如图 5-5 所示。

图 5-5

SUMIF 函数用于查找在指定区域满足指定条件的数据进行求和运算。

③ 在 D4 单元格中输入公式：

=SUMIF(销售记录表 !$C:$C,B4,销售记录表 !$H:$H)

按 Enter 键，计算出"白板系列"总销售收入，如图 5-6 所示。

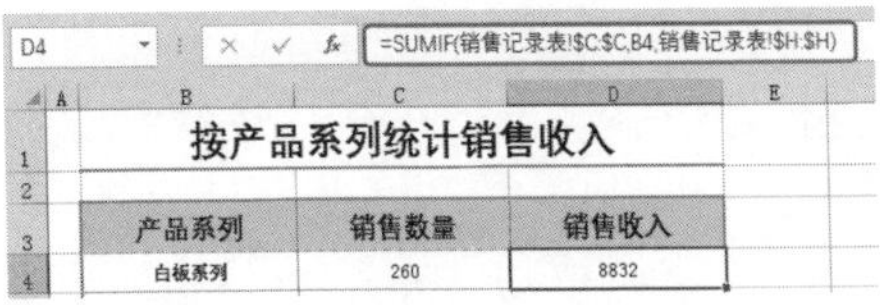

图 5-6

④ 选中 C4:D4 单元格区域，将光标定位到单元格区域右下角，拖动填充柄向下复制公式，即可得

到所有产品系列的销售数量和销售收入，如图 5-7 所示。

图 5-7

⑤ 在 C10 单元格中输入公式：

=SUM(C4:C9)

按 Enter 键后向下复制公式，即可得到销售数量合计，如图 5-8 所示。

⑥ 在 D10 单元格中输入公式：

=SUM(D4:D9)

按 Enter 键后向下复制公式，即可得到销售收入合计，如图 5-9 所示。

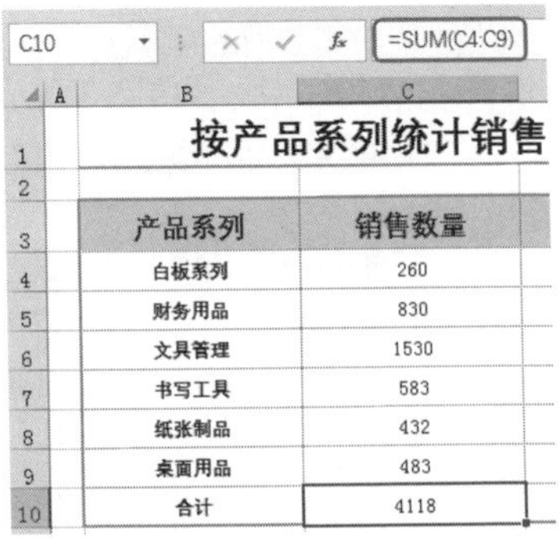

图 5-8

图 5-9

⑦ 选中 D4:D10 单元格区域，单击"开始"选项

卡，在"数字"组单击"数字格式"下拉按钮，在下拉菜单中选择"会计专用"命令，即可将销售收入数据更改为会计专用格式，如图5-10所示。

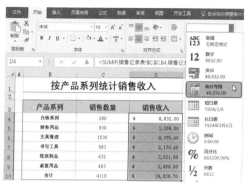

图 5-10

5.1.3 创建饼图显示各产品销售情况

为了方便查看各系列产品的销售金额及所占比例，可以创建饼图直观的显示出各系列产品的销售金额。

1. 创建三维饼图

❶ 按 Ctrl 键依次选中 B4:B9 单元格区域和 D4:D9 单元格区域，单击"插入"选项卡，在"图表"选项组单击"插入饼图或圆环图"下拉按钮，在下拉列表中选择"三维饼图"子图表类型，如图5-11所示。

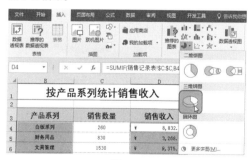

图 5-11

❷ 此时系统根据选择的数据源创建默认样式的三维饼图，如图5-12所示。

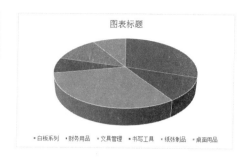

图 5-12

2. 使用图片填充背景

❶ 单击图表后，单击右侧的"图表样式"按钮，打开下拉列表，在列表中选择一种颜色即可，如图5-13所示。

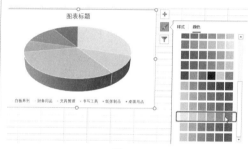

图 5-13

❷ 直接双击图表区域，打开"设置图表区格式"对话框。选中"图片或纹理填充"单选按钮，再单击"文件"按钮（如图5-14所示），打开"插入图片"对话框。

图 5-14

❸ 找到需要设置为背景的图片并选中，如图5-15所示。

图 5-15

④ 单击"插入"按钮，返回图表中，即可看到为图表添加了指定图片为背景色，设置后效果如图 5-16 所示。

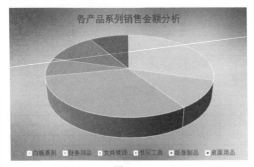

图 5-16

3. 添加百分比样式数据系列

① 单击图表，在右侧"图表元素"下拉列表中选择"更多选项"命令（如图 5-17 所示），打开"设置数据标签格式"右侧窗口。

② 展开"标签选项"栏，取消选中"值"复选框，接着选中"类别名称"和"百分比"复选框，如图 5-18 所示。

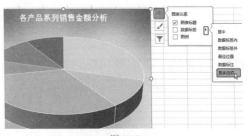

图 5-17

图 5-18

③ 返回到工作表中，即可看到图表数据系列更改为指定的样式，如图 5-19 所示。再删除图例项即可。

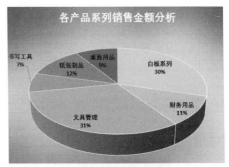

图 5-19

5.2 ▶销售收入变动趋势分析

如图 5-20 所示，按日期统计了销售金额，这里的销售金额是根据 5.1.1 节中的"销售记录表"设置公式计算出来的，如图 5-21 所示根据表格创建了散点图，直观比较每日的销售收入变动趋势。

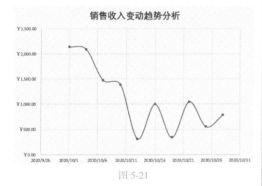

	A	B	C
1	销售收入变动趋势分析		
2	序号	日期	销售金额
3	1	2020/10/1	￥2,136.00
4	2	2020/10/4	￥2,087.00
5	3	2020/10/7	￥1,470.00
6	4	2020/10/10	￥1,384.40
7	5	2020/10/13	￥314.00
8	6	2020/10/16	￥1,000.00
9	7	2020/10/19	￥342.50
10	8	2020/10/22	￥1,050.00
11	9	2020/10/25	￥552.80
12	10	2020/10/28	￥786.80

图 5-20

销售收入变动趋势分析

图 5-21

5.2.1 创建基本表格

根据销售记录表，通过统计 1 个月内每隔几日的销售金额，反映企业在该月内销售收入的变动趋势。

❶ 新建"销售收入变动趋势分析"工作表，设置表格边框底纹和字体格式，效果如图 5-22 所示。

	A	B	C	D	E
1	销售收入变动趋势分析				
2	序号	日期	销售金额		
3	1				
4	2				
5	3				
6	4				
7	5				
8	6				
9	7				
10	8				
11	9				
12	10				

按产品系列统计销售收入　销售收入变动趋势分析

图 5-22

❷ 在 B3 单元格输入 2020/10/1，选中 B3:B12 单

元格区域，单击"开始"选项卡，在"编辑"选项组单击"填充"下拉按钮，在下拉菜单中选择"序列"命令，如图 5-23 所示，打开"序列"对话框。

图 5-23

❸ 在"步长值"文本框中输入 3，在"终止值"文本框中输入 2020/10/31，如图 5-24 所示。

图 5-24

❹ 单击"确定"按钮，返回工作表中，即可看到单元格区域填充了指定步长的日期，如图 5-25所示。

	A	B	C
1	销售收入变动趋势分析		
2	序号	日期	销售金额
3	1	2020/10/1	
4	2	2020/10/4	
5	3	2020/10/7	
6	4	2020/10/10	
7	5	2020/10/13	
8	6	2020/10/16	
9	7	2020/10/19	
10	8	2020/10/22	
11	9	2020/10/25	
12	10	2020/10/28	

图 5-25

❺ 在 C3 单元格中输入公式：

=SUMIF(销 售 记 录 表 !$A:$A,B3, 销 售 记 录
表 !$H:$H)

按 Enter 键，即可计算出 2020/10/1 日的销售金
额，如图 5-26 所示。

图 5-26

⑥选中 C3 单元格，将光标定位到单元格右下
角，拖动填充柄向下复制公式，即可得到所有日期的
销售总金额，如图 5-27 所示。

销售收入变动趋势分析		
序号	日期	销售金额
1	2020/10/1	￥2,136.00
2	2020/10/4	￥2,087.00
3	2020/10/7	￥1,470.00
4	2020/10/10	￥1,384.40
5	2020/10/13	￥314.00
6	2020/10/16	￥1,000.00
7	2020/10/19	￥342.50
8	2020/10/22	￥1,050.00
9	2020/10/25	￥552.80
10	2020/10/28	￥786.80

图 5-27

5.2.2 创建图表显示销售变动趋势

在 Excel 中，常用来进行趋势分析的图表类型有折线图、散点图等。本节可以通过创建散点
图来显示每日的销售变动趋势。

1. 创建散点图

①选中 B3:C12 单元格区域，单击"插入"选项
卡，在"图表"组单击"插入散点图（X,Y）或气泡
图"下拉按钮，在下拉列表中选择"带平滑线和数据
标记的散点图"子图表类型，如图 5-28 所示。

图 5-28

②此时系统根据选择的数据源创建默认样式的
散点图，如图 5-29 所示。

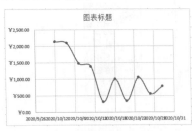

图 5-29

2. 使用图案作为背景填充

①选中图表区域并右击，在弹出的快捷菜单中
选择"设置图表区域格式"命令（如图 5-30 所示），
打开"设置图表区格式"对话框。

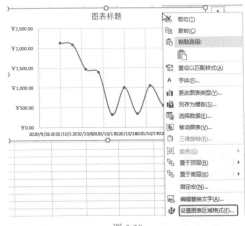

图 5-30

②选中"图案填充"单选按钮，并分别设置
图案类型和前景色与背景色，如图 5-31 所示。

③关闭对话框后返回图表，即可以看到最终的
图表效果，如图 5-32 所示。

图 5-31

销售收入变动趋势分析

图 5-32

5.3 ▶ 销售收入预测分析

销售预测可以加强销售计划性，减少盲目性，使企业取得较好的经济效益。销售收入预测是企业根据过去的销售情况，结合市场决策和产销活动进行的预测分析。如图 5-33 所示为根据每月的销售收入预测下月的销售收入，图 5-34 所示为通过创建饼图展示了公司全年收入的结构图。

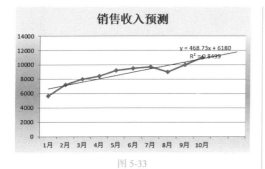

图 5-33

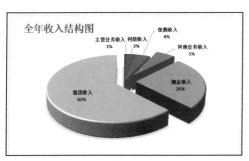

图 5-34

5.3.1 创建折线图

❶ 新建 Excel 2019 工作簿，将其重命名为"销售收入预测表"，然后在表格中输入表头、列标识及相关信息，如图 5-35 所示。

月份	销售收入（元）
1月	5600
2月	7200
3月	8000
4月	8400
5月	9200
6月	9500
7月	9680
8月	9000
9月	10000
10月	11000
11月	
12月	

图 5-35

❷ 选中 A3:B12 单元格区域，在"插入"选项卡下的"图表"选项组中单击"折线图"按钮，在其下拉菜单中选择"带数据标记的折线图"图表类型，如图 5-36 所示。

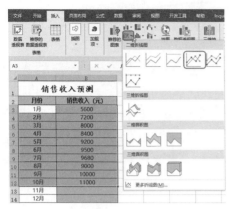

图 5-36

❸ 此时即可为指定单元格区域中的数据创建折线图，双击图表区打开"设置图表区格式"对话框。

❹ 选中"渐变填充"单选按钮，并设置渐变参数（如图 5-37 所示），返回图表后即可看到渐变填充区效果，如图 5-38 所示。

图 5-37

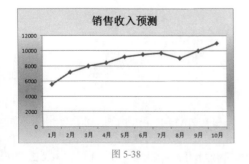

图 5-38

❺ 双击折线图中的数据标记，打开"设置数据

系列格式"对话框，选择"数据标记填充"标签，在其右侧选中"纯色填充"单选按钮，设置填充颜色为红色，如图 5-39 所示。

图 5-39

❻ 单击关闭按钮，返回工作表中，即可设置折线图的标记颜色为红色，如图 5-40 所示。

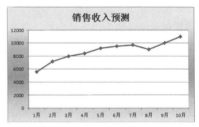

图 5-40

5.3.2 利用趋势线预测销售收入

为折线图图表添加趋势线后，可以通过设置相关公式预测销售收入。

❶ 选中图表后，单击图表右侧的"图表元素"按钮，在打开的列表中选中"趋势线"复选框。

❷ 此时，即可为折线图添加线性趋势线，如图 5-41 所示。

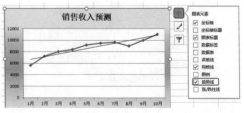

图 5-41

❸ 双击图表中的趋势线，打开“设置趋势线格式”对话框，在“趋势预测”下的“前推”文本框中输入 2，选中“显示公式”和“显示 R 平方值”复选框，如图 5-42 所示。

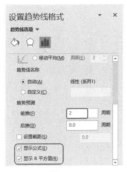

图 5-42

❹ 单击关闭按钮，返回工作表中，此时，图表中的线性趋势线旁边会显示线性公式和 R 平方值，如图 5-43 所示。

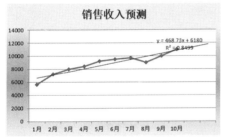

图 5-43

❺ 根据图表中显示的预测公式，在 B13 单元格中输入公式：

=468.73*LEFT(A13,2)+6180

按 Enter 键，向下复制公式至 B14 单元格，即可得到 11 月和 12 月的销售收入预测值，如图 5-44 所示。

B13 =468.73*LEFT(A13,2)+6180

	A	B
1	销售收入预测	
2	月份	销售收入（元）
3	1月	5600
4	2月	7200
5	3月	8000
6	4月	8400
7	5月	9200
8	6月	9500
9	7月	9680
10	8月	9000
11	9月	10000
12	10月	11000
13	11月	11336
14	12月	11805

图 5-44

5.3.3 计算销售收入增长率

在 Excel 中可以建立柱形图，并绘制增长率折线图来查看一年中销售收入增长率的变化趋势。

❶ 将工作表标签更改为“各月销售收入及增长率分析”，在工作表中输入各月销售收入的基本信息，并进行单元格格式设置，如图 5-45 所示。

	A	B	C
1	月份	销售收入（元）	销售收入增长率
2	1月	5600	
3	2月	7200	
4	3月	8000	
5	4月	8400	
6	5月	9200	
7	6月	9500	
8	7月	9680	
9	8月	9000	
10	9月	10000	
11	10月	11000	
12	11月	11336	
13	12月	11804	

Sheet1 | 各月销售收入及增长率分析

图 5-45

❷ 在 C2 单元格中输入 0，接着在 C3 单元格中输入公式：

=（B3-B2）/B2

按 Enter 键，向下复制公式至 C13 单元格，计算出销售收入增长率，如图 5-46 所示。

C3 =(B3-B2)/B2

	A	B	C	D
1	月份	销售收入（元）	销售收入增长率	
2	1月	5600	0	
3	2月	7200	29%	
4	3月	8000	11%	
5	4月	8400	5%	
6	5月	9200	10%	
7	6月	9500	3%	
8	7月	9680	2%	
9	8月	9000	-7%	
10	9月	10000	11%	
11	10月	11000	10%	
12	11月	11336	3%	
13	12月	11804	4%	

图 5-46

5.3.4 在一张图中比较销售收入与增长率

❶ 选择 A2:C13 单元格区域，在“插入”选项卡的“图表”组中单击右下角的对话框启动器按钮（如图 5-47 所示），打开“插入图表”对话框。

图 5-47

② 在左侧可以看到推荐的图表类型（这里默认是柱形图和折线图组合图形），选择合适的图表类型即可，如图 5-48 所示。

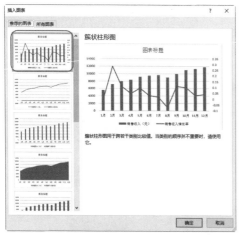

图 5-48

③ 单击"确定"按钮返回表格，即可看到创建的默认格式的组合图表，效果如图 5-49 所示。

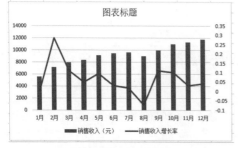

图 5-49

④ 重新修改图表标题，并为图表设置颜色和样式，最终效果如图 5-50 所示。

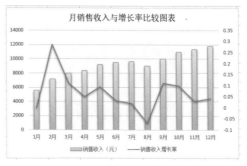

图 5-50

5.3.5 企业年收入结构图表

企业年收入比较表除了主营业务收入外，还可能包括利息收入、佣金收入、租赁收入等其他收入项目。下面在 Excel 中建立企业年收入比较表并创建饼图。

① 将工作表标签更改为"比较企业年收入"，在工作表中输入 2020 年企业各项收入统计表的基本信息，并进行单元格格式设置，如图 5-51 所示。

B9		=SUM(B5:B8)
A	B	

2020年企业各项收入统计	
收入项目	金额（元）
主营业务收入	¥ 10,250.00
利息收入	¥ 34,250.00
保费收入	¥ 52,140.00
其他业务收入	¥ 72,580.00
佣金收入	¥ 352,650.00
租赁收入	¥ 856,920.00
合计	¥ 1,334,290.00

图 5-51

② 选中 A2:B8 单元格区域，在"插入"选项卡的"图表"组单击"饼图"下拉按钮，在其下拉列表中选择"三维饼图"图表类型，如图 5-52 所示。

③ 单击后即可创建默认格式的三维饼图图表，效果如图 5-53 所示。

④ 通过单击图表右侧的"图表样式"按钮，分别设置图表样式和图表主题颜色，如图 5-54、图 5-55 所示。

图 5-52

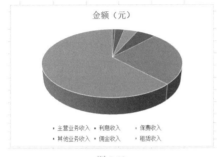

图 5-53

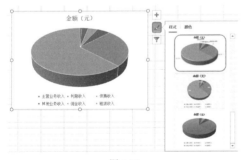

图 5-54

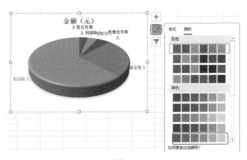

图 5-55

❺ 选中图表数据系列并右击，在弹出的快捷菜单中选择"设置数据标签格式"命令（如图 5-56 所示），打开"设置数据标签格式"对话框。

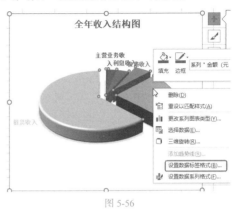

图 5-56

❻ 在"标签包括"列表中取消选中"值"复选框，接着选中"百分比""类别名称"复选框，单击关闭按钮，如图 5-57 所示。

图 5-57

❼ 返回工作表中，则图表中只显示类别名称和百分比数据标签，最终效果如图 5-58 所示。

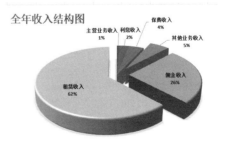

图 5-58

第6章

销售利润统计分析

销售利润永远是商业经济活动中的行为目标，没有足够的利润，企业就无法继续生存，也无法继续扩大发展。通过分析可以查找影响销售利润的具体原因，从而设计增加销售利润的有效方法。

☑ 影响利润因素分析

☑ 销售利润相关性分析

☑ 预测销售利润

☑ 图表分析全年利润趋势

6.1 影响利润的因素分析

企业的销售利润除了受商品销售收入的影响外，还受销售商品的进销差价、税金、商品销售的可变费用和销售环节中的固定费用等因素的影响，通过对销售利润进行分析，可以合理地规避一些影响利润的因素，为实现企业销售利润最大化提供保障。如图 6-1 所示为使用公式分析影响利润的因素，如图 6-2 所示为通过建立图表直观分析影响利润的关键因素，以及各因素对利润影响的程度大小。

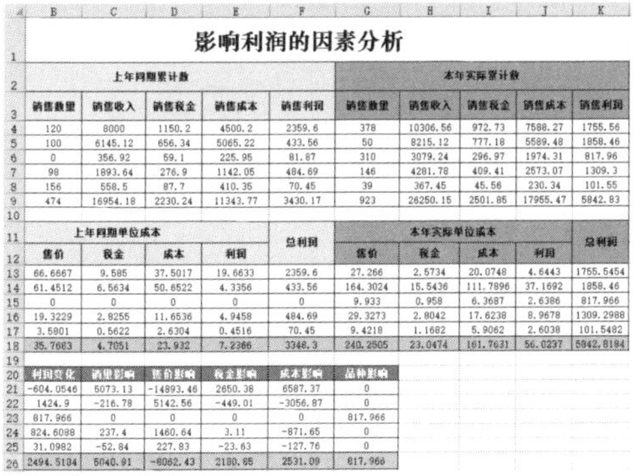

影响利润的因素分析

上年同期累计数					本年实际累计数				
销售数量	销售收入	销售税金	销售成本	销售利润	销售数量	销售收入	销售税金	销售成本	销售利润
120	8000	1150.2	4500.2	2359.6	378	10306.56	972.73	7588.27	1755.56
100	6145.12	656.34	5065.22	433.56	50	8215.12	777.18	5589.48	1858.46
0	356.92	59.1	225.95	81.87	310	3079.24	296.97	1974.31	817.96
98	1893.64	276.9	1142.05	484.69	146	4281.78	409.41	2573.07	1309.3
156	558.5	87.7	410.36	70.45	39	367.45	45.56	230.34	101.55
474	16954.18	2230.24	11343.77	3430.17	923	26250.15	2501.85	17955.47	5842.83

上年同期单位成本				总利润	本年实际单位成本				总利润
售价	税金	成本	利润		售价	税金	成本	利润	
66.6667	9.585	37.5017	19.6633	2359.6	27.266	2.5734	20.0748	4.6443	1755.5454
61.4512	6.5634	50.6522	4.3356	433.56	164.3024	15.5436	111.7896	37.1692	1858.46
0	0	0	0	0	9.933	0.958	6.3687	2.6386	817.966
19.3229	2.8255	11.6536	4.9458	484.69	29.3273	2.8042	17.6238	8.9678	1309.2988
3.5801	0.5622	2.6304	0.4516	70.45	9.4218	1.1682	5.9062	2.6038	101.5482
35.7683	4.7051	23.932	7.2386	3348.3	240.2505	23.0474	161.7631	56.0237	5842.8184

利润变化	销量影响	售价影响	税金影响	成本影响	品种影响
-604.0546	5073.13	-14893.46	2650.38	6587.37	0
1424.9	-216.78	5142.56	-449.01	-3056.87	0
817.966	0	0	0	0	817.966
824.6088	237.4	1460.64	3.11	-871.65	0
31.0982	-52.84	227.83	-23.63	-127.76	0
2494.5184	5040.91	-8062.43	2180.85	2531.09	817.966

图 6-1

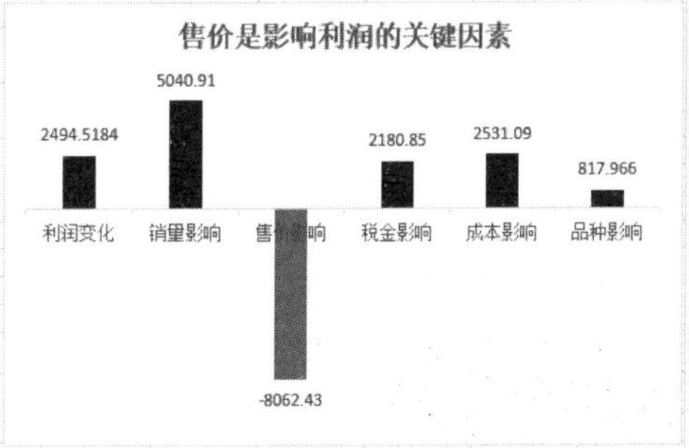

图 6-2

6.1.1 设置公式

下面在 Excel 表格中计算出单位收入、单位成本、单位售价和单位税金，分析各数据量变化对于利润的影响值。

1. 计算上年同期数据

❶ 插入新工作表并命名为"影响利润的因素分析"，在工作表中创建表格输入数据后，对单元格进行格式设置，如图 6-3 所示。

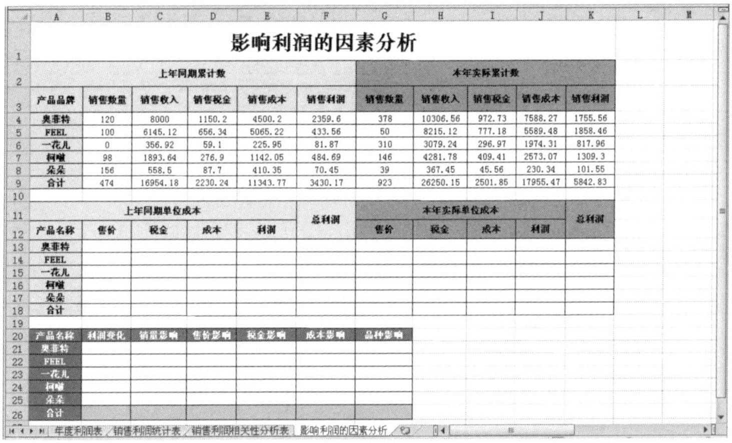

影响利润的因素分析

	上年同期累计数					本年实际累计数				
产品品牌	销售数量	销售收入	销售税金	销售成本	销售利润	销售数量	销售收入	销售税金	销售成本	销售利润
奥菲特	120	8000	1150.2	4500.2	2359.6	378	10306.56	972.73	7588.27	1755.56
FEEL	100	6145.12	656.34	5065.22	433.56	50	8215.12	777.18	5589.48	1858.46
一花儿	0	356.92	59.1	225.95	81.87	310	3079.24	296.97	1974.31	817.96
柯啵	98	1893.64	276.9	1142.05	484.69	146	4281.78	409.41	2573.07	1309.3
朵朵	156	558.5	87.7	410.35	70.45	39	367.45	45.56	230.34	101.55
合计	474	16954.18	2230.24	11343.77	3430.17	923	26250.15	2501.85	17955.47	5842.83

	上年同期单位成本				总利润	本年实际单位成本				总利润
产品名称	售价	税金	成本	利润		售价	税金	成本	利润	
奥菲特										
FEEL										
一花儿										
柯啵										
朵朵										
合计										

产品名称	利润变化	销量影响	售价影响	税金影响	成本影响	品种影响
奥菲特						
FEEL						
一花儿						
柯啵						
朵朵						
合计						

图 6-3

❷ 在 B13 单元格中输入公式：

=IF($B4=0,0,ROUND(C4/$B4,4))

按 Enter 键后向下向右填充公式，依次得到售价、税金、成本和利润的数据，如图 6-4 所示。

图 6-4

❸ 在 F13 单元格中输入公式：

=ROUND(B4*E13,2)

按 Enter 键后向下填充公式，计算出上年同期各个产品的总利润，如图 6-5 所示。

图 6-5

2. 计算本年实际数据

❶ 在 G13 单元格中输入公式：

=IF($G4=0,0,ROUND(H4/$G4,4))

按 Enter 键后向下向右复制公式，计算出本年度实际单位售价、成本等数据，如图 6-6 所示。

❷ 在 K13 单元格中输入公式：

=J13*G4

按 Enter 键后向下复制公式，计算出实际总利润，如图 6-7 所示。

G13 | fx | =IF($G4=0,0,ROUND(H4/$G4,4))

图 6-6

影响利润的因素分析

产品品牌	上年同期累计数					本年实际累计数				
	销售数量	销售收入	销售税金	销售成本	销售利润	销售数量	销售收入	销售税金	销售成本	销售利润
奥菲特	120	8000	1150.2	4500.2	2359.6	378	10306.56	972.73	7588.27	1755.56
FEEL	100	6145.12	656.34	5065.22	433.56	50	8215.12	777.18	5589.48	1858.46
一花儿	0	356.92	59.1	225.95	81.87	310	3079.24	296.97	1974.31	817.96
柯喱	98	1893.64	276.9	1142.05	484.69	146	4281.78	409.41	2573.07	1309.3
朵朵	156	558.5	87.7	410.35	70.45	39	367.45	45.56	230.34	101.55
合计	474	16954.18	2230.24	11343.77	3430.17	923	26250.15	2501.85	17955.47	5842.83

产品名称	上年同期单位成本				总利润	本年实际单位成本				总利润
	售价	税金	成本	利润		售价	税金	成本	利润	
奥菲特	66.6667	9.585	37.5017	19.6633	2359.6	27.266	2.5734	20.0748	4.6443	
FEEL	61.4512	6.5634	50.6522	4.3356	433.56	164.3024	15.5436	111.7896	37.1692	
一花儿	0	0	0	0		9.933	0.958	6.3687	2.6386	
柯喱	19.3229	2.8255	11.6536	4.9458	484.69	29.3273	2.8042	17.6238	8.9678	
朵朵	3.5801	0.5622	2.6304	0.4516	70.45	9.4218	1.1682	5.9062	2.6038	
合计										

K13 | fx | =J13*G4

图 6-7

产品品牌	上年同期累计数					本年实际累计数				
	销售数量	销售收入	销售税金	销售成本	销售利润	销售数量	销售收入	销售税金	销售成本	销售利润
奥菲特	120	8000	1150.2	4500.2	2359.6	378	10306.56	972.73	7588.27	1755.56
FEEL	100	6145.12	656.34	5065.22	433.56	50	8215.12	777.18	5589.48	1858.46
一花儿	0	356.92	59.1	225.95	81.87	310	3079.24	296.97	1974.31	817.96
柯喱	98	1893.64	276.9	1142.05	484.69	146	4281.78	409.41	2573.07	1309.3
朵朵	156	558.5	87.7	410.35	70.45	39	367.45	45.56	230.34	101.55
合计	474	16954.18	2230.24	11343.77	3430.17	923	26250.15	2501.85	17955.47	5842.83

产品名称	上年同期单位成本				总利润	本年实际单位成本				总利润
	售价	税金	成本	利润		售价	税金	成本	利润	
奥菲特	66.6667	9.585	37.5017	19.6633	2359.6	27.266	2.5734	20.0748	4.6443	1755.5454
FEEL	61.4512	6.5634	50.6522	4.3356	433.56	164.3024	15.5436	111.7896	37.1692	1858.46
一花儿	0	0	0	0		9.933	0.958	6.3687	2.6386	817.966
柯喱	19.3229	2.8255	11.6536	4.9458	484.69	29.3273	2.8042	17.6238	8.9678	1309.2988
朵朵	3.5801	0.5622	2.6304	0.4516	70.45	9.4218	1.1682	5.9062	2.6038	101.5482

3. 计算利润变化数据

❶ 接着使用 SUM 函数来计算合计值，在 B21 单元格中输入公式：

=K13-F13

按 Enter 键，向下复制公式，计算出各个产品的利润变化，如图 6-8 所示。

B21 | fx | =K13-F13

产品名称	上年同期单位成本				总利润	本年实际单位成本				总利润
	售价	税金	成本	利润		售价	税金	成本	利润	
奥菲特	66.6667	9.585	37.5017	19.6633	2359.6	27.266	2.5734	20.0748	4.6443	1755.5454
FEEL	61.4512	6.5634	50.6522	4.3356	433.56	164.3024	15.5436	111.7896	37.1692	1858.46
一花儿	0	0	0	0		9.933	0.958	6.3687	2.6386	817.966
柯喱	19.3229	2.8255	11.6536	4.9458	484.69	29.3273	2.8042	17.6238	8.9678	1309.2988
朵朵	3.5801	0.5622	2.6304	0.4516	70.45	9.4218	1.1682	5.9062	2.6038	101.5482
合计	35.7683	4.7051	23.932	7.2366	3348.3	240.2505	23.0474	161.7631	56.0237	5842.8184

产品名称	利润变化	销量影响	售价影响	税金影响	成本影响	品种影响
奥菲特	-604.0546					
FEEL	1424.9					
一花儿	817.966					
柯喱	824.6088					
朵朵	31.0982					
合计						

图 6-8

❷ 在 C21 单元格中输入公式：

=IF(OR(B4=0,G4=0),0,ROUND((G4-B4)*E13,2))

按 Enter 键，向下复制公式，计算出销售量对利润的影响值，如图 6-9 所示。

C21			▼	:	×	✓	fx	=IF(OR(B4=0,G4=0),0,ROUND((G4-B4)*E13,2))		

	A	B	C	D	E	F	G	H	I	J	K
11	产品名称	上年同期单位成本				总利润	本年实际单位成本				总利润
12	产品名称	售价	税金	成本	利润	总利润	售价	税金	成本	利润	总利润
13	奥菲特	66.6667	9.585	37.5017	19.6633	2359.6	27.266	2.5734	20.0748	4.6443	1755.5454
14	FEEL	61.4512	6.5634	50.6522	4.3356	433.56	164.3024	15.5436	111.7896	37.1692	1858.46
15	一花儿	0	0	0	0		9.933	0.958	6.3687	2.6386	817.966
16	柯唯	19.3229	2.8255	11.6536	4.9458	484.69	29.3273	2.8042	17.6238	8.9678	1309.2988
17	朵朵	3.5801	0.5622	2.6304	0.4516	70.45	9.4218	1.1682	5.9062	2.6038	101.5482
18	合计	35.7683	4.7051	23.932	7.2366	3348.3	240.2505	23.0474	161.7631	56.0237	5842.8184
19											
20	产品名称	利润变化	销量影响	售价影响	税金影响	成本影响	品种影响				
21	奥菲特	-604.0546	5073.13								
22	FEEL	1424.9	-216.78								
23	一花儿	817.966	0								
24	柯唯	824.6088	237.4								
25	朵朵	31.0982	-52.84								

图 6-9

❸ 在 D21 单元格中输入公式：

=IF(OR(B4=0,G4=0),0,ROUND((G13-B13)*G4,2))

按 Enter 键后，向下复制公式，计算出售价的变化对利润的影响值，如图 6-10 所示。

D21			▼	:	×	✓	fx	=IF(OR(B4=0,G4=0),0,ROUND((G13-B13)*G4,2))		

	A	B	C	D	E	F	G	H	I	J	K
11	产品名称	上年同期单位成本				总利润	本年实际单位成本				总利润
12	产品名称	售价	税金	成本	利润	总利润	售价	税金	成本	利润	总利润
13	奥菲特	66.6667	9.585	37.5017	19.6633	2359.6	27.266	2.5734	20.0748	4.6443	1755.5454
14	FEEL	61.4512	6.5634	50.6522	4.3356	433.56	164.3024	15.5436	111.7896	37.1692	1858.46
15	一花儿	0	0	0	0		9.933	0.958	6.3687	2.6386	817.966
16	柯唯	19.3229	2.8255	11.6536	4.9458	484.69	29.3273	2.8042	17.6238	8.9678	1309.2988
17	朵朵	3.5801	0.5622	2.6304	0.4516	70.45	9.4218	1.1682	5.9062	2.6038	101.5482
18	合计	35.7683	4.7051	23.932	7.2366	3348.3	240.2505	23.0474	161.7631	56.0237	5842.8184
19											
20	产品名称	利润变化	销量影响	售价影响	税金影响	成本影响	品种影响				
21	奥菲特	-604.0546	5073.13	-14893.46							
22	FEEL	1424.9	-216.78	5142.56							
23	一花儿	817.966	0	0							
24	柯唯	824.6088	237.4	1460.64							
25	朵朵	31.0982	-52.84	227.83							
26	合计										

图 6-10

❹ 在 E21 单元格中输入公式：

=IF(OR(B4=0,G4=0),0,ROUND((C13-H13)*G4,2))

按 Enter 键后，向下复制公式，计算出税金的变化对利润的影响值，如图 6-11 所示。

E21			▼	:	×	✓	fx	=IF(OR(B4=0,G4=0),0,ROUND((C13-H13)*G4,2))		

	A	B	C	D	E	F	G	H	I	J	K
11	产品名称	上年同期单位成本				总利润	本年实际单位成本				总利润
12	产品名称	售价	税金	成本	利润	总利润	售价	税金	成本	利润	总利润
13	奥菲特	66.6667	9.585	37.5017	19.6633	2359.6	27.266	2.5734	20.0748	4.6443	1755.5454
14	FEEL	61.4512	6.5634	50.6522	4.3356	433.56	164.3024	15.5436	111.7896	37.1692	1858.46
15	一花儿	0	0	0	0		9.933	0.958	6.3687	2.6386	817.966
16	柯唯	19.3229	2.8255	11.6536	4.9458	484.69	29.3273	2.8042	17.6238	8.9678	1309.2988
17	朵朵	3.5801	0.5622	2.6304	0.4516	70.45	9.4218	1.1682	5.9062	2.6038	101.5482
18	合计	35.7683	4.7051	23.932	7.2366	3348.3	240.2505	23.0474	161.7631	56.0237	5842.8184
20	产品名称	利润变化	销量影响	售价影响	税金影响	成本影响	品种影响				
21	奥菲特	-604.0546	5073.13	-14893.46	2650.38						
22	FEEL	1424.9	-216.78	5142.56	-449.01						
23	一花儿	817.966	0	0	0						
24	柯唯	824.6088	237.4	1460.64	3.11						
25	朵朵	31.0982	-52.84	227.83	-23.63						
26	合计										

图 6-11

⑤ 在 F21 单元格中输入公式：

`=IF(OR(B4=0,G4=0),0,ROUND((D13-I13)*G4,2))`

按 Enter 键后，向下复制公式，计算出成本的变化对利润的影响值，如图 6-12 所示。

F21 · : × ✓ fx `=IF(OR(B4=0,G4=0),0,ROUND((D13-I13)*G4,2))`

产品名称	上年同期单位成本				总利润	本年实际单位成本				总利润
	售价	税金	成本	利润		售价	税金	成本	利润	
奥菲特	66.6667	9.585	37.5017	19.6633	2359.6	27.266	2.5734	20.0748	4.6443	1755.5454
FEEL	61.4512	6.5634	50.6522	4.3356	433.56	164.3024	15.5436	111.7896	37.1692	1858.46
一花儿	0	0	0	0		9.933	0.958	6.3687	2.6386	817.966
柯噢	19.3229	2.8255	11.6536	4.9458	484.69	29.3273	2.8042	17.6238	8.9678	1309.2988
朵朵	3.5801	0.5622	2.6304	0.4516	70.45	9.4218	1.1682	5.9062	2.6038	101.5482
合计	35.7683	4.7051	23.932	7.2366	3348.3	240.2505	23.0474	161.7631	56.0237	5842.8184

产品名称	利润变化	销量影响	售价影响	税金影响	成本影响	品种影响
奥菲特	-604.0546	5073.13	-14893.46	2650.38	6587.37	
FEEL	1424.9	-216.78	5142.56	-449.01	-3056.87	
一花儿	817.966	0	0	0	0	
柯噢	824.6088	237.4	1460.64	3.11	-871.65	
朵朵	31.0982	-52.84	227.83	-23.63	-127.76	
合计						

图 6-12

⑥ 在 G21 单元格中输入公式：

`=IF(B4=0,K13,IF(G4=0,-F13,0))`

按 Enter 键后，向下复制公式，计算出品种的变化对利润的影响值，如图 6-13 所示。

G21 · : × ✓ fx `=IF(B4=0,K13,IF(G4=0,-F13,0))`

产品名称	上年同期单位成本				总利润	本年实际单位成本				总利润
	售价	税金	成本	利润		售价	税金	成本	利润	
奥菲特	66.6667	9.585	37.5017	19.6633	2359.6	27.266	2.5734	20.0748	4.6443	1755.5454
FEEL	61.4512	6.5634	50.6522	4.3356	433.56	164.3024	15.5436	111.7896	37.1692	1858.46
一花儿	0	0	0	0		9.933	0.958	6.3687	2.6386	817.966
柯噢	19.3229	2.8255	11.6536	4.9458	484.69	29.3273	2.8042	17.6238	8.9678	1309.2988
朵朵	3.5801	0.5622	2.6304	0.4516	70.45	9.4218	1.1682	5.9062	2.6038	101.5482
合计	35.7683	4.7051	23.932	7.2366	3348.3	240.2505	23.0474	161.7631	56.0237	5842.8184

产品名称	利润变化	销量影响	售价影响	税金影响	成本影响	品种影响
奥菲特	-604.0546	5073.13	-14893.46	2650.38	6587.37	0
FEEL	1424.9	-216.78	5142.56	-449.01	-3056.87	0
一花儿	817.966	0	0	0	0	817.966
柯噢	824.6088	237.4	1460.64	3.11	-871.65	0
朵朵	31.0982	-52.84	227.83	-23.63	-127.76	0
合计						

图 6-13

6.1.2　插入图表

下面在 Excel 表格中根据计算结果创建图表，直观的分析各种因素对利润的影响。

1. 插入柱形图

① 按 Ctrl 键依次选中 B20:G20 和 B26:G26 单元格区域，切换到"插入"标签，在"图表"选项组单击"柱形图"下拉按钮，在其下拉列表中选择"簇状柱形图"图表类型，如图 6-14 所示。

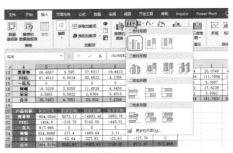

图 6-14

❷返回工作表中，系统会根据所选择的数据源区域创建默认的二维簇状柱形图，如图6-15所示。

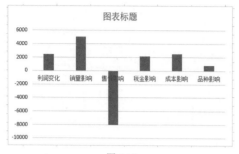

图 6-15

2. 添加数据标签

右击图表中的数据系列，在弹出的快捷菜单中选择"添加数据标签"命令（如图6-16所示），此时即可为图表数据系列添加数据标签，效果如图6-17所示。

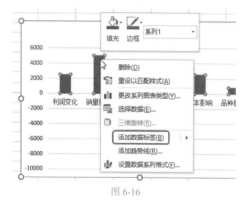

图 6-16

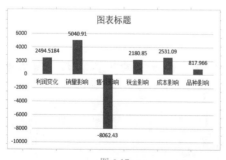

图 6-17

3. 隐藏网格线、坐标轴

❶选中图表，单击右侧的"图表元素"按钮，分别取消选中"坐标轴"和"网格线"（如图6-18所示），即可隐藏网格线、坐标轴（单独显示横坐标轴即可）。

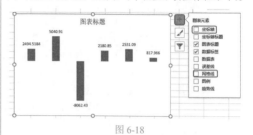

图 6-18

❷选中图表数据系列，在"格式"选项卡的"形状样式"组单击"形状填充"下拉按钮，在打开的下拉列表中单击红色（如图6-19所示），返回图表后为其他数据系列设置黑色填充效果，更改图表标题，最终效果如图6-20所示。

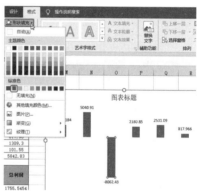

图 6-19

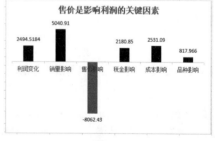

图 6-20

6.2 ▶ 销售利润相关性分析

销售利润通常是指销售毛利润，等于销售收入减去销售成本，再减去销售费用和销售税金的余额。所以销售毛利润与销售收入、销售成本、销售费用和销售税金有关，那么这些数据之间到底存在什么样的关系呢？如图 6-21 所示为通过公式计算展示销售利润的相关性数据。

销售利润统计表

月份	销售收入	销售成本	销售费用	销售税金	销售利润
1月	15000.00	7000.50	352.01	300.36	7347.13
2月	12000.00	8013.50	353.25	643.12	2990.13
3月	11528.00	8352.40	452.02	668.56	2055.02
4月	9560.00	7215.50	402.31	563.25	1378.94
5月	9600.00	7218.80	420.35	356.25	1604.60
6月	10202.00	7885.60	482.36	528.65	1305.39
7月	11252.00	7925.80	585.25	695.22	2045.73
8月	12536.00	8324.20	685.23	805.25	2721.32
9月	8526.00	6582.40	569.24	245.21	1129.15
10月	9027.00	6234.60	352.65	223.21	2216.54
11月	9523.00	7251.50	342.12	356.58	1572.80
12月	9868.00	7090.28	378.26	358.25	2041.21

销售利润相关性分析表

项 目	a	b	回归方程	相关系数	状态
利润与收入相关性分析	0.79	-6080.76	Y=0.00X+0.79	0.867015482	正常
利润与成本相关性分析	-0.11	3159.26	Y=0.00X+-0.11	-0.04325137	异常
利润与费用相关性分析	-3.63	3991.45	Y=0.00X+-3.63	-0.243237254	异常
利润与税金相关性分析	-0.90	2796.17	Y=0.00X+-0.90	-0.105429902	异常

图 6-21

6.2.1 计算 a、b 参数值

下面在 Excel 中建立销售利润相关性分析表。

❶ 新建工作表"销售利润统计表"，接着在表格下方创建"销售利润相关性分析表"，如图 6-22 所示。

销售利润统计表

月份	销售收入	销售成本	销售费用	销售税金	销售利润
1月	15000.00	7000.50	352.01	300.36	7347.13
2月	12000.00	8013.50	353.25	643.12	2990.13
3月	11528.00	8352.40	452.02	668.56	2055.02
4月	9560.00	7215.50	402.31	563.25	1378.94
5月	9600.00	7218.80	420.35	356.25	1604.60
6月	10202.00	7885.60	482.36	528.65	1305.39
7月	11252.00	7925.80	585.25	695.22	2045.73
8月	12536.00	8324.20	685.23	805.25	2721.32
9月	8526.00	6582.40	569.24	245.21	1129.15
10月	9027.00	6234.60	352.65	223.21	2216.54
11月	9523.00	7251.50	342.12	356.58	1572.80
12月	9868.00	7090.28	378.26	358.25	2041.21

销售利润相关性分析表

项 目	a	b	回归方程	相关系数	状态
利润与收入相关性分析					
利润与成本相关性分析					
利润与费用相关性分析					
利润与税金相关性分析					

图 6-22

❷ 在 D18:E18 单元格区域输入公式：

=｛LINEST(H3:H14,D3:D14)｝

按 Ctrl+Shift+Enter 组合键，返回利润和收入的线性回归方程的参数 a 和 b 的值，如图 6-23 所示。

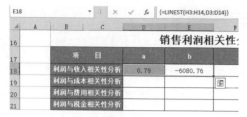

图 6-23

❸ 在 D19:E19 单元格区域输入公式：

={LINEST(H3:H14,E3:E14)}

按 Ctrl+Shift+Enter 组合键，返回利润和成本的线性回归方程的参数 a 和 b 的值，如图 6-24 所示。

图 6-24

❹ 在 D20:E20 单元格区域输入公式：

={LINEST(H3:H14,F3:F14)}

按 Ctrl+Shift+Enter 组合键，返回利润和费用的线性回归方程的参数 a 和 b 的值，如图 6-25 所示。

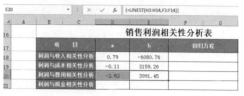

图 6-25

❺ 在 D21:E21 单元格区域输入公式：

={LINEST(H3:H14,G3:G14)}

按 Ctrl+Shift+Enter 组合键，返回利润和税金的线性回归方程的参数 a 和 b 的值，如图 6-26 所示。

图 6-26

6.2.2 生成线性回归方程

下面在 Excel 中创建柱形图来比较不同类型的收入。

在 F18 单元格中输入公式：

=CONCATENATE("Y=",TEXT(C18,"0.00"),"X+",TEXT(D18,"0.00"))

按 Enter 键后向下填充公式，生成各个不同组合项目的线性回归方程，如图 6-27 所示。

	月份	销售收入	销售成本	销售费用	销售税金	销售利润		
				销售利润统计表				
	1月	15000.00	7000.50	352.01	300.36	7347.13		
	2月	12000.00	8013.50	353.25	643.12	2990.13		
	3月	11528.00	8352.40	452.02	668.56	2055.02		
	4月	9560.00	7215.50	402.31	563.25	1378.94		
	5月	9600.00	7218.80	420.35	356.25	1604.60		
	6月	10202.00	7885.60	482.36	528.65	1305.39		
	7月	11252.00	7925.80	585.25	695.22	2045.73		
	8月	12536.00	8324.20	685.23	805.25	2721.32		
	9月	8526.00	6582.40	569.24	245.21	1129.15		
	10月	9027.00	6234.60	352.65	223.21	2216.54		
	11月	9523.00	7251.50	342.12	356.58	1572.80		
	12月	9868.00	7090.28	378.26	358.25	2041.21		

项 目	a	b	回归方程	相关系数	状态
			销售利润相关性分析表		
利润与收入相关性分析	0.79	-6080.76	Y=0.00X+0.79		
利润与成本相关性分析	-0.11	3159.26	Y=0.00X-0.11		
利润与费用相关性分析	-3.63	3991.45	Y=0.00X-3.63		
利润与税金相关性分析	-0.90	2796.17	Y=0.00X-0.90		

图 6-27

❶ 在 H18 单元格中输入公式：

=CORREL(H3:H14,D3:D14)

按 Enter 键后，即可以得到当前数据所显示的销售利润与销售收入具有显著的相关性，如图 6-28 所示。

图 6-28

❷ 在 H19 单元格中输入公式：

=CORREL(H3:H14,E3:E14)

按 Enter 键后，可以得到当前数据所显示的销售利润与销售成本的相关性，如图 6-29 所示。

图 6-29

❸ 在 H20、H21 单元格中分别输入公式，即可从显示的结果中得到销售利润与销售费用和销售税金之间的相关性，如图 6-30 所示。

图 6-30

❹ 在 I18 单元格中输入公式：

=IF(ABS(H18)<0.5," 异常 "," 正常 ")

按 Enter 键，向下填充公式，根据相关性数值判断当前数据状态是否正常，如图 6-31 所示。

I18　=IF(ABS(H18)<0.5,"异常","正常")

销售利润相关性分析表					
项　目	a	b	回归方程	相关系数	状态
利润与收入相关性分析	0.79	-6080.76	Y=0.00X+0.79	0.867015482	正常
利润与成本相关性分析	-0.11	3159.26	Y=0.00X+-0.11	-0.04325137	异常
利润与费用相关性分析	-3.63	3991.45	Y=0.00X+-3.63	-0.243237254	异常
利润与税金相关性分析	-0.90	2796.17	Y=0.00X+-0.90	-0.105429902	异常

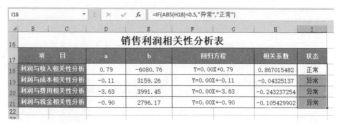

图 6-31

6.3 模拟分析工具预测销售利润

通过单变量模拟运算的计算结果，可以查看在单价不变、销量变动的情况下，销售量与利润额的关系。也可以查看在单价变动、销量变动的情况下，销售量与利润额的关系。如图 6-32 所示为销量不确定的销售利润；如图 6-33 所示为销量和单价都不确定的销售利润。

不同销量下的利润	
总成本	537200
单位销售	30.42
预计销量	20000
销售收入	608400
利润	71200
销量	利润
	71200
40000	679600
50000	983800
70000	1592200
100000	2504800

图 6-32

不同销量下的利润					
总成本	537200				
单位销售	30.42				
预计销量	20000				
销售收入	608400				
利润	71200				
不同销量	不同单价				
71200	30.42	29.58	28.22	27.65	26.88
20000	71200	54400	27200	15800	400
40000	679600	646000	591600	568800	538000
60000	1288000	1237600	1156000	1121800	1075600
80000	1896400	1829200	1720400	1674800	1613200
100000	2504800	2420800	2284800	2227800	2150800

图 6-33

6.3.1 销量不确定

通过单变量模拟运算的计算结果，可以查看在单价不变，销量变动的情况下，销售量与利润额的关系。

❶ 建立不同销量下利润求解表格，在 B5 单元格中输入公式：

=B3*B4

按 Enter 键，即可计算出销售收入，如图 6-34 所示。

B5　=B3*B4

不同销量下的利润	
总成本	537200
单位销售	30.42
预计销量	20000
销售收入	608400

图 6-34

❷ 在 B6 单元格中输入公式：

=B5-B2

按 Enter 键，即可计算出销售利润，如图 6-35 所示。

B6　=B5-B2

不同销量下的利润	
总成本	537200
单位销售	30.42
预计销量	20000
销售收入	608400
利润	71200

图 6-35

❸ 继续在 B9 单元格设置和 B6 单元格相同的公式，并在 A 列输入不同的销量值，如图 6-36 所示。

❹ 选中 A9:B13 单元格区域，在“数据”选项卡

的"预测"组中单击"模拟分析"下拉按钮，在打开的下拉列表中单击"模拟运算表"（如图 6-37 所示），打开"模拟运算表"对话框。

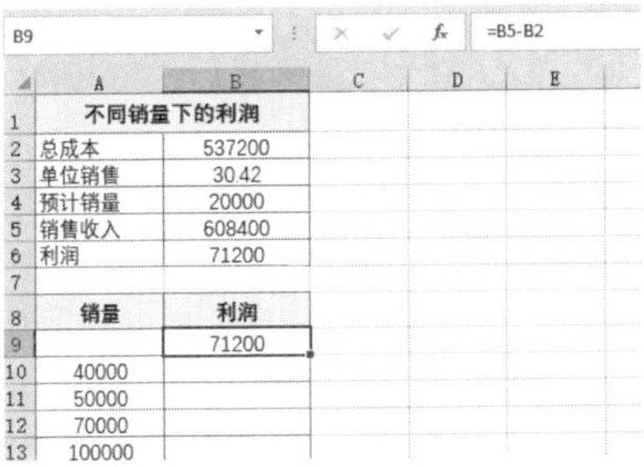

图 6-36

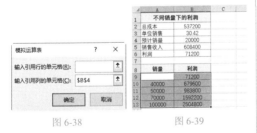

图 6-37

⑤ 设置"输入引用列的单元格"为 B4（如图 6-38 所示），单击"确定"按钮即可根据不同的销量预测出销售利润值，如图 6-39 所示。

图 6-38　　　　图 6-39

6.3.2　销量与单价不确定

利用双变量求解的计算，可以查看在销量和单价都变动的情况下，销售量与利润额的关系。

❶ 建立不同销量下利润求解表格，在 B5 单元格中输入公式：

=B3*B4

按 Enter 键，即可计算出销售收入，如图 6-40 所示。

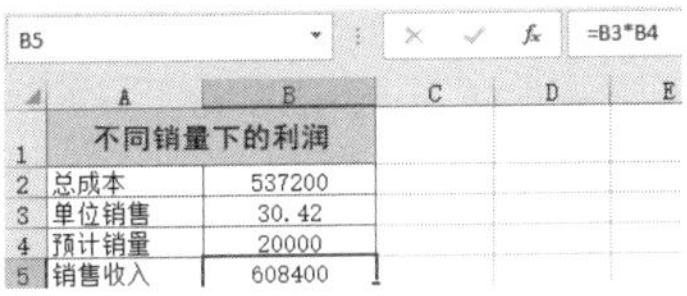

图 6-40

❷ 在 B6 单元格中输入公式：

=B5-B2

按 Enter 键，即可计算出销售利润，如图 6-41 所示。

图 6-41

❸ 继续在 A9 单元格设置和 B6 单元格相同的公式，并在 A 列输入不同的销量值，如图 6-42 所示。

图 6-42

❹ 选中 A9:F14 单元格区域，在"数据"选项卡的"预测"组中单击"模拟分析"下拉按钮，在打开的下拉列表中单击"模拟运算表"（如图 6-43 所示），打开"模拟运算表"对话框。

图 6-43

❺ 设置"输入引用行的单元格"为 B3，再设置"输入引用列的单元格"为 B4（如图 6-44 所示），单击"确定"按钮即可根据不同销量、不同单价预测出销售利润值，如图 6-45 所示。

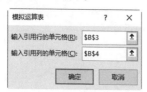

图 6-44

图 6-45

6.4 ▶ 销售利润全年趋势分析图表

要分析数增长或减少的趋势，可以创建折线图图表，如图 6-46 所示可以看到折线图图表波动趋势较大，由此可得：该公司全年销售利润极不稳定，并在 6 月份销售利润达到最高。如图 6-47、图 6-48 所示为全年各月销售利润的最大、最小值以及平均利润的参考。

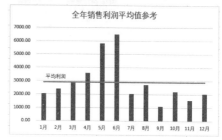

图 6-48

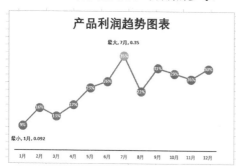

图 6-46

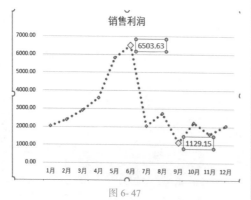

图 6- 47

6.4.1 计算销售利润

已知各月的销售收入、销售成本、销售费用和销售税金，可以计算每月的销售利润值。

在 G3 单元格中输入公式：

=C3-D3-E3-F3

按 Enter 键，再向下复制公式，即可依次计算出每个月的销售利润，如图 6-49 所示。

图 6-49

折线图可以展示全年销售利润的涨跌趋势，判断销售利润是否稳定，下面介绍创建折线图图表并设置线条格式的技巧。

1. 创建图表

❶ 选中数据区域，在"插入"选项卡的"图表"组中单击"插入折线图或面积图"下拉按钮，如图 6-50 所示。

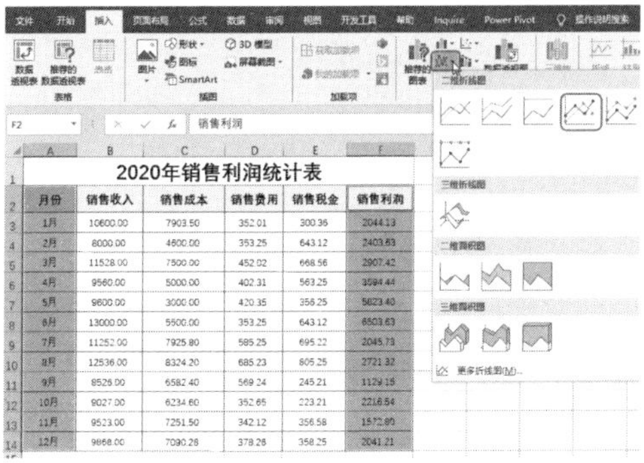

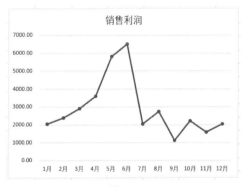

图 6-50

❷ 在打开的下拉列表中选择"带数据标记的折线图"图表，即可创建默认格式的折线图，如图 6-51 所示。

图 6-51

❸ 双击折线图数据系列，打开"设置数据系列格式"对话框，设置"线条"为"实线"，并分别设置线条的"颜色""透明度""宽度"和"短画线类型"（如图 6-52 所示），关闭对话框，即可看到更改格式后的数据系列折线图线条，样式效果如图 6-53 所示。

图 6-52

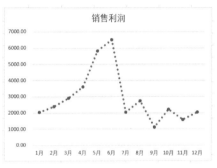

图 6-53

2. 设置数据点格式

插入折线图后，线条中的数据标记点默认是蓝色底纹填充，下面需要在"设置数据系列格式"对话框中重新设置数据点格式。

❶ 选中折线图中的数据标记点（默认是蓝色圆点）右击，在弹出的快捷菜单中单击"设置数据系列格式"（如图 6-54 所示），打开"设置数据系列格式"对话框。

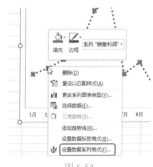

图 6-54

❷ 单击"标记"标签，在"标记选项"栏下设置"内置"的"类型"为"菱形"，并设置大小，如图 6-55 所示。关闭对话框并返回图表，可以看到更改样式后的数据点格式，效果如图 6-56 所示。

图 6-55

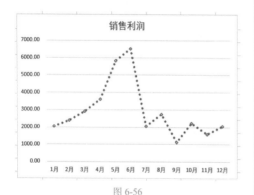

图 6-56

3. 设置最高点与最低点的特殊格式

如果要突出显示折线图图表中的最高数据点和最低数据点，可以在"设置数据点格式"对话框中设置内置类型和大小以及填充、边框等效果。

❶ 选中折线图中的数据标记点，并在最高点处再单击一次，即可单独选中最高数据点，单击鼠标右键，在弹出的快捷菜单中单击"设置数据点格式"，打开"设置数据点格式"对话框。

❷ 单击"标记"标签，在"标记选项"栏下设置"内置"的"类型"为"菱形"，并设置"大小"，如图 6-57 所示。再单击打开"填充"标签栏，设置"纯色填充"为"黄色"，如图 6-58 所示。关闭对话框后，即可看到最高点的格式，效果如图 6-59 所示。

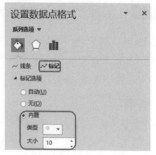

图 6-57

图 6-58

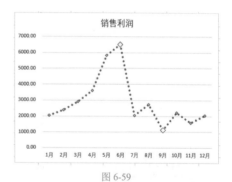

图 6-59

❸ 继续选中最高数据点，并在快捷菜单中单击"添加数据标签"（如图 6-60 所示），即可为最高点单独添加数据标签。

❹ 按照相同的方法为最低点添加数据标签。再分别选中最高点和最低点数据标签，在"开始"选项卡的"字体"组中可以重新设置其字体颜色、大小、格式等，效果如图 6-61 所示。

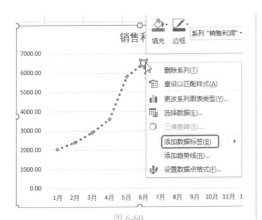

图 6-60

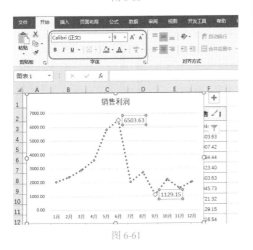

图 6-61

6.4.3 全年平均值利润参考值

在用柱状图进行数据展示的时候，有时需要将数据与平均值比较，因此可以在图中添加平均线线条。通过添加平均值辅助数据并将其绘制到图表中，可以增强图表中数据的对比效果。

1. 创建图表

❶ 首先在表格 H 列建立辅助列"平均利润"，并在 H3 单元格内输入公式：

=AVERAGE($G$3:$G$14)

按 Enter 键，再向下复制公式，依次得到平均值数据，如图 6-62 所示。

图 6-62

❷ 选中数据区域，切换到"插入"选项卡的"图表"组单击"插入柱形图"下拉按钮，在展开的下拉列表选择"簇状柱形图"命令，如图 6-63 所示。

❸ 单击后即可创建簇状柱形图图表。

图 6-63

2. 更改图表类型

❶ 单独选中"平均利润"数据系列，右击弹出快捷菜单，在下拉列表中选择"更改系列图表类型"命令（如图 6-64 所示），打开"更改图表类型"对话框。

❷ 设置"平均利润"数据系列图表类型为"折线图"，如图 6-65 所示。

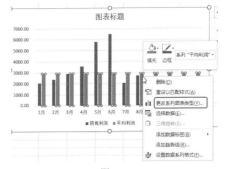

图 6-64

图 6-65

3. 美化图表

❶ 单击"确定"按钮返回表格，可以看到"平均利润"系列变成了一条直线。选中该数据系列最左侧的数据点，右击弹出快捷菜单，在下拉列表中选择"设置数据标签格式"命令（如图 6-66 所示），打开"设置数据标签格式"对话框。

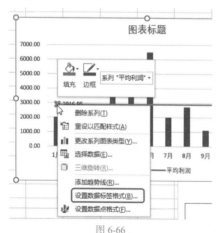

图 6-66

❷ 仅选中"系列名称"复选框，如图 6-67 所示。即可显示系列名称"平均利润"。

❸ 关闭对话框返回图表，为图表设置样式和颜色。可以看到"平均利润"系列变成了一条直线（因为这个系列的所有值都相同），超出这条线的表示销售利润高于平均值，低于这条线的表示销售利润低于

平均值，如图 6-68 所示。

图 6-67

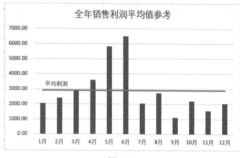

图 6-68

6.4.4 产品全年利润率趋势分析

用表格统计了全年各月份的利润数据，下面需要建立折线图图表，使之能够自动标记最大利润和最小利润值。随着数据更新变化，图表的最高点和最低点也能自动标记。

1. 公式返回极值

❶ 首先在表的第 4 行建立"最大"辅助列，在 B4 单元格内输入公式：

=IF(B3=MAX($B$3:$M$3),B3,NA())

按 Enter 键，向右复制公式依次返回最大值，如图 6-69 所示。

❷ 继续在表格的第 5 行建立"最小"辅助列，在 B5 单元格内输入公式：

=IF(B3=MIN($B$3:$M$3),B3,NA())

按 Enter 键后向右复制公式依次返回最小值，如图 6-70 所示。

B4	=IF(B3=MAX($B$3:$M$3),B3,NA())

	A	B	C	D	E	F	G	H	I	J	K	L	M
1					产品利润率趋势图表								
2	时间	1月	2月	3月	4月	5月	6月	7月	8月	9月	10月	11月	12月
3	利润率	9%	16%	13%	17%	23%	26%	35%	22%	31%	29%	26%	30%
4	最大	#N/A	#N/A	#N/A	#N/A	#N/A	#N/A	0.35	#N/A	#N/A	#N/A	#N/A	#N/A

图 6-69

B5	=IF(B3=MIN($B$3:$M$3),B3,NA())

	A	B	C	D	E	F	G	H	I	J	K	L	M
1					产品利润率趋势图表								
2	时间	1月	2月	3月	4月	5月	6月	7月	8月	9月	10月	11月	12月
3	利润率	9%	16%	13%	17%	23%	26%	35%	22%	31%	29%	26%	30%
4	最大	#N/A	#N/A	#N/A	#N/A	#N/A	#N/A	0.35	#N/A	#N/A	#N/A	#N/A	#N/A
5	最小	0.092	#N/A	#N/A	#N/A	#N/A	#N/A		#N/A	#N/A	#N/A	#N/A	#N/A
6													
7					产品利润率趋势图表								
8													
9		40%											
10		35%											

图 6-70

2. 应用图表样式

创建折线图后，因为默认折线图没有数据点（"最高值"系列与"最低值"系列都只有一个值），所以暂时看不到任何显示效果。单击图表右侧的"图表样式"按钮，在打开的下拉列表中选择"样式"标签下的"样式 2"命令（如图 6-71 所示）即在套用样式的同时自动将"最高值"系列与"最低值"系列的数据点显示出来。

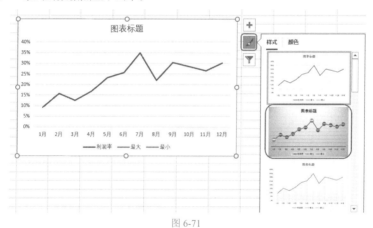

图 6-71

3. 数据标签格式设置

❶ 选中折线图中的"最高值"系列并右击，在弹出的快捷菜单中选择"设置数据标签格式"命令（如图 6-72 所示），打开"设置数据标签格式"对话框。

❷ 在"标签包括"下分别选中"系列名称""类别名称"和"值"复选框即可，如图 6-73 所示。

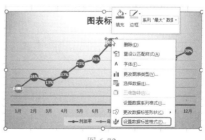

图 6-72

图 6-73

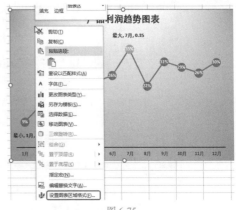

图 6-75

❸ 关闭对话框后，即可显示最高值的数据标签，按照相同的办法设置"最低值"数据系列的数据标签即可，最终效果如图 6-74 所示。

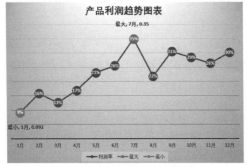

图 6-74

4. 美化图表

❶ 选中图表区域右击弹出快捷菜单，在打开的列表中选择"设置图表区格式"命令（如图 6-75 所示），打开"设置图表区格式"对话框。设置填充颜色为"白色"，如图 6-76 所示。

图 6-76

❷ 关闭对话框后返回图表，为图表设置颜色，得到如图 6-77 所示图表效果，自动标记了最大值和最小值。

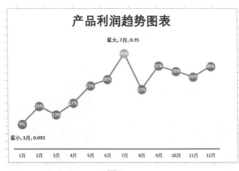

图 6-77

Excel 2019 在市场营销工作中的典型应用（视频教学版）

第

7

销售成本统计分析

章

销售成本是已销售产品的生产成本或已提供劳务成本以及其他成本的业务成本。产品成本是企业生产经营管理的一项综合指标，通过分析产品成本能了解一个企业整体生产经营管理水平的高低。

☑ 销售成本变动趋势分析

☑ 销售成本率分析

☑ 单一产品保本点预测

☑ 多产品保本点预测

☑ 产品成本降低完成情况

☑ 产品单位成本升降分析

7.1 ▶ 销售成本变动趋势分析

如图 7-1 所示图表，是根据销售成本变动数据建立的，从图表中可以看到，公司全年成本的走向趋势是平稳还是变动较大。

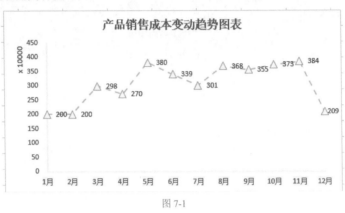

图 7-1

7.1.1 创建产品单位成本升降分析表

下面已知企业某年度中各个月的销售成本，可以使用 Excel 中带数据标记的折线图对销售成本随月份数据的变化而产生的变动趋势进行分析，同时还可以在折线图中显示每个月份的值。

新建工作表并重命名为"销售成本变动趋势分析"，输入销售成本相关数据，并进行单元格格式设置，如图 7-2 所示。

月份	产品销售成本
1月	2,000,000
2月	2,000,000
3月	2,975,200
4月	2,700,000
5月	3,800,900
6月	3,390,400
7月	3,005,300
8月	3,675,700
9月	3,549,600
10月	3,730,200
11月	3,841,200
12月	2,085,000
合计	36,753,500

图 7-2

7.1.2 编辑图表分析数据

1. 设置坐标轴格式

❶ 选择 B3:C14 单元格区域，单击"插入"选项

卡的"图表"组中的"折线图"下拉按钮，在下拉菜单中选择"折线图"子类型，如图 7-3 所示。

图 7-3

❷ 返回工作表中，系统根据选中的数据源和图形样式在工作表中创建折线图，并删除图例，如图 7-4 所示。

图 7-4

❸ 双击图表横坐标打开"设置坐标轴格式"对话框，在"坐标轴位置"区域中选中"在刻度线上"单选按钮，如图 7-5 所示。

图 7-5

❹ 单击"线条颜色"标签，选中"实线"单选按钮，从"颜色"下拉列表中选择一种合适的颜色，再设置线型的"宽度"即可，如图 7-6 所示。

图 7-6

❺ 单击"填充"标签，选中"纯色填充"单选按钮，在"颜色"下拉列表中选择一种合适的颜色，如图 7-7 所示。

图 7-7

❻ 双击图表纵坐标，打开"设置坐标轴格式"对话框，单击"显示单位"下三角按钮，在下拉菜单中选择 10000，如图 7-8 所示。

图 7-8

❼ 单击"线条颜色"标签，选中"实线"单选按钮，从"颜色"下拉列表中选择一种合适的颜色，并设置线型"宽度"，如图 7-9 所示。

❽ 选中图表后，单击右侧的"图表样式"按钮，在打开的列表中选择一种样式，如图 7-10 所示。重新修改标题删除网格线即可，效果如图 7-11 所示。

图 7-9

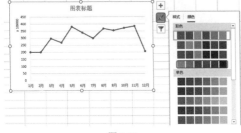

图 7-10

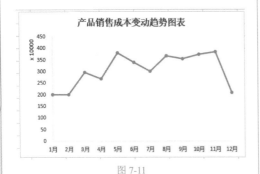

图 7-11

2. 设置数据系列格式

❶ 双击图表数据系列，打开"设置数据系列格式"对话框，单击"数据标记选项"标签，设置"内置"的"类型"为三角形标记，"大小"为 9，如图 7-12 所示。

❷ 单击"数据标记填充"标签，选中"纯色填充"单选按钮，从"颜色"下拉列表中选择一种合适的颜色，如图 7-13 所示。

❸ 单击"标记线颜色"标签，选中"实线"单选按钮，从"颜色"下拉列表中选择一种合适的颜

色。再设置"短画线类型"，如图 7-14 所示。

图 7-12

图 7-13

图 7-14

④ 返回图表后，效果如图 7-15 所示。

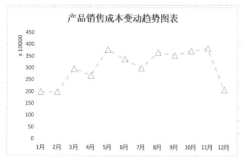

图 7-15

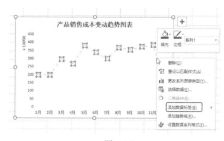

图 7-16

3. 添加数据标签

右击图表中的数据系列，在弹出的快捷菜单中选择"添加数据标签"命令，如图 7-16 所示。返回图表即可看到添加的数据标签，效果如图 7-17 所示。

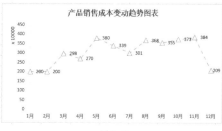

图 7-17

7.2 ▶ 销售成本率分析

产品的销售成本率是将销售成本除以销售收入得到的，利用设置单元格格式的方法可以实现让小数形式的销售成本率数据转换为百分比值，并保留指定位数百分比。

如图 7-18 所示为成本率公式计算；图 7-19 所示为根据数据建立的饼图图表。

	A	B	C	D
1	产品编码	销售收入	销售成本	销售成本率
2	A-0001	98	80	81.63%
3	A-0002	3263	2496	76.49%
4	A-0003	678	600	88.50%
5	A-0004	895	625	69.83%

图 7-18

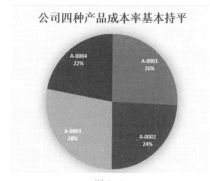

公司四种产品成本率基本持平

图 7-19

7.2.1 计算销售成本率

① 在 D2 单元格中输入公式：

=IF(B2=0,0,C2/B2)

按 Enter 键，并向下复制公式，依次计算出每种产品的销售成本率，如图 7-20 所示。

D2				f_x	=IF(B2=0,0,C2/B2)
	A	B	C	D	E
1	产品编码	销售收入	销售成本	销售成本率	
2	A-0001	98	80	0.816326531	
3	A-0002	3263	2496	0.764940239	
4	A-0003	678	600	0.884955752	
5	A-0004	895	625	0.698324022	

图 7-20

② 选中已经存在数据且希望其显示为百分比格式的单元格区域，在"开始"选项卡的"数字"组中单击" "（设置单元格格式）按钮（如图 7-21 所示），打开"设置单元格格式"对话框。

图 7-21

❸ 在"分类"列表中单击"百分比"，然后可以根据实际需要设置小数的位数，如图 7-22 所示。

图 7-22

❹ 单击"确定"按钮，可以看到选中的单元格区域中的数据显示为百分比值，且包含两位小数，如图 7-23 所示。

	A	B	C	D
1	产品编码	销售收入	销售成本	销售成本率
2	A-0001	98	80	81.63%
3	A-0002	3263	2496	76.49%
4	A-0003	678	600	88.50%
5	A-0004	895	625	69.83%

图 7-23

7.2.2 图表分析产品成本率

❶ 选择 A1:A5 和 D1:D5 单元格区域，在"插入"

选项卡的"图表"组中单击"饼图"下拉按钮，在下拉菜单中选择"饼图"子类型，如图 7-24 所示。

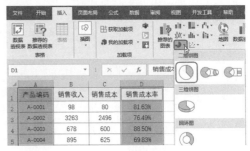

图 7-24

❷ 返回工作表中，系统根据选中的数据源和图形样式在工作表中创建了饼图，如图 7-25 所示。

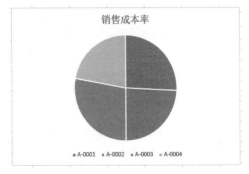

图 7-25

❸ 打开"设置数据标签格式"对话框，分别选中"类别名称"和"百分比"复选框（如图 7-26 所示），返回图表更改标题，美化后的图表效果如图 7-27 所示。

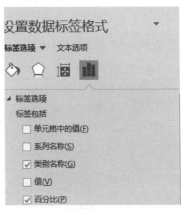

图 7-26

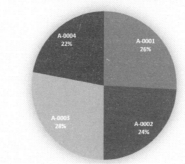

公司四种产品成本率基本持平

图 7-27

7.3 ▶ 单一产品保本点预测

7.3.1 本、量、利分析法

盈亏平衡销售量即保本点，在这一点上，"销售收入"等于"销售成本"，利润为零。单一产品保本点预测可以使用用本、量、利分析法与贡献毛利分析法来实现。

❶ 在新建工作表标签上双击鼠标，将其重命名为"单一产品保本点预测"，创建"用本、量、利法计算保本点"和"用贡献毛利法计算保本点"表格，并设置格式，效果如图 7-28 所示。

图 7-28

❷ 在"用本、量、利法计算保本点"表格中将生产成本与销售价格记录到工作表中。

❸ 在 D6 单元格中输入公式：

=D4/(D5-D3)

按 Enter 键，计算出保本销售量，如图 7-29 所示。
在 D7 单元格中输入公式：

=D5*D6

按 Enter 键，计算出保本销售额，如图 7-30 所示。

图 7-29

图 7-30

❹ 选中 D6:D7 单元格区域，单击"开始"选项卡，在"数字"选项组中单击 按钮，打开"设置单元格格式"对话框，在"分类"列表框中选中"数

值"选项，并设置小数位数为2，如图 7-31 所示。

图 7-31

⑤ 单击"确定"按钮返回工作表中，即可看到选中的单元格区域更改为数值格式，并四舍五入保留两位小数，效果如图 7-32 所示。

图 7-32

7.3.2 贡献毛利分析法

当产品提供的贡献毛利总额正好等于固定成本时，才会出现盈亏平衡，即正好达到保本点。

❶ 将生产成本与销售价格记录到工作表中，输入"用贡献毛利法计算保本点"表格中，如图 7-33 所示。

❷ 在 I6 单元格中输入公式：

=I5-I3

按 Enter 键，计算出单位贡献毛利，如图 7-34 所示。

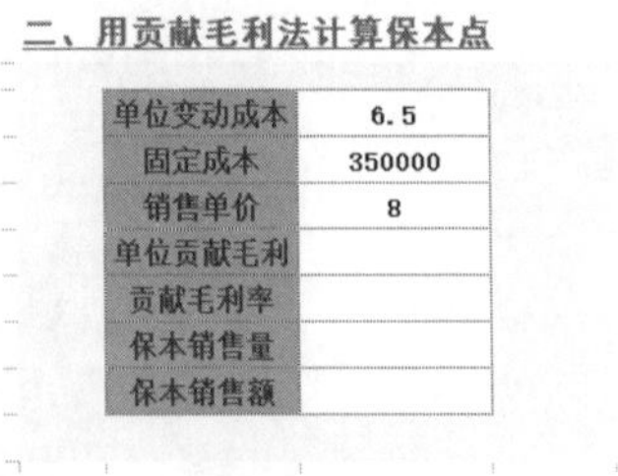

图 7-33

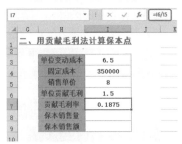

图 7-34

❸ 在 I7 单元格中输入公式：

=I6/I5

按 Enter 键，计算出贡献毛利率，如图 7-35 所示。

图 7-35

❹ 在 I8 单元格中输入公式：

=I4/I6

按 Enter 键，计算出保本销售量，如图 7-36 所示。

图 7-36

⑤在 I9 单元格中输入公式

=I4/I7

按 Enter 键，计算出保本销售额，如图 7-37 所示。

图 7-37

⑥按相同的方法将 I6:I9 单元格区域数据格式更改为"数值"，并保留两位小数，效果如图 7-38 所示。

	二、用贡献毛利法计算保本点
单位变动成本	6.5
固定成本	350000
销售单价	8
单位贡献毛利	1.5
贡献毛利率	0.19
保本销售量	233333.33
保本销售额	1866666.67

图 7-38

7.4 ▶ 多产品保本点预测

7.4.1　利用加权平均法进行预测

如企业生产多种产品，此时需要对各产品的保本点进行预测。

假设企业计划生产油性记号笔、小双头记号笔、双粗头记号笔（若产销平衡），其固定成本总额为 100000 元。三种产品的产销量、销售单价、单位变动成本的有关资料如表 7-1 所示。

表 7-1

项　目	油性记号笔	小双头记号笔	双粗头记号笔
产销量（只）	12800	13000	25500
销售单价（元）	4.5	7.5	6.2
单位变动成本（元）	1.8	2.2	2.5

1. 计算毛利率

①在工作表标签上双击鼠标，将其重命名为"多产品保本点预测"，在表格中添加"加权贡献毛利率计算表"表格，设置表格格式，并输入基础数据，如图 7-39 所示。

	加权贡献毛利率计算表			
项目	油性记号笔	小双头记号笔	双粗头记号笔	合计
产销量（只）	12800	13000	25500	
销售单价（元）	4.5	5.5	6.2	
单位变动成本（元）	1.8	2.2	2.5	
单位贡献毛利				
贡献毛利率				
销售收入总额				
加权贡献毛利率				

图 7-39

②在 C7 单元格中输入公式：

=C5-C6

按 Enter 键后向右复制公式，计算单位贡献毛利，如图 7-40 所示。

图 7-40

③在 C8 单元格中输入公式：

=C7/C5

按 Enter 键后向右复制公式，计算贡献毛利率，如图 7-41 所示。

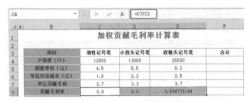

图 7-41

❹ 在 C9 单元格中输入公式：

=C4*C5

按 Enter 键后向右复制公式，计算销售收入总额，如图 7-42 所示。

图 7-42

❺ 在 F9 单元格中输入公式：

=SUM(C9:E9)

按 Enter 键，计算三种产品合计销售收入总额，如图 7-43 所示。

图 7-43

❻ 在 C10 单元格中输入公式：

=C9/$F9

按 Enter 键后向右复制公式，计算销售比重，如图 7-44 所示。

图 7-44

❼ 在 C11 单元格中输入公式：

=C8*C10

按 Enter 键后向右复制公式，计算加权贡献毛利率，如图 7-45 所示。

图 7-45

❽ 在 F11 单元格中输入公式：

=SUM(C11:E11)

按 Enter 键，计算加权贡献毛利率合计，如图 7-46 所示。

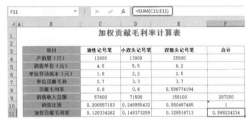

图 7-46

2. 保本点计算结果

❶ 在表格后面添加"保本点计算结果"表格，并设置表格格式，如图 7-47 所示。

图 7-47

❷ 在 I4 单元格中输入公式：

=100000/F11

按 Enter 键，计算综合保本销售额，如图 7-48 所示。

❸ 分别在 I5、I6、I7 单元格中输入公式"=I4*C10""=I4*D10" 和 "=I4*E10"，计算分产品保本销售额如图 7-49 所示。

94

Excel 2019 在市场营销工作中的典型应用（视频教学版）

图 7-48

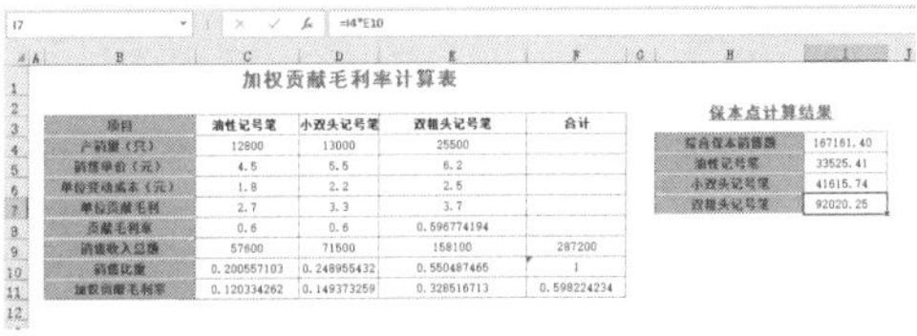

图 7-49

7.4.2 预测多种产品的保本销售额

贡献毛利率包含两个部分，贡献毛利保本率和贡献毛利创利率。其中贡献毛利保本率是用来补偿固定成本的，贡献毛利创利率是用来创利的。在实际工作中，利用贡献毛利保本率来预测多种产品的保本销售额。

❶ 在表格下方创建"贡献毛利分解法计算标本点"和"贡献毛利分解计算利润额"工作表，如图 7-50 所示。

图 7-50

❷ 在 C16 单元格中输入公式：

=100000/((C7*C4)+(D7*D4)+(E7*E4))

按 Enter 键，计算贡献毛利保本率，如图 7-51 所示。

图 7-51

❸ 在 C17 单元格中输入公式：

=1-C16

按 Enter 键，计算贡献毛利创利率，如图 7-52 所示。

❹ 在 C18 单元格中输入公式：

=F9*C16

按 Enter 键，计算综合保本销售额，如图 7-53 所示。

图 7-52

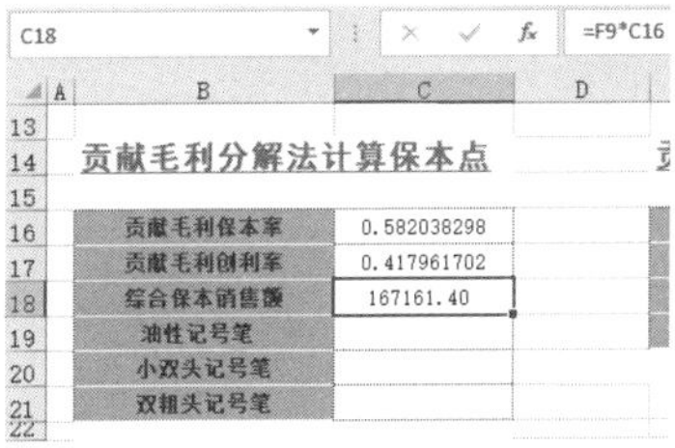

图 7-53

❺ 在 C19 单元格中输入公式：

=C9*C16

按 Enter 键，计算油性记号笔保本销售额，如图 7-54 所示。

❻ 分别在 C20、C21 单元格中输入公式"=D9*C16"和"=E9*C16"，计算其他产品保本销售额，如图 7-55 所示。

图 7-54

图 7-55

7.4.3 利用贡献毛利计算利润额

在计算出贡献毛利创利率之后，按预计销售量出售产品时，可以预测计划期的利润。

❶ 在 F16 单元格中输入公式：

=(C7*C4+D7*D4+E7*E4)*C17

按 Enter 键，计算预计利润总额，如图 7-56 所示。

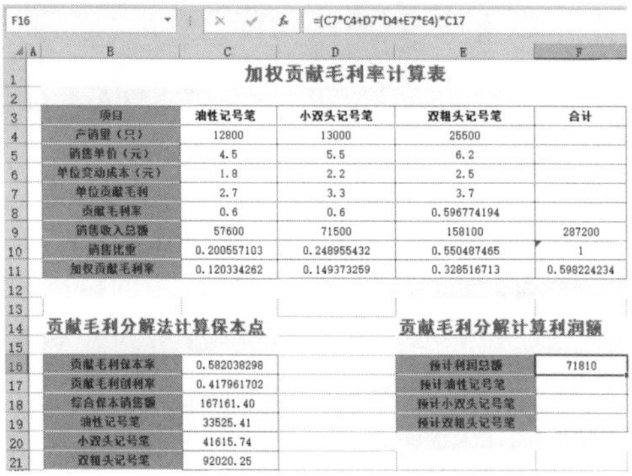

图 7-56

❷ 在 F17 单元格中输入公式：

=C7*C4*C17

按 Enter 键，计算预计油性记号笔利润额，如图 7-57 所示。

❸ 分别在 F18、F19 单元格中输入公式 "=D7*D4*C17" 和 "=E7*E4*C17"，计算预计其他产品利润额，如图 7-58 所示。

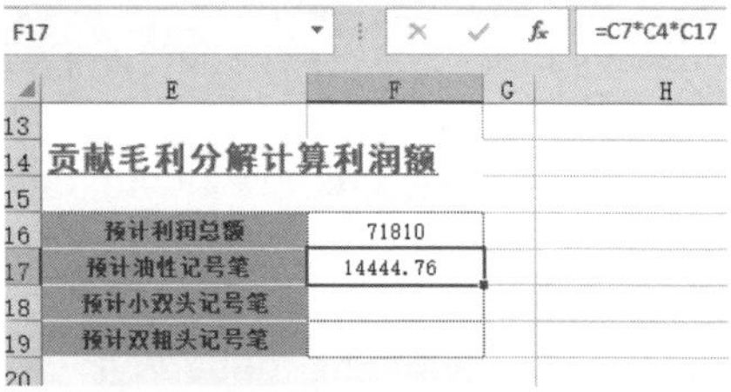

图 7-57

图 7-58

7.5 产品成本降低完成情况分析

7.5.1 创建基本表格

在已知上年平均单位成本和本年计划产量的情况下，可以制定本年的成本计划，并设置公式计算出本年计划总成本、计划成本的降低额，以及成本降低率，还可以在 Excel 中使用图表进行比较分析。

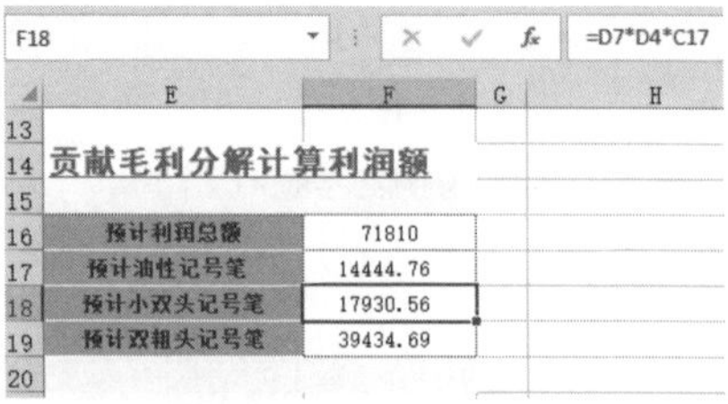

❶ 重命名工作表为"产品成本降低完成情况分析"，在工作表中创建表格，并设置表格格式，如图 7-59 所示。

图 7-59

❷ 在 F4 单元格中输入公式：

=C4*D4

按 Enter 键，然后复制公式到单元格 F6，计算两种产品上年平均总成本，如图 7-60 所示。

图 7-60

❸ 在 G4 单元格中输入公式：

=C4*E4

按 Enter 键，再复制公式至 G6 单元格，计算本年计划总成本数，如图 7-61 所示。

图 7-61

❹ 在 H4 单元格中输入公式：

=F4-G4

按 Enter 键，再向下复制公式至 H6 单元格，计算计划成本的降低额，如图 7-62 所示。

❺ 在 I4 单元格中输入公式：

=H4/F4*100

按 Enter 键，向下复制公式至 I6，计算计划成本降低率，如图 7-63 所示。

图 7-62

图 7-63

❻ 在 F7 单元格中输入公式：

=SUM(F4:F6)

按 Enter 键，向右复制公式至单元格 H7，计算上年、本年总成本以及降低额合计，如图 7-64 所示。

图 7-64

❼ 在 I7 单元格中输入公式：

=AVERAGE(I4:I6)

按 Enter 键，计算平均降低率，如图 7-65 所示。

图 7-65

计算出各产品成本降低计划完成情况后，可以就上半年平均计划与本年计划为数据源，创建图表分析。

1.创建图表

❶选中 B4:B6 和 F4:G6 单元格区域，单击"插入"选项卡，在"图表"选项组单击"柱形图"下拉按钮，在下拉菜单中选择"簇状柱形图"子图表类型，如图 7-66 所示。

❷此时系统根据选择的数据源创建默认样式的柱形图，如图 7-67 所示。

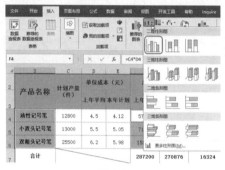

图 7-66

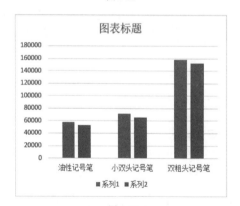

图 7-67

❸单击"图表工具"→"设计"选项卡，在"数据"选项组单击"选择数据"按钮，打开"选择数据源"对话框，选中"系列 1"复选框，单击"编辑"按钮，如图 7-68 所示。

❹打开"编辑数据系列"对话框，将光标定位到"系列名称"文本框，在工作表中选中 F3 单元格，单击"确定"按钮，如图 7-69 所示。

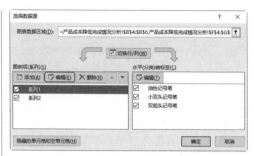

图 7-68

图 7-69

❺返回"选择数据源"对话框，选中"系列 2"复选框，单击"编辑"按钮，打开"编辑数据系列"对话框，将光标定位到"系列名称"文本框，在工作表中选中 G3 单元格，如图 7-70 所示。

图 7-70

❻单击"确定"按钮返回"选择数据源"对话框，即可看到更改的系列名称，如图 7-71 所示。

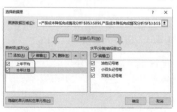

图 7-71

Excel 2019 在市场营销工作中的典型应用（视频教学版）

❼再次单击"确定"按钮返回工作表中，即可看到图表图例项更改为"上年平均"和"本年计划"，重命名图表标题，效果如图7-72所示。

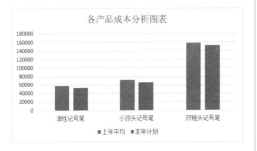

图 7-72

2. 添加数据系列

❶选中图表后，单击右侧的"图表样式"下拉按钮，在打开的列表中选择一种颜色样式，如图7-73所示。

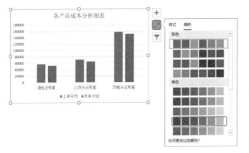

图 7-73

❷继续单击图表右侧的"图表元素"按钮，在打开的列表中选中"数据标签"复选框，即可为图表数据系列添加数据标签，如图7-74所示。

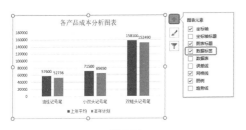

图 7-74

3. 调整数据系列间距

❶双击"上年平均"数据系列打开"设置数据系列格式"对话框，分别设置"系列重叠"值和"间隙宽度"值，如图7-75所示。

图 7-75

❷返回图表即可看到数据系列的显示效果，如图7-76所示。

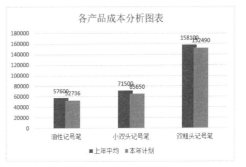

图 7-76

❸重新修改图表标题，为图表区域添加图片作为背景填充，最终效果如图7-77所示。

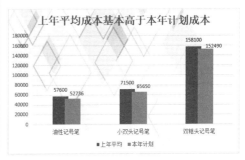

图 7-77

7.6 产品单位成本升降分析

7.6.1 创建基本表格

生成成本包括原材料、燃料和动力、生产工人工资、制造费用和其他费用，而在产品生成出来后，其实际成本与计划成本往往有所差距。

❶ 插入新工作表，重命名为"产品单位成本升降分析"，在工作表中输入基本数据，并设置单元格格式，如图 7-78 所示。

图 7-78

❷ 在 D4 单元格中输入公式：

=B4-C4

按 Enter 键，向下复制公式至 D8 单元格计算降低额，如图 7-79 所示。

图 7-79

❸ 在 B9 单元格中输入公式：

=SUM(B4:B8)

按 Enter 键，计算出计划成本数额，向右复制公式至 D9 单元格，计算生产成本和降低额合计数，如图 7-80 所示。

图 7-80

❹ 在 E4 单元格中输入公式：

=D4/B4

按 Enter 键得出结果，将计算结果设置为百分比格式，向下复制公式至 E9 单元格，计算各项目的降低率，如图 7-81 所示。

成本项目	计划成本	实际成本	实际比计划	
			降低额	降低率
原材料	81400	81000	400	0.49%
燃料和动力	8500	8000	500	5.88%
生产工人工资	185000	183200	1800	0.97%
制造费用	8560	9200	-640	-7.48%
其他费用	3740	4000	-260	-6.95%
生产成本	287200	285400	1800	0.63%

图 7-81

❺ 在 F4 单元格中输入公式：

=D4/$B$9

按 Enter 键并向下复制公式至 F9 单元格，将计算结果设置为百分比格式，如图 7-82 所示。

成本项目	计划成本	实际成本	实际比计划		各项目变动对成本合计的影响
			降低额	降低率	
原材料	81400	81000	400	0.49%	0.14%
燃料和动力	8500	8000	500	5.88%	0.17%
生产工人工资	185000	183200	1800	0.97%	0.63%
制造费用	8560	9200	-640	-7.48%	-0.22%
其他费用	3740	4000	-260	-6.95%	-0.09%
生产成本	287200	285400	1800	0.63%	0.63%

图 7-82

7.6.2 创建图表分析成本

对产品实际成本与计划成本进行计算后，可以根据数据创建作图辅助数据表，并以此作为数据源创建图表直观显示成本降低和增加情况。

1. 创建作图辅助数据表

❶ 在图表空白区域创建"作图辅助数据"表格，方便创建图表数据源，如图 7-83 所示。

❷在 A11:D18 单元格区域中创建辅助数据表，在 C12 单元格中输入 0，在 C13 单元格中输入公式"=D4"，向下复制公式至 C17 单元格，如图 7-84 所示。

	A	B	C	D
8	其他费用	3740	4000	−260
9	生产成本	287200	285400	1800
10	作图辅助数据			
11	成本项目	变化累计值	变化值	差异绝对值
12	计划生产成本	2850	0	
13	原材料			
14	燃料和动力			
15	生产工人工资			
16	制造费用			
17	其他费用			
18	实际生产成本			

图 7-83

C13		× ✓ fx	=D4		
	A	B	C	D实际比计划	E
2	成本项目	计划成本	实际成本	降低额	降低率
4	原材料	81400	81000	400	0.49%
5	燃料和动力	8500	8000	500	5.88%
6	生产工人工资	185000	183200	1800	0.97%
7	制造费用	8560	9200	−640	−7.48%
8	其他费用	3740	4000	−260	−6.95%
9	生产成本	287200	285400	1800	0.63%
10	作图辅助数据				
11	成本项目	变化累计值	变化值	差异绝对值	
12	计划生产成本	2850	0		
13	原材料		400		
14	燃料和动力		500		
15	生产工人工资		1800		
16	制造费用		−640		
17	其他费用		−260		

图 7-84

❸在 B13 单元格中输入公式：

=B12-C13

按 Enter 键并复制公式至 B18 单元格，如图 7-85 所示。

B13		× ✓ fx	=B12-C13	
	A	B	C	D
10	作图辅助数据			
11	成本项目	变化累计值	变化值	差异绝对值
12	计划生产成本	2850	0	
13	原材料	2450	400	
14	燃料和动力	1950	500	
15	生产工人工资	150	1800	
16	制造费用	790	−640	
17	其他费用	1050	−260	
18	实际生产成本	1050		

图 7-85

❹在 D12 单元格中输入公式：

=ABS(C12)

按 Enter 键并复制公式至 D17 单元格，如图 7-86 所示。

D12		× ✓ fx	=ABS(C12)	
	A	B	C	D
10	作图辅助数据			
11	成本项目	变化累计值	变化值	差异绝对值
12	计划生产成本	2850		0
13	原材料	2450	400	400
14	燃料和动力	1950	500	500
15	生产工人工资	150	1800	1800
16	制造费用	790	−640	640
17	其他费用	1050	−260	260
18	实际生产成本	1050		

图 7-86

2. 堆积柱形图

❶选中 A12:B18 单元格区域，在"插入"选项卡的"图表"选项组中单击"柱形图"下拉按钮，在下拉菜单中选择"堆积柱形图"子图表类型，如图 7-87 所示。

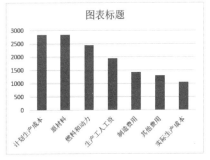

图 7-87

❷此时系统根据数据源创建图表，如图 7-88 所示。

图 7-88

❸调整图表大小为：高"8.23 厘米"，宽"16.19

厘米"，效果如图 7-89 所示。

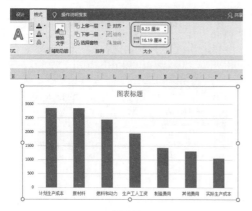

图 7-89

3. 美化图表

❶ 依次选中构成本各个项目的系列 1 的数据点，设置为无填充色，将这些数据点隐藏起来，值显示变化的值，如图 7-90 所示。

❷ 单独选中"计划生产成本"数据系列，并设置填充色为黄色，如图 7-91 所示。

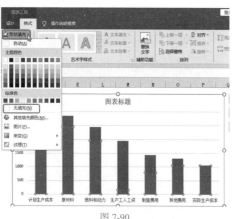

图 7-90

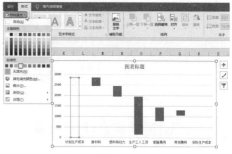

图 7-91

❸ 继续将系列 2 中降低的数据点填充为红色，将增加的数据点填充为蓝色，如图 7-92 所示。

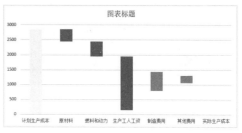

图 7-92

❹ 在图表右上角添加两个矩形图形，并设置和数据系列对应的填充色。再添加两个文本框并在图形后标注文本，重命名图表标题，最终效果如图 7-93 所示。

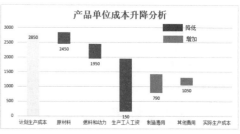

图 7-93

第 8 章

销售报表

销售报表不仅起到了一个销售量、销售额、员工销售业绩等数据的统计分析的作用，对于企业领导者来说，还可以作为决策的依据之一。通过销售报表中的数据，可以清晰地反映企业在某个阶段的产品销售状况以及整个企业的经营状况。

- ☑ 分析销售记录表
- ☑ 季度销售额汇总表
- ☑ 用图表比较销售数据
- ☑ 数据透视表分析销售数据
- ☑ 产品销售情况分析报表

8.1 ▶ 销售记录表

为了更好地管理商品的销售记录，可以分期建立销售记录表。通过建立完成的销售记录表可以进行数据计算、统计、分析，如计算每日销售额、根据基本信息表设置公式返回对应数据、对销售数据排序以及筛选重要销售数据等。

如图 8-1 所示为公司产品的基本档案表，销售表的相关信息可以通过设置公式返回。销售记录汇总表包括销售日期、编码、产品名称、规格、销售数量和销售单价等基本信息，如图 8-2 所示。

图 8-1

图 8-2

8.1.1 创建产品档案表

产品档案表包括产品的编码、类别、产品名称、规格以及单位和底价信息。创建新工作表"产品档案表"，并依次输入已知产品信息，效果如图 8-3 所示。

图 8-3

8.1.2 根据档案表返回产品信息

销售记录表记录了当月每日的销售情况，

销售的基本信息可以从"产品列表"工作表中获得，使用 VLOOKUP 设置公式即可。

❶ 新建"10 月销售记录表"工作表，输入日期、编码、销售数量和销售员信息，如图 8-4 所示。

图 8-4

❷ 在 C3 单元格中输入公式：

Excel 2019 在市场营销工作中的典型应用（视频教学版）

=VLOOKUP($B3, 产品列表 !$A$2:$F$100,COLUMN(B$1),FALSE)

按 Enter 键，即可根据指定的编码返回产品列表中对应的产品类别，如图 8-5 所示。

C3 =VLOOKUP($B3,产品列表!$A$2:$F$100,COLUMN(B$1),FALSE)

10月份销售记录表

日期	编码	品牌	产品名称	规格	单位	销售单价	销售数量	销售金额
10/9	A-0002	白板系列					36	
10/9	B-0002						10	
10/9	B-0001						5	
10/9	E-0006						2	
10/10	A-0004						6	
10/10	A-0002						10	
10/10	E-0005						5	

图 8-5

专家提示

=VLOOKUP($B3, 产品列表 !$A$2:$F$100,COLUMN(B$1),FALSE)

VLOOKUP 函数用于查找 B3 中指定编码对应在指定单元格区域中的指定列的值，也就是查找在“产品列表”第 2 列的值，即品牌名称。

❸ 在 C3 单元格中输入公式：

=VLOOKUP($B3, 产品列表 !$A$2:$F$100,COLUMN(F$1),FALSE)

按 Enter 键，即可根据指定的编码返回产品列表中对应的销售单价，向下复制公式，依次得到所有商品的销售单价，如图 8-6 所示。

10月份销售记录表

日期	编码	品牌	产品名称	规格	单位	销售单价
10/9	A-0002	白板系列	白板	120*80	件	126
10/9	B-0002					
10/9	B-0001					
10/9	E-0006					
10/10	A-0004					
10/10	A-0002					

图 8-6

❹ 选中 C3 单元格后，向右复制公式至 G3 单元格，即可依次得到 B3 产品编码对应的产品类别、产品名称、规格、单位和销售单价。继续拖动 G3 单元格右下角的填充柄向下复制公式，释放鼠标左键后即可依次返回所有销售产品的各项基本信息，如图 8-7 所示。

10月份销售记录表

日期	编码	品牌	产品名称	规格	单位	销售单价	销售数量	销售金额	销售员
10/9	A-0002	白板系列	白板	120*80	件	126	36		吴爱君
10/9	B-0002	财务用品	请假条	32K	本	2.2	10		张莉丽
10/9	B-0001	财务用品	销货日报表	21开	本	3	5		何文娜
10/9	E-0006	纸张制品	牛皮纸信封	324*229	个	0.3	2		柯兰
10/10	A-0004	白板系列	优质白板	200*100	件	268	6		柯兰
10/10	A-0002	白板系列	白板	120*80	件	126	10		何文娜
10/10	E-0005	纸张制品	华丽活页芯	179*262	本	7	5		崔宁
10/10	F-0002	桌面用品	美工刀	10.5*19.5*9	把	1	10		何文娜
10/11	D-0001	书写工具	中性笔	书写粗细（	只	3.5	11		何文娜
10/11	D-0001	书写工具	中性笔	书写粗细（	只	3.5	5		何文娜
10/11	D-0005	书写工具	记号笔	10.5*19.5*9	个	0.8	5		崔宁
10/12	A-0002	白板系列	白板	120*80	件	126	5		张莉丽
10/12	D-0001	书写工具	中性笔	书写粗细（	只	3.5	5		张莉丽
10/12	C-0002	文具管理	按扣文件袋	32.5*23.2	个	0.6	4		崔宁
10/12	E-0003	纸张制品	记事本	270*140	本	5	3		柯兰
10/13	A-0004	白板系列	优质白板	200*100	件	268	2		柯兰
10/13	A-0002	白板系列	白板	120*80	件	126	3		柯兰

图 8-7

8.1.3 计算每日销售额

已知产品的销售单价和销售数量，可以计算产品的销售金额。

❶ 在 I3 单元格中输入公式：

=G3*H3

按 Enter 键，计算出商品的销售金额，如图 8-8 所示。

I3 =G3*H3

10月份销售记录表

品牌	产品名称	规格	单位	销售单价	销售数量	销售金额
白板系列	白板	120*80	件	126	36	4536
财务用品	请假条	32K	本	2.2	10	
财务用品	销货日报表	21开	本	3	5	
纸张制品	牛皮纸信封	324*229	个	0.3	2	
白板系列	优质白板	200*100	件	268	6	

图 8-8

❷ 向下复制公式，依次得到其他商品的销售金额，如图 8-9 所示。

10月份销售记录表

日期	编码	品牌	产品名称	规格	单位	销售单价	销售数量	销售金额
10/9	A-0002	白板系列	白板	120*80	件	126	36	4536
10/9	B-0002	财务用品	请假条	32K	本	2.2	10	22
10/9	B-0001	财务用品	销货日报表	21开	本	3	5	15
10/9	E-0006	纸张制品	牛皮纸信封	324*229	个	0.3	2	0.6
10/10	A-0004	白板系列	优质白板	200*100	件	268	6	1608
10/10	A-0002	白板系列	白板	120*80	件	126	10	1260
10/10	E-0005	纸张制品	华丽活页芯	179*262	本	7	5	35
10/10	F-0002	桌面用品	美工刀	10.5*19.5*9	把	1	10	10
10/11	D-0001	书写工具	中性笔	书写粗细（	只	3.5	11	38.5
10/11	D-0001	书写工具	中性笔	书写粗细（	只	3.5	5	17.5
10/11	D-0005	书写工具	记号笔	10.5*19.5*9	个	0.8	5	4
10/12	A-0002	白板系列	白板	120*80	件	126	5	630
10/12	D-0001	书写工具	中性笔	书写粗细（	只	3.5	5	17.5
10/12	C-0002	文具管理	按扣文件袋	32.5*23.2	个	0.6	4	2.4
10/12	E-0003	纸张制品	记事本	270*140	本	5	3	15
10/13	A-0004	白板系列	优质白板	200*100	件	268	2	536

图 8-9

8.1.4 对销售金额执行排序

根据销售记录表，可以将本月中销售金额最高的三项使用特殊的颜色标记出来，并使用排序的方法将销售金额最高的前三项移动到表格的最上方显示。如果要将产品按照类别将销售金额从高到低排序，则可以设置双关键字排序，也就是先对产品类别排序，再将产品类别中的销售金额从高到低排序。

1. 标记出值最大的三项

❶ 选中 I3:I72 单元格区域，在"开始"选项卡的"样式"组中单击"条件格式"下拉按钮，在其下拉菜单中选择"最前/最后规则"，在弹出的子菜单中单击"前 10 项"命令（如图 8-10 所示），打开"前10 项"对话框。

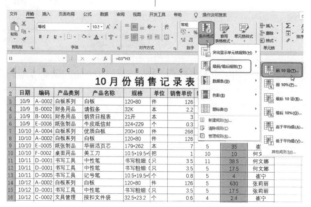

图 8-10

❷ 将 10 更改为 3，接着单击"设置为"文本框下拉按钮，在下拉菜单中选择"绿填充色深绿色文本"，如图 8-11 所示。

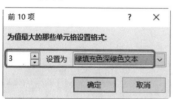

图 8-11

❸ 单击"确定"按钮，返回工作表中，即可将销售金额前 3 的数据以特定的颜色显示出来。选中 I 列单元格区域，在"数据"选项卡的"排序和筛选"组中单击"降序"按钮，如图 8-12 所示。

❹ 此时即可根据销售金额从高到低对数据进行排列，也可以看到销售金额前三名填充了特定的颜色，如图 8-13 所示。

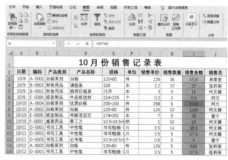

图 8-12

图 8-13

2. 使用双关键字排序

❶ 选中 A2 单元格，单击"数据"选项卡，在"排序和筛选"选项组中单击"排序"按钮（如图 8-14 所示），打开"排序"对话框。

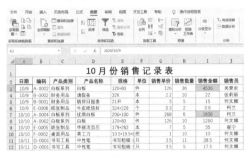

图 8-14

❷ 设置"主要关键字"为"类别"，"次序"设置为"升序"，单击"添加条件"按钮（如图 8-15 所示），添加次要关键字。

图 8-15

❸ 此时在对话框中添加了新的条件，设置"次要关键字"为"销售金额"，接着单击"次序"下拉按钮，在下拉菜单中选择"降序"，如图 8-16 所示。

图 8-16

❹ 单击"确定"按钮，返回工作表中，可以看到工作表中数据先以"类别"升序排序，在相同的产品类别下，以"销售金额"降序排序，如图 8-17 所示。

所示。

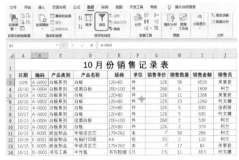

图 8-17

8.1.5 筛选出指定的销售记录

由于销售登记表中的销售记录过多，如果想要查看指定的销售记录，一条条翻阅并不方便，此时可以使用筛选功能轻松对数据进行筛选。

1. 筛选出"财务用品"的记录

❶ 选中任意数据单元格，在"数据"选项卡的"排序和筛选"组中单击"筛选"按钮，此时可以为选中单元格区域添加筛选按钮，如图 8-18 所示。

图 8-18

❷ 单击"类别"单元格右侧筛选按钮，在下拉菜单中取消选中"全选"复选框，接着选中"财务用品"复选框，如图 8-19 所示。

❸ 单击"确定"按钮，返回到工作表中，即可筛选出所有"财务用品"相关的记录，如图 8-20 所示。

第 8 章 销售报表

图 8-19

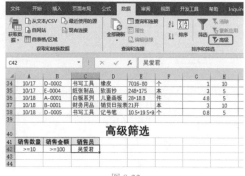

图 8-20

> ✏️ **专家提示**
>
> 选中多个类别，可以将满足多个条件的记录筛选出来。

2. 高级筛选

高级筛选可以实现更复杂的数据筛选，比如本例需要筛选出销售数量大于等于 10、销售金额大于等于 100 且销售员为"吴爱军"的销售记录。

❶ 在工作表空白区域添加高级筛选条件，如图 8-21 所示。

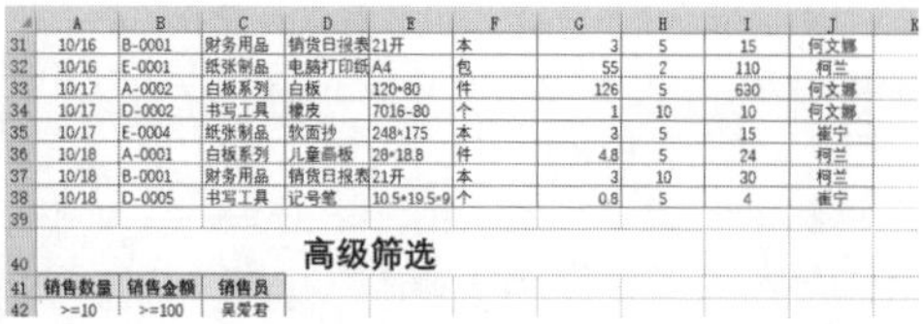

图 8-21

❷ 选中任意单元格，单击"数据"选项卡，在

"排序和筛选"组中单击"高级"按钮（如图 8-22 所示），打开"高级筛选"对话框。

图 8-22

❸ 选中"将筛选结果复制到其他位置"单选按钮，将光标定位到"条件区域"文本框中，在工作表中选中 A41:C42 单元格区域；接着将光标定位到"列表区域"文本框中，在工作表中选中 A2:J38 单元格区域；再设置"复制到"位置为当前表格的 A43 单元格，如图 8-23 所示。

图 8-23

❹ 单击"确定"按钮，返回工作表中，即可看到在指定区域筛选出符合筛选条件的记录，如图 8-24 所示。

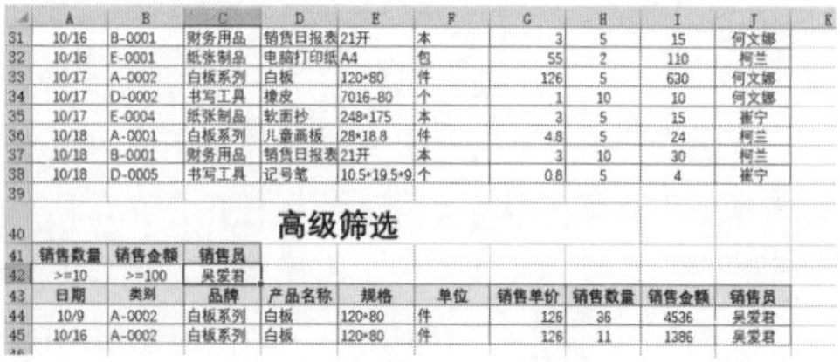

图 8-24

8.2 季度销售额汇总表

销售员业绩通常是按照月份统计的，在季度末进行销售额汇总时，可以利用"合并计算"功能汇总统计每个工作表中的数据。

本例的工作簿包含了3张工作表，分别是1月、2月、3月的工作表，现在需要将这3张工作表中的业绩都合计汇总显示到"统计表"中，计算出一季度中各名销售员的总业绩。

❶ 图8-25～图8-27所示分别为3个月中各个销售员的业绩数据。

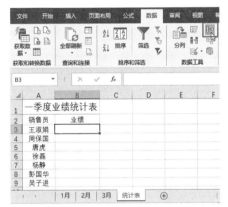

图8-25 　　　　　　　　　图8-26 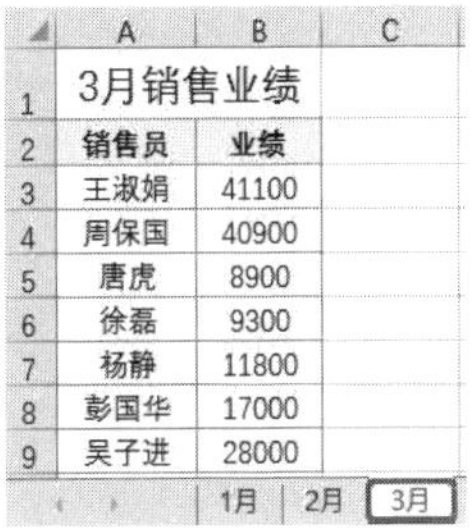　　　　　　　　　图8-27

❷ 建立"统计表"工作表，"销售员"列可以从前面表格中复制得到。选中B3单元格，在"数据"选项卡的"数据工具"组中单击"合并计算"按钮，如图8-28所示。

图8-28

图8-29

❸ 打开"合并计算"对话框，设置"函数"为"求和"，单击"引用位置"文本框右侧的"拾取器"按钮（如图8-29所示），进入表格区域选取状态。

❹ 拾取"1月"工作表中的B3:B9单元格区域（如图8-30所示），再次单击"拾取器"按钮返回"合并计算"对话框。单击"添加"按钮，即可将选定区域添加至"所有引用位置"列表框中，如图8-31所示。

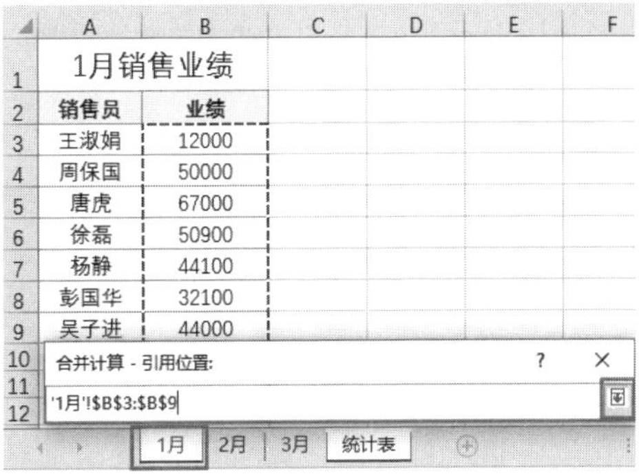

图8-30

图 8-31

⑤ 继续拾取 "2 月" 工作表中的 B3:B9 单元格区域（如图 8-32 所示），然后单击 "拾取器" 按钮，返回 "合并计算" 对话框。单击 "添加" 按钮，即可将选定区域添加至 "所有引用位置" 列表框中。

⑥ 按照相同的方法添加 "3 月" 工作表中的 B3:B9 单元格区域到 "所有引用位置" 列表框中，如图 8-33 所示。

图 8-33

⑦ 单击 "确定" 按钮，"统计表" 工作表中统计出了各销售员在第一季度的销售业绩总和，如图 8-34 所示。

图 8-32

图 8-34

8.3 创建图表比较计划与实际营销额

为了比较计划与实际营销的区别，可以创建用于比较的温度计图表。例如图 8-35 所示的图表，是预算销售额与实际销售额相比较，从图中可以清楚地看到哪一个月份销售额没有达标。温度计图表还常用于今年与往年的数据对比。如图 8-36 所示为通过调整坐标轴的位置和格式，将计划和实际营销额在各季度营销额进行数据对比。

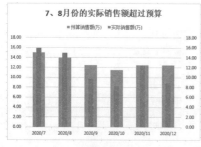

图 8-35

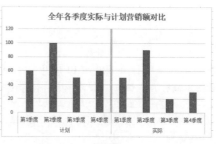

图 8-36

8.3.1 启用次坐标轴

本例最主要的一项操作是使用次坐标轴，而使用次坐标轴的目的是让两个不同的系列拥有各自不同的间隙宽度，即上图中绿色柱子（实际销售额）显示在橘黄色柱子（预算销售额）内部的效果。

❶打开工作簿，在"计划与实际营销对比图"工作表中，选中 A1:C7 单元格区域，在"插入"选项卡的"图表"组中单击"插入柱形图或条形图"下拉按钮，弹出下拉菜单，在"二维柱形图"组中单击"簇状柱形图"选项（如图 8-37 所示），即可在工作表中插入柱形图，如图 8-38 所示。

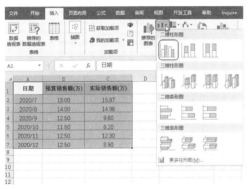

图 8-37

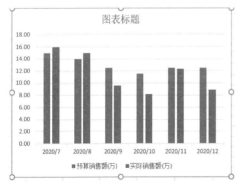

图 8-38

❷在"实际销售额"数据系列上单击一次将其选中，然后右击，在弹出的快捷菜单中选择"设置数据系列格式"命令（如图 8-39 所示），打开"设置数据系列格式"对话框。

❸选中"次坐标轴"单选按钮（此操作将"实

际销售额"系列沿次坐标轴绘制）（如图 8-40 所示），设置后图表显示如图 8-41 所示的效果。

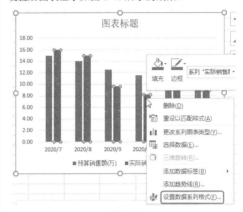

图 8-39

图 8-40

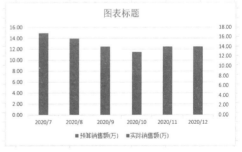

图 8-41

8.3.2 编辑图表坐标轴的刻度

创建图表后，横、纵坐标轴刻度范围及刻度值的取法，很大程度上取决于数据的分布。一般系统都会根据实际数据创建默认的刻度值。本例中介绍如何更改坐标轴的最大值。

本例中需要将创建的柱形图中的不同数据系列坐标轴的值设置一致，创建图表后，可以看到左侧坐标轴的默认最大值为 18，右侧的最大值却为 16，因为这是程序默认生成的，造成了两个系列的绘制标准不同，因此必须要把两个坐标轴的最大值固定为相同，即重新编辑图表坐标轴的刻度。

❶ 选中次坐标轴并双击鼠标，打开"设置坐标轴格式"对话框，单击"坐标轴选项"标签按钮，在"最大值"数值框中输入 18.0，如图 8-42 所示。

图 8-42

❷ 按照相同的方法在主坐标轴上双击鼠标，也设置坐标轴的最大值为 18.0，从而保持主坐标轴和次坐标轴数值一致，如图 8-43 所示。

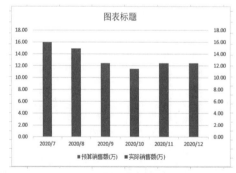

图 8-43

8.3.3 调整间隙宽度

如果想要将柱形图图形设置为温度计样式，可以通过在"设置数据系列格式"对话框

中调整不同数据系列不同的"间隙宽度"来实现。

❶ 在"预算销售额"数据系列上单击一次将其选中，设置"间隙宽度"为 110%（如图 8-44 所示）在"实际销售额"数据系列上再单击一次，设置"间隙宽度"为 400%，如图 8-45 所示。

图 8-44

图 8-45

❷ 关闭对话框返回图表，即可实现让"实际销售额"系列位于"预算销售额"系列内部的效果，如图 8-46 所示。重新设置图表样式并修改标题即可。

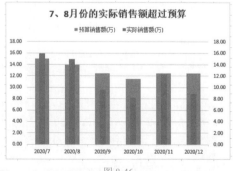

图 8-46

图表的垂直轴默认显示在最左侧，如果当前的数据源具有明显的期间性，则可以通过操作将垂直轴移到分隔点显示，以得到分割图表的效果，这样的图表对比效果会很强烈。本例中需要将计划与实际营销额在各季度业绩分割为两部分，此时可将垂直轴移至两个类别之间。

❶ 首先根据表格数据源创建柱形图，如图 8-47 所示。双击水平轴后打开"设置坐标轴格式"对话框。

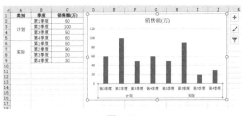

图 8-47

❷ 在"分类编号"标签右侧的文本框内输入 5（因为第 5 个分类后就是实际营销额在各季度的数据了），如图 8-48 所示。

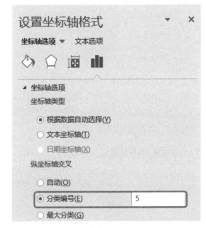

图 8-48

❸ 继续在"线条"栏下设置实线的"颜色"和"宽度"，如图 8-49 所示。

❹ 关闭对话框后返回图表，即可看到正中间显示的加粗的坐标轴样式，如图 8-50 所示。

图 8-49

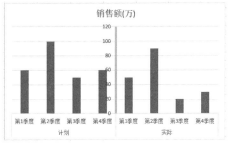

图 8-50

❺ 保持垂直轴数值标签的选中状态并双击，再次打开"设置坐标轴格式"对话框，单击"标签位置"右侧的下拉按钮，在打开的下拉列表中选择"低"命令，如图 8-51 所示。（这项操作是将垂直轴的标签移至图外显示）

图 8-51

❻ 关闭对话框并设置数据系列格式，重新修改标题，得到如图 8-52 所示效果。

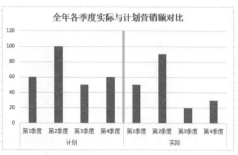

图 8-52

8.4 ▶ 多角度分析销售数据

销售报表中一般会按照销售日期统计不同类别商品的销售量和销售单价，并计算出总销售额，本节会使用数据透视表添加相应字段并设置值字段显示方式，得到如图 8-53 所示的按商品类别统计总销售额的数据，如图 8-54 所示为更改值的百分比统计，以及如图 8-55 所示按月份统计销售金额。

图 8-53

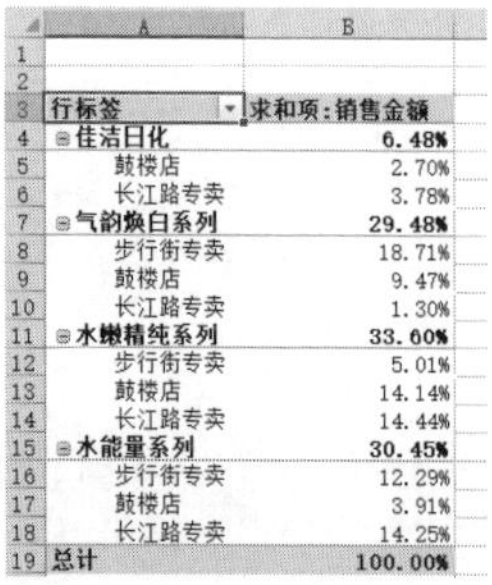

图 8-54

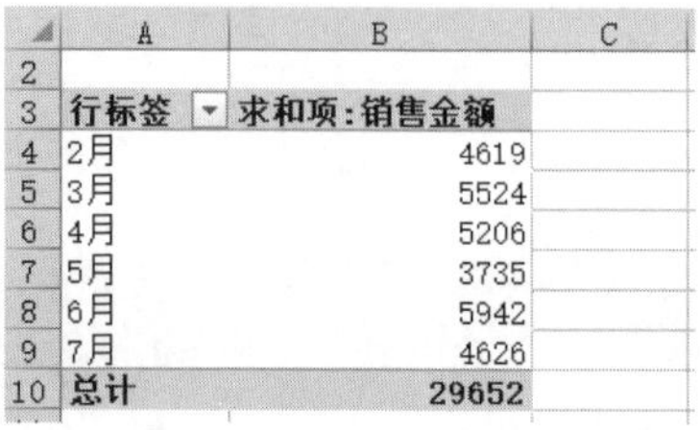

图 8-55

8.4.1 创建数据透视表

数据透视表的创建是基于已经建立好的数据表而建立的，需要在建立前对表格进行整理，保

障没有数据缺漏，没有双行标题等。下面介绍
创建数据透视表的步骤，比如本例需要根据销
售记录表创建透视表分析销售数据。

❶ 打开数据表，选中数据表中任意单元格。切
换到"插入"选项卡的"数据透视表"组中单击"数
据透视表"命令按钮，如图 8-56 所示，打开"创建
数据透视表"对话框。

图 8-56

❷ 在"选择一个表或区域"下的文本框中显示
了当前要建立为数据透视表的数据源（默认情况下
将整张数据表作为建立数据透视表的数据源），如
图 8-57 所示。

图 8-57

❸ 单击"确定"按钮即可新建一张工作表，该
工作表即为数据透视表，默认是空白的数据透视表，
并且显示全部字段，字段就是表格中所有的列标识，
如图 8-58 所示。

图 8-58

知识扩展

建立数据透视表后就会显示出"数据透视表字段"窗格，这个窗格的显示样式是可以更改
的（如图 8-59 所示）。可以让"字段节和区域节并排"显示，也可以让"字段节和区域节层叠"
显示（如图 8-60 所示）。

图 8-59

图 8-60

8.4.2 添加字段获取统计结果

默认建立的数据透视表只是一个框架，要得到相应的分析数据，则要根据实际需要合理的设置字段，不同的字段布局可以得到不同的统计结果。本例依旧沿用上面创建的数据透视表，来介绍添加字段的方法。

❶ 建立数据透视表后，在字段列表中选中"系列"字段，按住鼠标左键不放将字段拖至"行标签"框中（如图 8-61 所示）释放鼠标，即可设置"系列"字段为行标签。

图 8-61

❷ 在字段列表中选中"销售金额"字段，按住鼠标左键不放将字段拖至"值"框中（如图 8-62 所示）释放鼠标，即可设置"销售金额"字段为值标签。

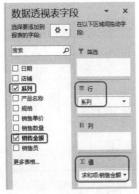

图 8-62

❸ 添加字段的同时，数据透视表会显示相应的统计结果，如图 8-63 所示，得到的统计结果是统计出了每种商品系列的总销售金额。

图 8-63

当数据表涉及多级分类时，还可以设置多个字段为同一标签，此时可以得到不同的统计结果。例如本例中可以添加"系列"与"店铺"两个字段都为行标签。

❶ 在上面已设置的字段的基础上，接着选中"店铺"字段，按住鼠标左键不放将字段拖至"行标签"框中，注意要放在"系列"字段的下方（如图 8-64 所示）释放鼠标，得到的统计结果如图 8-65 所示，先按各系列统计销售金额，再将各系列按店铺统计销售金额。

图 8-64

图 8-65

❷ 如果拖动时将"系列"字段放置在了"店铺"字段的下方，那么得到的统计结果如图 8-66 所示。

116

图 8-66

添加字段后，如果想获取其他统计结果时，则可以随时删除字段，然后再重新添加字段。当要删除字段时，可以在区域中选中字段向外拖（如图 8-67 所示）即可删除字段，或者也可以在字段列表中取消字段前面的选中。

图 8-67

8.4.3 调整字段变换统计结果

建立初始的数据透视表后，可以对数据透视表进行一系列的编辑操作，例如改变字段的显示顺序、更改统计字段的算法等可以达到不同的统计目的的操作，或移动删除数据透视表、优化数据透视表的显示效果等操作。

1. 调整字段的显示顺序

添加多个字段为同一标签后，可以调整其显示顺序，不同的显示顺序，其统计结果也有所不同。

在"行标签"列表中单击要调整的字段，在打开的下拉菜单中选择"上移"或"下移"命令（如图 8-68 所示）即可调整字段的显示顺序。可对比调整前后的统计结果是不是一样的，以查看调整字段显示顺序的效果，如图 8-69 所示。

图 8-68

图 8-69

也可以直接通过拖动字段的方式调整位置，如图 8-70 所示。

图 8-70

2. 更改默认的汇总方式

当设置了某个字段为数值字段后，数据透视表会自动对数据字段中的值进行合并计算。其默认的计算方式为：如果字段下是数值，则数据会自动使用 SUM 函数进行求和运算；如果字段下是文本数据，则数据会自动使用 COUNT 函数进行计数统计。如果想得到其他的计算结果，如求最大或最小值、求平均值等，则需要修改数值字段中值的合并计算类型。

❶ 在"值"列表框中选中要更改其汇总方式的字段，单击即可打开下拉菜单，选择"值字段设置"命令（如图 8-71 所示），打开"值字段设置"对话框。

图 8-71

❷ 单击"值汇总方式"标签，在列表中可以选择汇总方式，如此处选择"平均值"，如图 8-72 所示。

图 8-72

❸ 单击"确定"按钮即可更改默认的求和汇总方式为求平均值，如图 8-73 所示。从数据透视表中可以看到各系列商品在各个店铺的平均销售额。

图 8-73

专家提示

针对此数据透视表，如果设置值汇总方式为最大或最小值，还可以直观地查看到各个店铺中各商品的最大销售额和最小销售额数据。

3. 更改数据透视表的值显示方式

设置了数据透视表的数值字段之后，还可以设置值显示方式。比如本例需要按系列统计各种商品在各个店铺销售额的占比。

❶ 选中数据透视表，在"值"列表框中单击要更改其显示方式的字段，在打开的下拉菜单中选择"值字段设置"命令（如图 8-74 所示），打开"值字段设置"对话。

图 8-74

❷ 单击"值显示方式"标签，在下拉列表中选择"总计的百分比"选项，如图 8-75 所示。

图 8-75

❸ 单击 "确定" 按钮，在数据透视表中可以看到统计出了各系列商品在各个店铺的销售额占比，如图 8-76 所示。

图 8-76

8.4.4 建立月统计报表

数据透视表中按日期统计了对应的销售金额，由于日期过于分散，统计效果较差，此时可以对日期进行分组，从而得出各个月份的销售金额汇总。

❶ 选中 "销售日期" 标识下的任意单元格，切换到 "数据透视表工具" → "分析" 选项卡的 "分组" 组中单击 "分组选择" 按钮（如图 8-77 所示），打开 "组合" 对话框。

图 8-77

❷ 在 "步长" 列表中选中 "月"，如图 8-78 所示。

❸ 单击 "确定" 按钮，可以看到数据透视表即可按月汇总统计结果，如图 8-79 所示。

图 8-78

	A	B	C
3	行标签	求和项:销售金额	
4	2月	4619	
5	3月	5524	
6	4月	5206	
7	5月	3735	
8	6月	5942	
9	7月	4626	
10	总计	29652	

图 8-79

8.4.5　解决标签名称被折叠问题

如果设置多于一个字段为某一标签，通过折叠字段可以查看汇总数据，通过展开字段可以查看明细数据。

❶ 选中行标签下任意单元格，如图 8-80 所示，在"数据透视表工具"→"分析"选项卡的"活动字段"组中单击"折叠字段"按钮，即可折叠显示到上一级统计结果，如图 8-81 所示。

图 8-80

图 8-81

❷ 执行上面的命令会折叠或显示整个字段。如果只想折叠或打开单个字段，则单击目标字段前面的 - 号或 + 号即可，如图 8-82 所示。

图 8-82

8.5　产品销售情况分析表

通过对企业最近半年的销售量统计进行分析，可以找出畅销产品和滞销产品，根据对未来市场科学的预测，可以重新调整企业的订货信息或者销售策略。

8.5.1　创建销售情况表格

将工作表 Sheet3 标签重命名为"产品销售情况分析报表"，在工作表中输入销售数据，并进行单元格格式设置，如图 8-83 所示。

月份	商品名称	销量
2020年1月	柔和防晒霜SPF8	1000
2020年1月	清透平衡露	480
2020年1月	俊仕剃须膏	1200
2020年1月	散粉	220
2020年1月	男士香水	120
2020年1月	女士香水	120
2020年1月	眼部滋养凝露	1520
2020年2月	柔和防晒霜SPF8	480
2020年2月	清透平衡露	520
2020年2月	俊仕剃须膏	780
2020年2月	散粉	1160
2020年2月	男士香水	145
2020年2月	女士香水	700
2020年2月	眼部滋养凝露	400
2020年3月	柔和防晒霜SPF8	1500

图 8-83

8.5.2 创建分析表格

❶ 在原始表格的右侧创建一个畅销与滞销商品分析表格，行标签为各商品名称，列标签包括商品名称、月平均销量和销售状态，如图 8-84 所示。

图 8-84

❷ 在单元格 F4 中输入公式：

=SUMIF($B$2:$B$40,$E4,$C$2:$C$40)/COUNTIF($B$2:$B$40,$E4)

按 Enter 键，向下复制公式至 F10 单元格，计算各个产品的月平均销量，如图 8-85 所示。

图 8-85

❸ 这里设定平均销售量大于 900 为畅销产品，小于 600 为滞销产品。在单元格 G4 中输入公式：

=IF(F4>900," 畅销 ",IF(F4<600," 滞销 ",""))

按 Enter 键，向下复制公式至 G10 单元格，判断各产品的销售状态，如图 8-86 所示。

图 8-86

8.5.3 设置条件格式

❶选择"销量"数据所在的单元格区域，单击"开始"标签下"样式"选项组中的"条件格式"下拉按钮，在下拉菜单中单击"新建规则"选项，如图8-87所示。

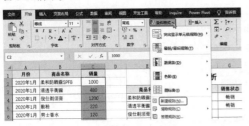

图 8-87

❷在"新建格式规则"对话框中的"选择规则类型"列表中选择"使用公式确定要设置格式的单元格"，在"为符合此公式的值设置格式"下的文本框中输入公式：

=C2>AVERAGE($C$2:$C$40)

单击"格式"按钮，如图8-88所示，打开"设置单元格格式"对话框。

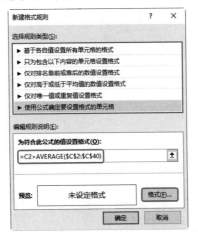

图 8-88

❸在"设置单元格格式"对话框中单击"填充"标签，选择一种合适的颜色，返回"新建格式规则"对话框，单击"确定"按钮，如图8-89所示。

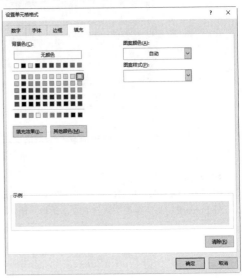

图 8-89

❹此时工作表中将使用设置颜色的底纹突出显示所有销量大于平均值的单元格，如图8-90所示。

	A	B	C	D	E	F	G
1	月份	商品名称	销量		畅销与滞销商品分析		
2	2020年1月	柔和防晒露SPF8	1000				
3	2020年1月	清透平衡霜	480		商品名称	月平均销量	销售状态
4	2020年1月	俊仕剃须膏	1200		柔和防晒露SPF8	923.00	畅销
5	2020年1月	散粉	220		清透平衡霜	934.17	畅销
6	2020年1月	男士香水	120		俊仕剃须膏	714.67	
7	2020年1月	女士香水	120		散粉	1292.67	畅销
8	2020年1月	眼部滋养凝露	1520		男士香水	144.20	滞销
9	2020年2月	柔和防晒露SPF8	480		女士香水	742.00	
10	2020年2月	清透平衡霜	520		眼部滋养凝露	724.00	
11	2020年2月	俊仕剃须膏	780				
12	2020年2月	散粉	1160				
13	2020年2月	男士香水	145				

图 8-90

❺选择单元格区域F4:F10，单击"条件格式"按钮，从"条件格式"下拉列表中单击"数据条"选项，选择红色数据条，如图8-91所示。

图 8-91

⑥ 在单元格 F4:F10 区域中，在显示平均销量数据的同时，还在单元格中使用数据条显示了数值的大小，如图 8-92 所示。

	A	B	C	D	E	F	G
1	月份	商品名称	销量		畅销与滞销商品分析		
2	2020年1月	柔和防晒露SPF8	1000		商品名称	月平均销量	销售状态
3	2020年1月	清透平衡露	480		柔和防晒露SPF8	923.00	畅销
4	2020年1月	俊仕剃须膏	1200		清透平衡露	934.17	畅销
5	2020年1月	散粉	220		俊仕剃须膏	714.67	
6	2020年1月	男士香水	120		散粉	1292.67	畅销
7	2020年1月	女士香水	120		男士香水	144.20	滞销
8	2020年1月	眼部滋养凝露	1520		女士香水	742.00	
9	2020年2月	柔和防晒露SPF8	480		眼部滋养凝露	724.00	
10	2020年2月	清透平衡露	520				
11	2020年2月	俊仕剃须膏	780				
12	2020年2月	散粉	1160				

图 8-92

第9章

往来账款管理

应收账款是伴随企业的销售行为发生而形成的一项债权，是企业经营中不可避免的赊销行为所产生的。作为企业资金管理的一项重要内容，应收账款管理直接影响到企业营运资金的周转和经济效益。企业贷款是指企业为了生产经营的需要，向银行或其他金融机构按照规定利率和期限的一种借款方式。

对于企业产生的每笔应收和应付账款可以建立 Excel 表格来统一管理，并利用函数或相关统计分析工具进行统计分析，从统计结果中获取相关信息，从而做出正确的销售以及财务决策。

- ☑ 创建应收账款统计表
- ☑ 筛选账款数据
- ☑ 应收账款账龄分析
- ☑ 坏账处理
- ☑ 确定公司最佳贷款方案
- ☑ 应付账款管理

9.1 建立应收账款统计表

应收账款是企业因出售商品或提供劳务给接受单位时应该收取的款项。企业日常运作中产生的每笔应收账款需要记录，在 Excel 中可以建立应收账款记录表管理应收账款，方便数据的计算，同时也便于后期对应收账款账龄的分析等。如图 9-1 所示为应收账款统计表。

序号	公司名称	开票日期	应收金额	已收金额	未收金额	付款期(天)	状态	负责人
	当前日期	2020/12/20						
001	晟成科技	19/12/4	￥ 22,000.00	￥ 10,000.00	￥ 12,000.00	20	已逾期	苏佳
002	腾达实业	20/11/5	￥ 10,000.00	￥ 5,000.00	￥ 5,000.00	20	已逾期	崔成浩
003	凯速达科技	20/5/8	￥ 29,000.00	￥ 5,000.00	￥ 24,000.00	60	已逾期	刘心怡
004	智禾佳科技	20/7/10	￥ 28,700.00	￥ 10,000.00	￥ 18,700.00	20	已逾期	谢玲玲
005	晟成科技	20/10/10	￥ 15,000.00		￥ 15,000.00	15	已逾期	崔成浩
006	网事科技	20/12/30	￥ 22,000.00	￥ 8,000.00	￥ 14,000.00	20	未到结账期	韩玲
007	智禾智慧科技	20/5/28	￥ 18,000.00		￥ 18,000.00	90	已逾期	谢玲玲
008	凯速达科技	20/12/2	￥ 22,000.00	￥ 5,000.00	￥ 17,000.00	20	未到结账期	刘心怡
009	凯速达科技	20/10/4	￥ 23,000.00	￥ 23,000.00	￥ -	40	已冲销 √	张军
010	锐泰科技	20/9/26	￥ 24,000.00	￥ 10,000.00	￥ 14,000.00	60	已逾期	崔成浩
011	晟成科技	20/12/28	￥ 30,000.00	￥ 10,000.00	￥ 20,000.00	30	未到结账期	苏佳
012	锐泰科技	20/10/1	￥ 8,000.00		￥ 8,000.00	10	已逾期	韩玲
013	锐泰科技	20/11/3	￥ 8,500.00	￥ 5,000.00	￥ 3,500.00	25	已逾期	彭丽丽
014	腾达实业	20/10/14	￥ 8,500.00	￥ 1,000.00	￥ 7,500.00	10	已逾期	张军
015	智禾佳科技	20/10/15	￥ 28,000.00	￥ 28,000.00	￥ -	90	已冲销 √	韩玲
016	网事科技	20/12/17	￥ 22,000.00	￥ 10,000.00	￥ 12,000.00	60	未到结账期	刘心怡
017	腾达实业	20/11/17	￥ 6,000.00		￥ 6,000.00	15	已逾期	张文轩
018	晟成科技	20/12/22	￥ 28,600.00	￥ 5,000.00	￥ 23,600.00	30	未到结账期	张军

图 9-1

9.1.1 创建应收账款表

应收账款是企业因出售商品或提供劳务给接受单位时应该收取的款项。下面需要在表格中建立应收账款表格并设置表格格式，输入数据。

❶ 新建工作簿，并将其命名为"应收应付账款管理"。将 Sheet1 工作表重命名为"应收账款记录表"，建立如图 9-2 所示的列标识。对表格进行格式设置以使其更加便于阅读。

图 9-2

❷ 在后面计算应收账款是否到期或计算账龄时都需要使用到当前日期，因此可选中 C2 单元格，输入公式：

=TODAY()

按 Enter 键即可返回当前日期，如图 9-3 所示。

图 9-3

❸ 对表格中几项单元格的格式进行设置，"序号"列单元格区域设置"文本"格式，以实现输入以 0 开头的编号。设置日期列显示为需要的日期格式，如"07/12/04"格式。显示金额的列可以设置为"会计专用格式"。这些设置单元格格式的方法在前面都已经介绍过，此处不再赘述。

❹ 按日期顺序将应收账款的基本数据（包括公司名称、开票日期、应收金额、已收金额等）记录到表格中，这些数据都是要根据实际情况手工输入的。输入后表格如图 9-4 所示。

应收账款统计表

序号	公司名称	开票日期	应收金额	已收金额	未收金额	付款期(天)	状态	负责人
	当前日期	2020/12/20						
001	晨成科技	19/12/4	¥ 22,000.00	¥ 10,000.00		20		苏佳
002	腾达实业	20/11/5	¥ 10,000.00	¥ 5,000.00		20		崔成浩
003	凯速达科技	20/5/8	¥ 29,000.00	¥ 5,000.00		60		刘心怡
004	智禾佳慧科技	20/7/10	¥ 28,700.00	¥ 10,000.00		20		谢玲玲
005	晨成科技	20/10/10	¥ 15,000.00			15		崔成浩
006	网事科技	20/12/30	¥ 22,000.00	¥ 8,000.00		20		韩玲
007	智禾佳慧科技	20/5/28	¥ 18,000.00			90		谢玲玲
008	凯速达科技	20/12/2	¥ 22,000.00	¥ 5,000.00		20		刘心怡
009	凯速达科技	20/10/4	¥ 23,000.00	¥ 23,000.00		40		张军
010	锐泰科技	20/9/26	¥ 24,000.00	¥ 10,000.00		60		崔成浩
011	晨成科技	20/12/28	¥ 30,000.00	¥ 10,000.00		30		苏佳
012	锐泰科技	20/10/1	¥ 8,000.00			10		韩玲
013	腾达实业	20/11/3	¥ 8,500.00	¥ 5,000.00		25		彭丽丽
014	腾达实业	20/10/14	¥ 8,500.00	¥ 1,000.00		10		张军
015	智禾佳慧科技	20/10/15	¥ 28,000.00	¥ 28,000.00		90		韩玲
016	网事科技	20/12/17	¥ 22,000.00	¥ 10,000.00		60		刘心怡
017	腾达实业	20/11/17	¥ 6,000.00			15		张文轩
018	晨成科技	20/12/22	¥ 28,600.00	¥ 5,000.00		30		张军

图 9-4

9.1.2 计算未收金额、是否到期、未到期金额

下面需要根据已知应收金额和未收金额计算每一笔账款是否到期以及未到期的金额是多少。

❶ 在 F4 单元格区域中输入公式：

=D4-E4

按 Enter 键，即可计算出第一条记录的未收金额。选中 F4 单元格，向下复制公式，即可快速计算出各条应收账款的未收金额，如图 9-5 所示。

应收账款统计表

序号	公司名称	开票日期	应收金额	已收金额	未收金额	付款期(天)
	当前日期	2020/12/20				
001	晨成科技	19/12/4	¥ 22,000.00	¥ 10,000.00	¥ 12,000.00	20
002	腾达实业	20/11/5	¥ 10,000.00	¥ 5,000.00	¥ 5,000.00	20
003	凯速达科技	20/5/8	¥ 29,000.00	¥ 5,000.00	¥ 24,000.00	60
004	智禾佳慧科技	20/7/10	¥ 28,700.00	¥ 10,000.00	¥ 18,700.00	20
005	晨成科技	20/10/10	¥ 15,000.00		¥ 15,000.00	15
006	网事科技	20/12/30	¥ 22,000.00	¥ 8,000.00	¥ 14,000.00	20
007	智禾佳慧科技	20/5/28	¥ 18,000.00		¥ 18,000.00	90
008	凯速达科技	20/12/2	¥ 22,000.00	¥ 5,000.00	¥ 17,000.00	20
009	凯速达科技	20/10/4	¥ 23,000.00	¥ 23,000.00	¥ -	40
010	锐泰科技	20/9/26	¥ 24,000.00	¥ 10,000.00	¥ 14,000.00	60
011	晨成科技	20/12/28	¥ 30,000.00	¥ 10,000.00	¥ 20,000.00	30
012	锐泰科技	20/10/1	¥ 8,000.00		¥ 8,000.00	10
013	锐泰科技	20/11/3	¥ 8,500.00	¥ 5,000.00	¥ 3,500.00	25
014	腾达实业	20/10/14	¥ 8,500.00	¥ 1,000.00	¥ 7,500.00	10
015	智禾佳慧科技	20/10/15	¥ 28,000.00	¥ 28,000.00	¥ -	90
016	网事科技	20/12/17	¥ 22,000.00	¥ 10,000.00	¥ 12,000.00	60
017	腾达实业	20/11/17	¥ 6,000.00		¥ -	15
018	晨成科技	20/12/22	¥ 28,600.00	¥ 5,000.00	¥ 23,600.00	30

图 9-5

❷ 在 H4 单元格中输入公式：

=IF(D4=E4," 已冲销√ ",IF((C4+G4)<$C$2," 已逾期 "," 未到结账期 "))

按 Enter 键，判断出第一条应收账款的状态（如图 9-6 所示）。

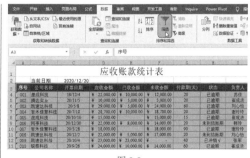

图 9-6

❸ 选中 H4 单元格，向下复制公式，快速判断出各条应收账款的状态，如图 9-7 所示。

图 9-7

=IF(D4=E4," 已冲销√ ",IF((C4+G4)<$C$2," 已逾期 "," 未到结账期 "))

IF 函数首先判断应收和已收金额是否相等，如果相等则返回"已冲销√"，否则执行
IF((C4+G4)<$C$2," 已逾期 "," 未到结账期 ")。

再次判断开票日期和付款期相加的日期是否小于当前的日期，如果是则返回"已逾期"；
否则返回"未到结账期"

9.1.3 筛选查看账款数据

如果账目条目很多，为方便对已逾期账款的查看，则可以通过筛选功能筛选查看。对于已冲销的账款可以通过筛选并执行删除处理。

❶ 选中包含列标识在内的所有数据区域，在"数据"选项卡的"排序和筛选"组中单击"筛选"按钮，此时列标识添加筛选按钮，如图 9-8 所示。

图 9-8

专家提示

由于当前表格在第 2 行中设计了利用公式返回当前日期（这个日期在判断账款是否逾期时会使用到），因此破坏了数据明细表的连续性，因此选中数据区域中的任意单元格，然后单击"筛选"命令按钮，并不能正确地为列标识添加自动筛选，因此这种情况下需要选中包含列标识在内的所有数据区域，再执行"筛选"命令。

❷ 此时单击"状态"字段的右侧筛选按钮，在展开的列表中只选中"已逾期"项，如图 9-9 所示。

❸ 单击"确定"按钮即可将已逾期的账款筛选出来，如图 9-10 所示。

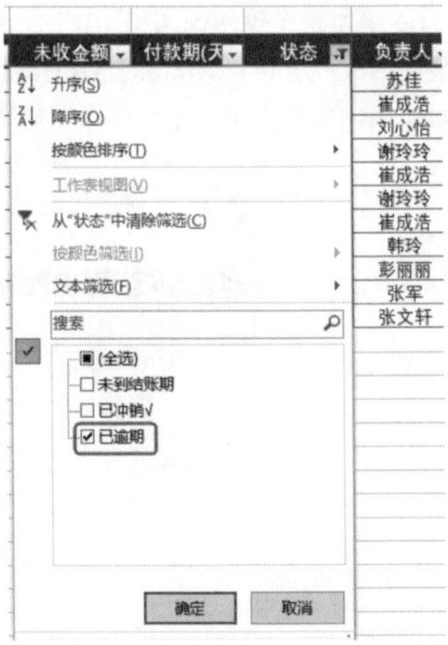

图 9-9

图 9-10

9.2 应收账款管理

对应收账款分析包括对逾期未收金额计算、分客户统计应收账款等，从而得到一些统计报表。如图 9-11 所示为各个账龄区间的账款；图 9-12 所示为汇总各公司的账款；图 9-13 所示为通过建立图表直观分析账款账龄的情况。

图 9-11

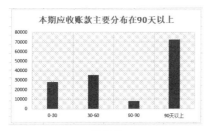

图 9-12

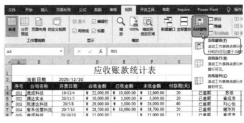

图 9-13

本期应收账款主要分布在90天以上

有时甚至有几十上百条。那么这时候可以将表格列标识进行冻结，滚动查看下方数据时即可始终显示首行标题列标识信息，方便数据对照。

❶选中 A4 单元格，在"视图"选项卡的"窗口"组中单击"冻结窗格"下拉按钮，在打开的下拉列表中选择"冻结窗格"命令，如图 9-14 所示。

图 9-14

❷返回表格后，即可看到首行被冻结，如图 9-15 所示。下拉查看数据时，会始终显示第三行标题信息。

9.2.1 冻结首行标题

如果在应收账款管理表中包含多条记录，

图 9-15

9.2.2 计算各笔账款逾期未收金额

公司对各笔应收账款的逾期未收金额进行统计（分时段统计），是进行账龄分析的基础。可以利用公式进行计算。

❶在"应收账款记录表"表的右侧建立账龄分段标识（因为各个账龄段的未收金额的计算源数据来源于"应收账款记录表"，因此将统计表建立在此处更便于对数据的引用），如图 9-16 所示。

图 9-16

❷ 在 J4 单元格中输入公式：

=IF(AND($C$2-(C4+G4)>0,$C$2-(C4+G4)<=30),D4-E4,0)

按 Enter 键，判断第一条应收账款记录是否到期，如果到期是否在 0 ~ 30，如果是则返回未收金额，否则返回 0 值，如图 9-17 所示。

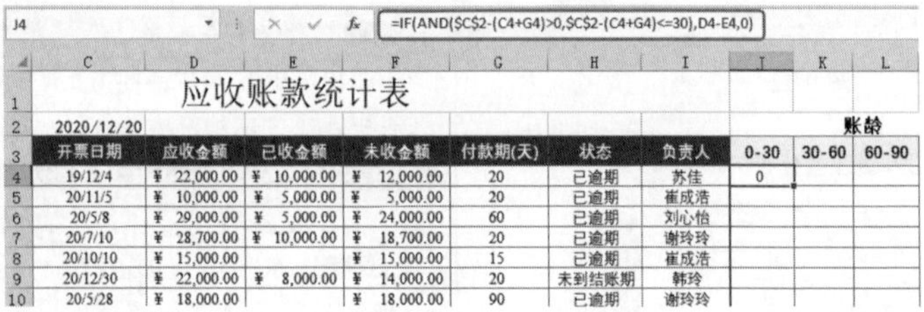

J4 =IF(AND($C$2-(C4+G4)>0,$C$2-(C4+G4)<=30),D4-E4,0)

	C	D	E	F	G	H	I	J	K	L
1	应收账款统计表									
2	2020/12/20								账龄	
3	开票日期	应收金额	已收金额	未收金额	付款期(天)	状态	负责人	0-30	30-60	60-90
4	19/12/4	¥ 22,000.00	¥ 10,000.00	¥ 12,000.00	20	已逾期	苏佳	0		
5	20/11/5	¥ 10,000.00	¥ 5,000.00	¥ 5,000.00	20	已逾期	崔成浩			
6	20/5/8	¥ 29,000.00	¥ 5,000.00	¥ 24,000.00	60	已逾期	刘心怡			
7	20/7/10	¥ 28,700.00	¥ 10,000.00	¥ 18,700.00	20	已逾期	谢玲玲			
8	20/10/10	¥ 15,000.00		¥ 15,000.00	15	已逾期	崔成浩			
9	20/12/30	¥ 22,000.00	¥ 8,000.00	¥ 14,000.00	20	未到结账期	韩玲			
10	20/5/28	¥ 18,000.00		¥ 18,000.00	90	已逾期	谢玲玲			

图 9-17

专家提示

=IF(AND($C$2-(C4+G4)>0,$C$2-(C4+G4)<=30),D4-E4,0)

这里使用 IF 和 AND 嵌套函数，首先使用 AND 函数判断 ($C$2-(C4+G4)>0,$C$2-(C4+G4)<=30) 这两个条件是否都满足，如果是，则返回 D4-E4 的值，其中有一个不满足或者两个都不满足，则返回数值 0。

❸ 在 K4 单元格中输入公式：

=IF(AND($C$2-(C4+G4)>30,$C$2-(C4+G4)<=60),D4-E4,0)

按 Enter 键，判断第一条应收账款记录是否到期，如果到期，那么是否在 30 ~ 60 区间，如果是，则返回未收金额，否则返回 0 值，如图 9-18 所示。

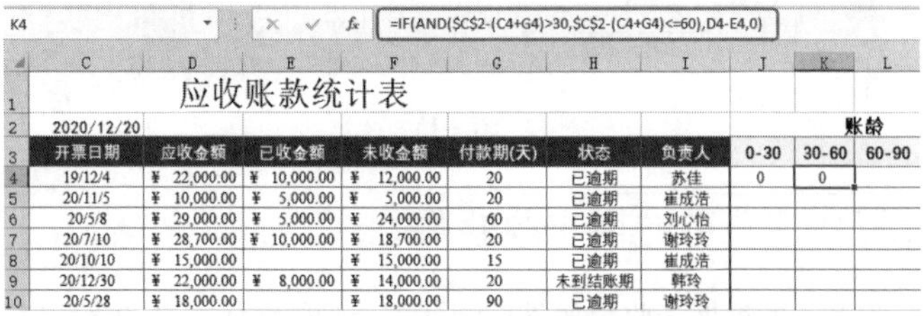

K4 =IF(AND($C$2-(C4+G4)>30,$C$2-(C4+G4)<=60),D4-E4,0)

	C	D	E	F	G	H	I	J	K	L
1	应收账款统计表									
2	2020/12/20								账龄	
3	开票日期	应收金额	已收金额	未收金额	付款期(天)	状态	负责人	0-30	30-60	60-90
4	19/12/4	¥ 22,000.00	¥ 10,000.00	¥ 12,000.00	20	已逾期	苏佳	0	0	
5	20/11/5	¥ 10,000.00	¥ 5,000.00	¥ 5,000.00	20	已逾期	崔成浩			
6	20/5/8	¥ 29,000.00	¥ 5,000.00	¥ 24,000.00	60	已逾期	刘心怡			
7	20/7/10	¥ 28,700.00	¥ 10,000.00	¥ 18,700.00	20	已逾期	谢玲玲			
8	20/10/10	¥ 15,000.00		¥ 15,000.00	15	已逾期	崔成浩			
9	20/12/30	¥ 22,000.00	¥ 8,000.00	¥ 14,000.00	20	未到结账期	韩玲			
10	20/5/28	¥ 18,000.00		¥ 18,000.00	90	已逾期	谢玲玲			

图 9-18

❹ 在 L4 单元格中输入公式：

=IF(AND($C$2-(C4+G4)>60,$C$2-(C4+G4)<=90),D4-E4,0)

按 Enter 键，判断第一条应收账款记录是否到期，如果到期，那么是否在 60 ~ 90 区间，如果是，则返回未收金额，否则返回 0 值，如图 9-19 所示。

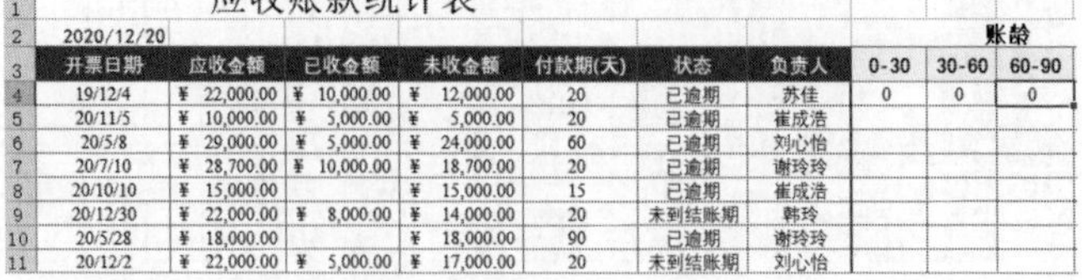

L4 =IF(AND($C$2-(C4+G4)>60,$C$2-(C4+G4)<=90),D4-E4,0)

	C	D	E	F	G	H	I	J	K	L
1	应收账款统计表									
2	2020/12/20								账龄	
3	开票日期	应收金额	已收金额	未收金额	付款期(天)	状态	负责人	0-30	30-60	60-90
4	19/12/4	¥ 22,000.00	¥ 10,000.00	¥ 12,000.00	20	已逾期	苏佳	0	0	0
5	20/11/5	¥ 10,000.00	¥ 5,000.00	¥ 5,000.00	20	已逾期	崔成浩			
6	20/5/8	¥ 29,000.00	¥ 5,000.00	¥ 24,000.00	60	已逾期	刘心怡			
7	20/7/10	¥ 28,700.00	¥ 10,000.00	¥ 18,700.00	20	已逾期	谢玲玲			
8	20/10/10	¥ 15,000.00		¥ 15,000.00	15	已逾期	崔成浩			
9	20/12/30	¥ 22,000.00	¥ 8,000.00	¥ 14,000.00	20	未到结账期	韩玲			
10	20/5/28	¥ 18,000.00		¥ 18,000.00	90	已逾期	谢玲玲			
11	20/12/2	¥ 22,000.00	¥ 5,000.00	¥ 17,000.00	20	未到结账期	刘心怡			

图 9-19

❺ 在 M4 单元格中输入公式：

=IF($C$2-(C4+G4)>90,D4-E4,0)

按 Enter 键，判断第一条应收账款记录是否到期，如果到期，那么是否在 90 以上区间，如果是，则返回未收金额，否则返回 0 值，如图 9-20 所示。

M4 | =IF($C$2-(C4+G4)>90,D4-E4,0)

	C	D	E	F	G	H	I	J	K	L	M
1	应收账款统计表										
2	2020/12/20							账龄			
3	开票日期	应收金额	已收金额	未收金额	付款期(天)	状态	负责人	0-30	30-60	60-90	90天以上
4	19/12/4	¥ 22,000.00	¥ 10,000.00	¥ 12,000.00	20	已逾期	苏佳	0	0	0	12000
5	20/11/5	¥ 10,000.00	¥ 5,000.00	¥ 5,000.00	20	已逾期	崔成浩				
6	20/5/8	¥ 29,000.00	¥ 5,000.00	¥ 24,000.00	60	已逾期	刘心怡				
7	20/7/10	¥ 28,700.00	¥ 10,000.00	¥ 18,700.00	20	已逾期	谢玲玲				
8	20/10/10	¥ 15,000.00		¥ 15,000.00	15	已逾期	崔成浩				
9	20/12/30	¥ 22,000.00	¥ 8,000.00	¥ 14,000.00	20	未到结账期	韩玲				
10	20/5/28	¥ 18,000.00		¥ 18,000.00	90	已逾期	谢玲玲				
11	20/12/2	¥ 22,000.00	¥ 5,000.00	¥ 17,000.00	20	未到结账期	刘心怡				

图 9-20

❻ 选中 J4:M4 单元格区域，将光标定位到该单元格区域右下角，当出现黑色十字形时，按住鼠标左键向下拖动，拖动到目标位置后，释放鼠标即可快速返回各条应收账款所在的账龄区间，如图 9-21 所示。

	C	D	E	F	G	H	I	J	K	L	M
1	应收账款统计表										
2	2020/12/20							账龄			
3	开票日期	应收金额	已收金额	未收金额	付款期(天)	状态	负责人	0-30	30-60	60-90	90天以上
4	19/12/4	¥ 22,000.00	¥ 10,000.00	¥ 12,000.00	20	已逾期	苏佳	0	0	0	12000
5	20/11/5	¥ 10,000.00	¥ 5,000.00	¥ 5,000.00	20	已逾期	崔成浩	5000	0	0	0
6	20/5/8	¥ 29,000.00	¥ 5,000.00	¥ 24,000.00	60	已逾期	刘心怡	0	0	0	24000
7	20/7/10	¥ 28,700.00	¥ 10,000.00	¥ 18,700.00	20	已逾期	谢玲玲	0	0	0	18700
8	20/10/10	¥ 15,000.00		¥ 15,000.00	15	已逾期	崔成浩	0	15000	0	0
9	20/12/30	¥ 22,000.00	¥ 8,000.00	¥ 14,000.00	20	未到结账期	韩玲	0	0	0	0
10	20/5/28	¥ 18,000.00		¥ 18,000.00	90	已逾期	谢玲玲	0	0	0	18000
11	20/12/2	¥ 22,000.00	¥ 5,000.00	¥ 17,000.00	20	未到结账期	刘心怡	0	0	0	0
12	20/10/4	¥ 23,000.00	¥ 23,000.00	¥ -	40	已冲销√	张军	0	0	0	0
13	20/9/26	¥ 24,000.00	¥ 10,000.00	¥ 14,000.00	60	已逾期	崔成浩	14000	0	0	0
14	20/12/28	¥ 30,000.00	¥ 10,000.00	¥ 20,000.00	30	未到结账期	苏佳	0	0	0	0
15	20/10/1	¥ 8,000.00		¥ 8,000.00	10	已逾期	韩玲	0	0	8000	0
16	20/11/3	¥ 8,500.00	¥ 5,000.00	¥ 3,500.00	25	已逾期	彭丽丽	3500	0	0	0
17	20/10/14	¥ 8,500.00	¥ 1,000.00	¥ 7,500.00	10	已逾期	张军	0	7500	0	0
18	20/10/15	¥ 28,000.00	¥ 28,000.00	¥ -	90	已冲销√	韩玲	0	0	0	0
19	20/12/17	¥ 22,000.00	¥ 10,000.00	¥ 12,000.00	60	未到结账期	刘心怡	0	0	0	0
20	20/11/17	¥ 6,000.00		¥ 6,000.00	15	已逾期	张文轩	6000	0	0	0
21	20/12/22	¥ 28,600.00	¥ 5,000.00	¥ 23,600.00	30	未到结账期	张军	0	0	0	0

图 9-21

9.2.3 分客户分析应收账款账龄

统计出各客户信用期内及各个账龄区间的未收金额，可以让财务人员清楚地了解哪些客户是企业的重点债务对象，更有利公司的销售账务管理。

1. 统计各客户在各个账龄区间的未收款

统计各客户在各个账龄区间的未收款主要可以使用 SUMIF 函数进行按条件求和运算。

❶ 插入新工作表，将工作表标签重命名为“分客户分析逾期未收金额”。输入各项列标识（按账龄区间显示）、公司名称并对表格进行格式设置，如图 9-22 所示。

公司名称	0-30	30-60	60-90	90天以上	合计
凯速达科技					
晟成科技					
智禾佳慧科技					
网事科技					
腾达实业					
锐泰科技					
合计					

应收账款记录表 (2)　分客户分析逾期未收金额

图 9-22

❷ 在 B2 单元格中输入公式：

=SUMIF(应收账款记录表 !$B$4:$B$25,$A2,应收账款记录表 !J$4:J$25)

按 Enter 键，计算出"凯速达科技"在 0 ～ 30 天账龄期的金额，如图 9-23 所示。

公司名称	0-30	30-60	60-90	90天以上	合计
凯速达科技	0				
晟成科技					
智禾佳慧科技					
网事科技					
腾达实业					

图 9-23

专家提示

=SUMIF(应收账款记录表 !$B$4:$B$25,$A2,应收账款记录表 !J$4:J$25)

SUMIF 函数用于对满足指定条件数据求和

在应收账款记录表的 $B$4:$B$25 区域中查找 A2 单元格中的指定公司名称，将其对应在应收账款记录表 !J$4:J$25 单元格区域中的值求和。

❸ 选中 B2 单元格，将光标定位到该单元格区域右下角，当出现黑色十字形时，按住鼠标左键向右拖动，释放鼠标即可快速统计出各账龄区间的金额，如图 9-24 所示。

公司名称	0-30	30-60	60-90	90天以上	合计
凯速达科技	0	13000	0	24000	
晟成科技					
智禾佳慧科技					
网事科技					
腾达实业					
锐泰科技					

图 9-24

❹ 选中 B2:E2 单元格区域，将光标定位到该单元格区域右下角，当出现黑色十字形时，按住鼠标左键向下拖动，释放鼠标即可快速统计出各客户信用期内及各个账龄区间的金额，如图 9-25 所示。

公司名称	0-30	30-60	60-90	90天以上	合计
凯速达科技	0	13000	0	24000	
晟成科技	0	15000	0	12000	
智禾佳慧科技	0	0	0	36700	
网事科技					
腾达实业	11000	7500	0	0	
锐泰科技	17500	0	8000	0	
合计					

图 9-25

专家提示

由于在"应收账款记录表"中，"0 ～ 30""30 ～ 60""60 ～ 90""90 以上"几列是连续显示的，所以在设置了 B3 单元格的公式后，可以利用复制公式的方法快速完成其他单元格公式的设置，然后再向下复制公式则又批量求出了各个公司在各个账龄期间的总额。

在实现这种即向右复制公式又向下复制公式的操作时，对于单元格引用方式的设置是极为重要的，即要使用混合引用的方式。"应收账款记录表 !$B$4:$B$25"：无论公式向右复制还是向下复制，此区域为条件判断的区域，所以始终不变。$A2：公式向右复制时，列不能变，即这一行中始终判断 A2 单元格；而公式向下复制时，则要依次判断 A3、A4、……，因此对列采用绝对引用，行采用相对引用。"应收账款记录表 !J$4:J$25"：公式向右复制时，用于求值的区域要依次改变列为 K、L、M，所以对列要使用相对引用。

❺ 选中 F2 单元格，在"公式"选项卡的"函数库"组中单击"自动求和"按钮，此时函数根据当前选中单元格左右的数据默认参与运算的单元格区域，如图 9-26 所示。

❻ 按 Enter 键，即可得到求和结果，如图 9-27 所示。

图 9-26

图 9-27

❼选中 F2 单元格，拖动填充柄向下复制公式得到批量结果，如图 9-28 所示。

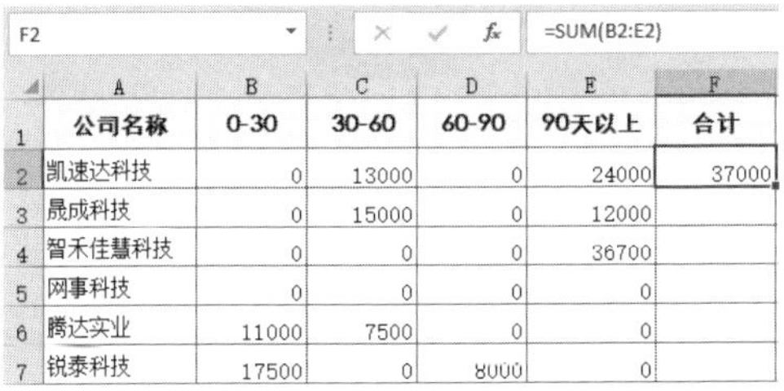

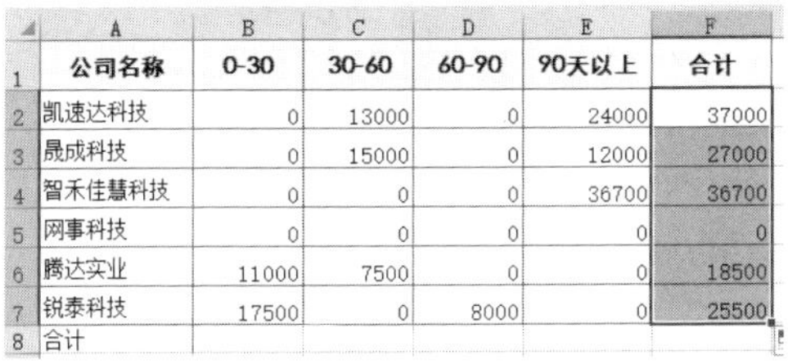

图 9-28

2. 建立图表直观比较各客户未收款

在完成了上面统计表的建立后，接着可以建立图表来直观显示出各个账龄区间的金额。

❶选中 F2:F7 单元格区域，在"数据"选项卡的"排序"组中单击"降序"按钮（如图 9-29 所示），弹出"排序提醒"对话框，保持默认选项（如图 9-30 所示），单击"确定"按钮即可将账款降序排序。

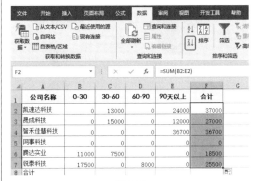

图 9-29

图 9-30

❷选中 A2:A7、F2:F7 单元格区域，单击"插入"选项卡，在"图表"组中单击"饼图"按钮，在下拉菜单中选择一种图表，这里单击"二维饼图"（如图 9-31 所示），单击即可创建图表。

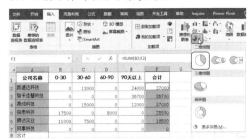

图 9-31

❸选中图表，单击图表右侧的"图表样式"按钮，在"样式"标签下的列表中可以选择合适的图表样式，直接单击即可应用，如图 9-32 所示。

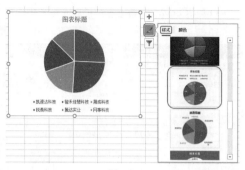

图 9-32

❹ 选中图表，单击图表右侧的"图表样式"按钮，在"颜色"标签下的列表中可以选择合适的图表颜色，直接单击即可应用，如图 9-33 所示。

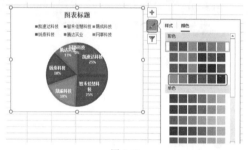

图 9-33

❺ 选中图表中最大的那个扇面，在"图表工具"→"格式"选项卡的"形状样式"组中单击"形状轮廓"下拉按钮，在打开的下拉列表中先选择"白色"主题色，鼠标再指向"粗细"，在子菜单中选择"2.25 磅"，如图 9-34 所示。

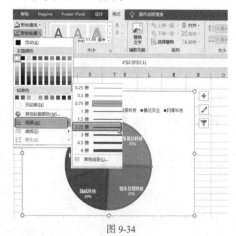

图 9-34

❻ 设置完成后，可以看到最大的扇面显示白色轮廓线。单独选中账款占比最大的数据系列，按住鼠标左键不放将其拖动到其他位置即可，如图 9-35 所示。

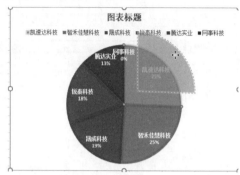

图 9-35

❼ 释放鼠标左键后即可得到最终的图表效果，再重新修改图表标题即可，如图 9-36 所示。

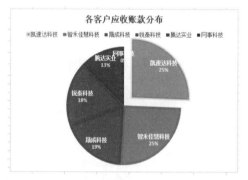

图 9-36

🖋️ 专家提示

图表标题是用来阐明重要信息的，是必不可少的重要元素。而图表标题文字并不是随意输入的，主要有两方面要求：一是图标标题要设置的足够鲜明；二是要注意一定要把图表想表达的信息写入标题。因为通常标题明确的图表，能够更快速地引导阅读者理解图表的意思，读懂分析目的。可以使用例如"会员数量持续增加""A、B 两种产品库存不足""新包装销量明显提升"等类似直达主题的标题。

9.2.4 应收账款的账龄分析

账龄分析是有效管理应收账款的基础，也是确定应收账款管理的重点依据。对应收账款的账龄分析，可以真实地反映出企业实际的资金流动情况，从而也能对难度较大的应收账款早做准备，同时对逾期较长的款项采取相应的催收措施。

1. 统计各账龄下的应收账款

在分客户统计了各个账龄段的应收账款后，可以对各个账龄段的账款进行合计统计，从而为提取坏账做准备。

❶在"分客户分析逾期未收金额"表格中，对各个账龄下的账款进行求和统计。选中 B8 元格，在"公式"选项卡的"函数库"组中单击"自动求和"按钮，此时函数根据当前选中单元格左右的数据默认参与运算的单元格区域，如图 9-37 所示。

图 9-37

❷按 Enter 键，即可得到求和结果，此时拖动 B8 单元格右下角的填充柄向右填充得到批量结果，如图 9-38 所示。

	公司名称	0-30	30-60	60-90	90天以上	合计
2	凯速达科技	0	13000	0	24000	37000
3	智禾佳慧科技	0	0	0	36700	36700
4	晟成科技	0	15000	0	12000	27000
5	锐泰科技	17500	0	8000	0	25500
6	腾达实业	11000	7500	0	0	18500
7	网事科技	0	0	0	0	0
8	合计	28500	35500	8000	72700	144700

图 9-38

❸单击工作表下方"➕"按钮，完成添加新工作表的操作，并重命名工作表，如图 9-39 所示。

	A	B	C	D	E
1	应收账款账龄分析表				
2					

◀ ▶ ··· 分客户分析逾期未收金额 | 应收账款账龄分析表

图 9-39

❹此时单击"分客户分析逾期未收金额"工作表标签，切换到此表，选中 B1:F1 区域并复制，如图 9-40 所示。

	公司名称	0-30	30-60	60-90	90天以上	合计
1	公司名称	0-30	30-60	60-90	90天以上	合计
2	凯速达科技	0	13000	0	24000	37000
3	智禾佳慧科技	0	0	0	36700	36700
4	晟成科技	0	15000	0	12000	27000
5	锐泰科技	17500	0	8000	0	25500
6	腾达实业	11000	7500	0	0	18500
7	网事科技	0	0	0	0	0
8	合计	28500	35500	8000	72700	144700

原始表格 | 应收账款记录表 | 分客户分析逾期未收金额 | 应收账款

图 9-40

❺切换回"应收账款账龄分析表"，选中放置数据的起始单元格，右击并在弹出的快捷菜单中单击"转置"选项（如图 9-41 所示），此时可将复制来的数据纵向转置，如图 9-42 所示。

图 9-41

135

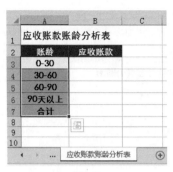

图 9-42

⑥ 切换到"分客户分析逾期未收金额"工作表，复制 B8:F8 单元格区域数据，如图 9-43 所示。

	A	B	C	D	E	F
1	公司名称	0-30	30-60	60-90	90天以上	合计
2	凯速达科技	0	13000	0	24000	37000
3	智禾佳慧科技	0	0	0	36700	36700
4	晟成科技	0	15000	0	12000	27000
5	锐泰科技	17500	0	8000	0	25500
6	腾达实业	11000	7500	0	0	18500
7	网事科技					
8	合计	28500	35500	8000	72700	144700
9						

原始表格　应收账款记录表　分客户分析逾期未收金额　应收账

图 9-43

⑦ 切换回"应收账款账龄分析表"，选中 B3 单元格并右击，在弹出的快捷菜单中选择"选择性粘贴"命令（如图 9-44 所示），打开"选择性粘贴"对话框。

图 9-45

	A	B
1	应收账款账龄分析表	
2	账龄	应收账款
3	0-30	28500
4	30-60	35500
5	60-90	8000
6	90天以上	72700
7	合计	144700
8		
9		
10		

图 9-46

2. 计算各账龄下的应收账款所占比例

计算出各个账龄段的应收账款后，可以对他们占总应收账款的比例进行计算。

① 首先在"应收账款账龄分析表"中新建列标识"占比"，在 C3 单元格中输入公式：

=B3/$B$7

按 Enter 键，返回计算结果，如图 9-47 所示。

图 9-44

⑧ 选中"数值"与"转置"两个选项，如图 9-45 所示，单击"确定"按钮即可将复制来的数据以数值形式粘贴，如图 9-46 所示。

C3			fx	=B3/$B$7	
	A	B	C	D	E
1	应收账款账龄分析表				
2	账龄	应收账款	占比	估计损失比例	损失金额
3	0-30	28500	0.19696		
4	30-60	35500			
5	60-90	8000			
6	90天以上	72700			
7	合计	144700			
8					

图 9-47

② 选中 C3 单元格，通过拖动右下角的填充柄向下复制公式得到批量结果。保持数据选中状态，在"开始"选项卡的"数字"组中单击"数字格式"右侧向下按钮，在下拉菜单中单击"百分比"选项（如图 9-48 所示），此时即可将数字格式转换为百分比格式，如图 9-49 所示。

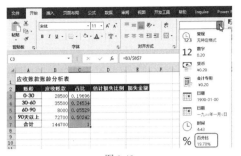

图 9-48

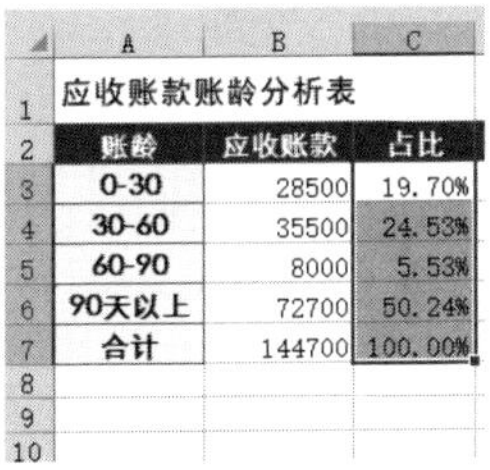

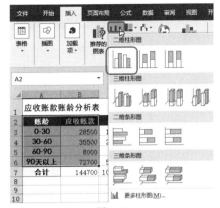

	A	B	C
1	应收账款账龄分析表		
2	账龄	应收账款	占比
3	0-30	28500	19.70%
4	30-60	35500	24.53%
5	60-90	8000	5.53%
6	90天以上	72700	50.24%
7	合计	144700	100.00%

图 9-49

3. 应收账款账龄分析图

通过建立图表可以更加直观地对各账龄段的应收款进行比较。

❶ 选中 A2:B6 单元格区域，在“插入”选项卡的“图表”组中单击“插入柱形图或条形图”按钮，在下拉菜单中选择“簇状柱形图”（如图 9-50 所示），单击即可创建图表，如图 9-51 所示。

图 9-50

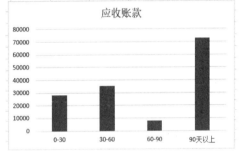

图 9-51

❷ 选中图表后，通过图表右侧的“图表样式”按钮可以重新设置图表样式，如图 9-52 所示。最后重命名图表，最终的图表效果如图 9-53 所示。

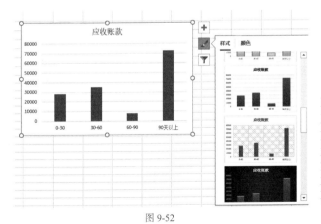

图 9-52

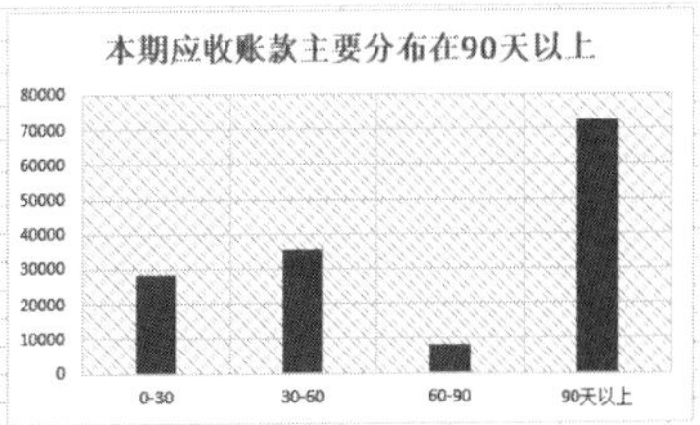

图 9-53

9.3 ▶坏账准备的账务处理

商业信用的高度发展是市场经济的重要特征之一。商业信用的发展在为企业带来销售收入的增加的同时，不可避免地导致坏账的发生。坏账是指企业无法收回或收回的可能性极小的应收款项。坏账的确认标准是有证据表明债务单位的偿还能力已经存在困难，或有迹象表明应收款项的可收回数小于其账面余额。整理坏账对企业的销售数据管理是非常重要的。

9.3.1 计算客户的坏账准备金

坏账准备是指企业的应收款项（含应收账款、其他应收款等）计提的，是备抵账户。企业对坏账损失的核算，采用备抵法。在备抵法下，企业每期末要估计坏账损失，设置"坏账准备"会计科目，提取坏账准备金，借记"管理费用"科目，贷记"坏账准备"科目。

企业应当定期或者至少每年年度终了，对应收款项进行全面检查，预计各项应收款项可能发生的坏账，对于没有把握收回的应收款项，应当计提坏账准备。

估计坏账损失主要有余额百分比法、账龄分析法、销货百分比法。

其中账龄分析法是根据应收账款账龄的长短来估计坏账损失的方法。通常而言，应收账款的账龄越长，发生坏账的可能性越大。为此，将企业的应收账款按账龄长短进行分组，分别确定不同的计提百分比估算坏账损失，使坏账损失的计算结果更符合客观情况。

例如下面以前面所统计的账款的账龄作为本期数据范例来进行坏账准备的账务处理。

❶ 在"应收账款账龄分析表"表格中，建立"估计损失比例"和"损失金额"列标识，然后输入不同账龄下的估计损失比例。

❷ 计算损失金额。在 E3 单元格中输入公式：

=B3*D3

按 Enter 键，然后向下复制公式到 E6 单元格中，计算出各个账龄段估算的损失金额，如图 9-54 所示。

图 9-54

❸ 选中 E7 单元格，使用求和公式计算出估计出的总损失金额，如图 9-55 所示。

图 9-55

9.3.2 创建客户坏账准备金的排序条形图

❶ 选择 A3:A6、E3:E6 单元格区域，在"插入"选项卡的"图表"组中单击"插入柱形图和条形图"下拉按钮，在打开的列表中单击"条形图"，如图 9-56 所示。

❷ 单击后即可显示默认的图表，设置图表标题和样式即可，最终效果如图 9-57 所示。

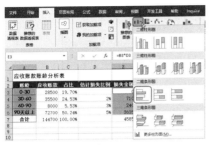

图 9-56

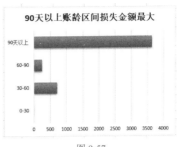

图 9-57

9.4 确定公司最佳贷款方案

在企业实际销售账务管理中，通常还款的方式有等额本息和等额本金两种。如果需要根据月还款金额和支付的本息总额来确定最佳的贷款方案，月还款金额均在企业可承受的范围内，还款本息总额较低的方案更优。

9.4.1 设置公式

❶ 插入新工作表，将工作表标签重命名为"确定公司的最佳贷款方案"，在工作表中输入贷款分析的基本信息，并进行表格格式设置，如图 9-58 所示。

图 9-58

❷ 在 C10 单元格中输入公式：

=PMT($C$8/12,$C$4*12,-$C$3)

按 Enter 键，向下复制公式，计算每月还款金额，如图 9-59 所示。

C10 =PMT($C$8/12,$C$4*12,-$C$3)

	A	B	C	D	E	F	G	H
7		方案1：等额本息			方案2：等额本金			
8		年利率：	6.20%			年利率：	6.50%	
9		月份数	每月偿还额		月份数	月利率	累计归还本息	每月偿还额
10		1	¥79,939.41		1			
11		2	¥79,939.41		2			
12		3	¥79,939.41		3			
13		4	¥79,939.41		4			
14		5	¥79,939.41		5			
15		6	¥79,939.41		6			
23		14	¥79,939.41		14			
24		15	¥79,939.41		15			
25		16	¥79,939.41		16			
26		17	¥79,939.41		17			
27		18	¥79,939.41		18			
28		19	¥79,939.41		19			
29		20	¥79,939.41		20			
30		21	¥79,939.41		21			
31		22	¥79,939.41		22			
32		23	¥79,939.41		23			
33		24	¥79,939.41		24			
34		还款本息总额			还款本息总额			
35		最高月还款额			最高月还款额			
36		是否可以考虑该方案			是否可以考虑该方案			
37								

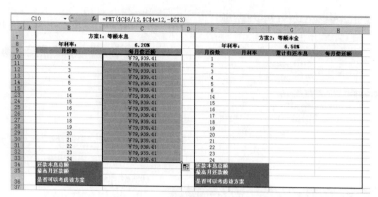

图 9-59

❸ 在 C34 单元格中输入公式：

=SUM(C10:C33)

按 Enter 键，计算在方案 1（等额本息）方式下还款的本金和利息总额，如图 9-60 所示。

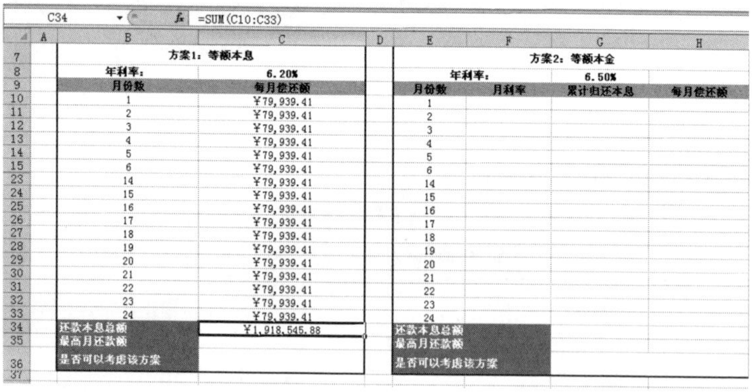

C34 =SUM(C10:C33)

	A	B	C	D	E	F	G	H
7		方案1：等额本息			方案2：等额本金			
8		年利率：	6.20%			年利率：	6.50%	
9		月份数	每月偿还额		月份数	月利率	累计归还本息	每月偿还额
10		1	¥79,939.41		1			
11		2	¥79,939.41		2			
12		3	¥79,939.41		3			
13		4	¥79,939.41		4			
14		5	¥79,939.41		5			
15		6	¥79,939.41		6			
23		14	¥79,939.41		14			
24		15	¥79,939.41		15			
25		16	¥79,939.41		16			
26		17	¥79,939.41		17			
27		18	¥79,939.41		18			
28		19	¥79,939.41		19			
29		20	¥79,939.41		20			
30		21	¥79,939.41		21			
31		22	¥79,939.41		22			
32		23	¥79,939.41		23			
33		24	¥79,939.41		24			
34		还款本息总额	¥1,918,545.88		还款本息总额			
35		最高月还款额			最高月还款额			
36		是否可以考虑该方案			是否可以考虑该方案			
37								

图 9-60

❹ 在 C35 单元格中输入公式：

=MAX(C10:C33)

按 Enter 键，得到等额本息方式下的最高月还款额，如图 9-61 所示。

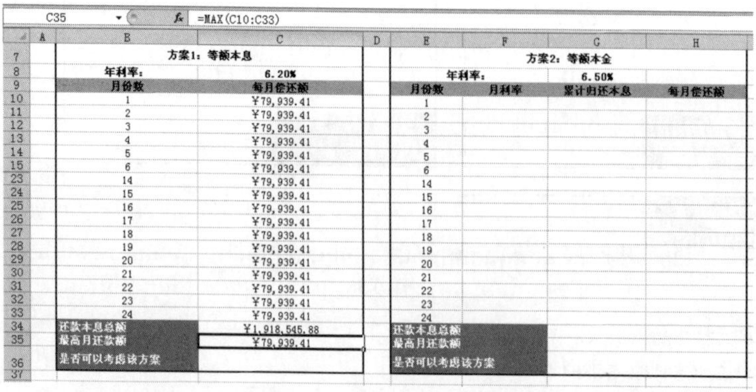

C35 =MAX(C10:C33)

	A	B	C	D	E	F	G	H
7		方案1：等额本息			方案2：等额本金			
8		年利率：	6.20%			年利率：	6.50%	
9		月份数	每月偿还额		月份数	月利率	累计归还本息	每月偿还额
10		1	¥79,939.41		1			
11		2	¥79,939.41		2			
12		3	¥79,939.41		3			
13		4	¥79,939.41		4			
14		5	¥79,939.41		5			
15		6	¥79,939.41		6			
23		14	¥79,939.41		14			
24		15	¥79,939.41		15			
25		16	¥79,939.41		16			
26		17	¥79,939.41		17			
27		18	¥79,939.41		18			
28		19	¥79,939.41		19			
29		20	¥79,939.41		20			
30		21	¥79,939.41		21			
31		22	¥79,939.41		22			
32		23	¥79,939.41		23			
33		24	¥79,939.41		24			
34		还款本息总额	¥1,918,545.88		还款本息总额			
35		最高月还款额	¥79,939.41		最高月还款额			
36		是否可以考虑该方案			是否可以考虑该方案			
37								

图 9-61

❺ 在 C36 单元格中输入公式：

=IF(C35>C5," 否 ","是 ")

按 Enter 键，计算在方案 1 的月还款金额是否在企业可承受的月还款金额之内，如图 9-62 所示。

图 9-62

❻ 在 F10 单元格中输入公式：

=$G$8/12

按 Enter 键，计算等额本金方式下的月利率，如图 9-63 所示。

图 9-63

❼ 在 H10 单元格中输入公式：

=$C$3/($C$4*12)+($C$3-G10)*F10

按 Enter 键，计算每月还款金额，如图 9-64 所示。

图 9-64

❽ 在 G11 单元格中输入公式：

=G10+H10

按 Enter 键，然后向下复制公式，计算各月的累计归还本息数，如图 9-65 所示。

G11 f_x =G10+H10

	A	B	C	D	E	F	G	H
7		方案1：等额本息				方案2：等额本金		
8		年利率：	6.20%		年利率：		6.50%	
9		月份数	每月偿还额		月份数	月利率	累计归还本息	每月偿还额
10		1	¥79,939.41		1	0.542%	¥0.00	¥84,750.00
11		2	¥79,939.41		2	0.542%	¥84,750.00	¥84,290.94
12		3	¥79,939.41		3	0.542%	¥169,040.94	¥83,834.36
13		4	¥79,939.41		4	0.542%	¥252,875.30	¥83,380.26
14		5	¥79,939.41		5	0.542%	¥336,255.56	¥82,928.62
15		6	¥79,939.41		6	0.542%	¥419,184.17	¥82,479.42
23		14	¥79,939.41		14	0.542%	¥1,066,644.75	¥78,972.34
24		15	¥79,939.41		15	0.542%	¥1,145,617.09	¥78,544.57
25		16	¥79,939.41		16	0.542%	¥1,224,161.67	¥78,119.12
26		17	¥79,939.41		17	0.542%	¥1,302,280.79	¥77,695.98
27		18	¥79,939.41		18	0.542%	¥1,379,976.77	¥77,275.13
28		19	¥79,939.41		19	0.542%	¥1,457,251.90	¥76,856.55
29		20	¥79,939.41		20	0.542%	¥1,534,108.45	¥76,440.25
30		21	¥79,939.41		21	0.542%	¥1,610,548.69	¥76,026.19
31		22	¥79,939.41		22	0.542%	¥1,686,574.89	¥75,614.39
32		23	¥79,939.41		23	0.542%	¥1,762,189.28	¥75,204.81
33		24	¥79,939.41		24	0.542%	¥1,837,394.08	¥74,797.45
34		还款本息总额	¥1,918,545.88		还款本息总额			
35		最高月还款额	¥79,939.41		最高月还款额			
36		是否可以考虑该方案	否		是否可以考虑该方案			
37								

图 9-65

❾ 在 H34 单元格中计算出每月还款合计，在 H35 单元格中计算出最高月还款额，在 G36 单元格中输入公式：

=IF(H35>C5," 否 "," 是 ")

按 Enter 键，即可判断方案 2（等额本金）方式是否可行，如图 9-66 所示。

G36 f_x =IF(H35>C5,"否","是")

	A	B	C	D	E	F	G	H
7		方案1：等额本息				方案2：等额本金		
8		年利率：	6.20%		年利率：		6.50%	
9		月份数	每月偿还额		月份数	月利率	累计归还本息	每月偿还额
10		1	¥79,939.41		1	0.542%	¥0.00	¥84,750.00
11		2	¥79,939.41		2	0.542%	¥84,750.00	¥84,290.94
12		3	¥79,939.41		3	0.542%	¥169,040.94	¥83,834.36
13		4	¥79,939.41		4	0.542%	¥252,875.30	¥83,380.26
14		5	¥79,939.41		5	0.542%	¥336,255.56	¥82,928.62
15		6	¥79,939.41		6	0.542%	¥419,184.17	¥82,479.42
23		14	¥79,939.41		14	0.542%	¥1,066,644.75	¥78,972.34
24		15	¥79,939.41		15	0.542%	¥1,145,617.09	¥78,544.57
25		16	¥79,939.41		16	0.542%	¥1,224,161.67	¥78,119.12
26		17	¥79,939.41		17	0.542%	¥1,302,280.79	¥77,695.98
27		18	¥79,939.41		18	0.542%	¥1,379,976.77	¥77,275.13
28		19	¥79,939.41		19	0.542%	¥1,457,251.90	¥76,856.55
29		20	¥79,939.41		20	0.542%	¥1,534,108.45	¥76,440.25
30		21	¥79,939.41		21	0.542%	¥1,610,548.69	¥76,026.19
31		22	¥79,939.41		22	0.542%	¥1,686,574.89	¥75,614.39
32		23	¥79,939.41		23	0.542%	¥1,762,189.28	¥75,204.81
33		24	¥79,939.41		24	0.542%	¥1,837,394.08	¥74,797.45
34		还款本息总额	¥1,918,545.88		还款本息总额			¥1,912,191.53
35		最高月还款额	¥79,939.41		最高月还款额			¥84,750.00
36		是否可以考虑该方案	否		是否可以考虑该方案		否	
37								

图 9-66

9.4.2 判断并比较方案

下面需要根据公式计算出的利润来创建图表分析数据。

❶ 在 C39 单元格中输入公式：

=IF(C35>H35," 方 案 1 比 方 案 2 每 月 多 付 "&INT(ABS(C35-H35))&" 元 "," 方 案 2 比 方 案 1 每 月 多 付 "&INT(ABS(C35-H35))&" 元 ")

按 Enter 键，即可计算出结果，如图 9-67 所示。

图 9-67

❷ 在 C40 单元格中输入公式：

=IF(C34>H34," 方案 1 比方案 2 总共多付 "&INT(ABS(C34-H34))&" 元 "," 方案 2 比方案 1 总共多付 "&INT(ABS(C34-H34))&" 元 ")

按 Enter 键，即可计算出结果，如图 9-68 所示。

图 9-68

❸ 在 C41 单元格中输入公式：

=IF(C34<H34," 方案 1 更优 "," 方案 2 更优 ")

按 Enter 键，即可得出结论，如图 9-69 所示。

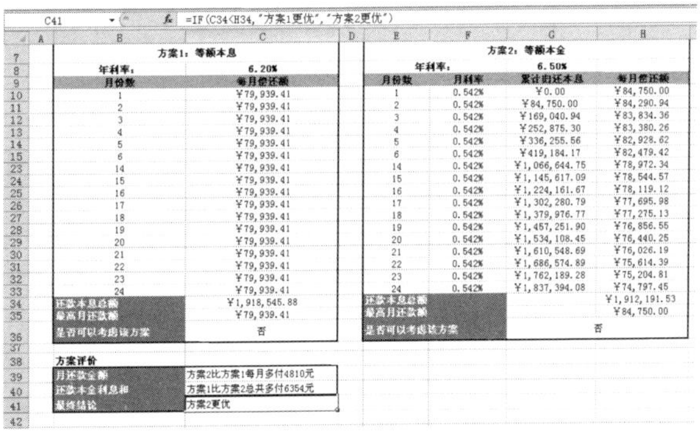

图 9-69

9.5 应付账款管理

企业日常销售运作中产生的各笔应付账款也需要记录。在 Excel 中可以建立应付账款记录表管理应付账款，便于后期的统计与分析。如图 9-70 所示为应付账款记录表。

序号	供应商简称	发票日期	发票号码	发票金额	已付金额	余额	结账期	到期日期	状态	逾期天数	已逾期余额
		当前日期	2021/1/20								
001	光印印刷	19/11/24	5425601	58500	10000	48500	30	19/12/24	已逾期	393	48500
002	伟业设计	20/11/23	4545688	4320	4320	0	15	20/12/8	已冲销 ✓		
003	金立广告	19/11/25	6723651	20000		20000	60	20/1/24	已逾期	362	20000
004	光印印刷	20/12/28	8863001	6700	1000	5700	30	21/1/27	未到结账期		0
005	宏图印染	19/12/3	5646787	6900	6900	0	20	19/12/23	已冲销 ✓		
006	金立广告	19/12/10	3423614	12000		12000	30	20/1/9	已逾期	377	12000
007	优乐商行	20/12/13	4310325	22400	8000	14400	60	21/2/11	未到结账期		0
008	光印印刷	19/12/20	2222006	45000	20000	25000	60	20/2/18	已逾期	337	25000
009	伟业设计	18/1/22	6565564	5600		5600	20	18/2/11	已逾期	1074	5600
010	优乐商行	20/12/30	6856321	9600		9600	20	21/1/19	已逾期	1	9600
011	宏图印染	19/2/2	7645201	5650		5650	30	19/3/4	已逾期	688	5650
012	金立广告	20/3/3	5540301	43000	2000	41000	60	20/5/2	已逾期	263	41000
013	优乐商行	20/10/12	4355002	15000		15000	90	21/1/10	已逾期	10	15000
014	金立广告	20/12/13	2332650	33400	5000	28400	60	21/2/11	未到结账期		0
015	光印印刷	20/12/21	3423651	36700	2000	34700	90	21/3/21	未到结账期		0
016	伟业设计	19/4/23	5540332	20000	10000	10000	40	19/6/2	已逾期	598	10000
017	宏图印染	19/5/25	4355045	8800		8800	60	19/7/24	已逾期	546	8800
018	光印印刷	19/5/23	4536665	15000		15000	30	19/6/22	已逾期	578	15000

图 9-70

9.5.1 建立应付账款记录表

各项应付账款的产生日期、金额、已付款、结账期等基本信息需要手工填入表格中，再通过设置公式返回到期日期、逾期天数、逾期余额等数据。

❶ 插入新工作表，将工作表重命名为"应付账款记录表"。输入应付账款记录表的各项列标识，包括用于显示基本信息的标识与用于统计计算的标识。再对工作表进行文字格式、边框、对齐方式等设置，如图 9-71 所示。

序号	供应商简称	发票日期	发票号码	发票金额	已付金额	余额	结账期	到期日期	状态	逾期天数	已逾期余额
	当前日期										

图 9-71

❷ 选中"序号"列单元格区域，按前面章节介绍的方法设置单元格的格式为"文本"，以实现输入以 0 开头的编号。

❸ 选中"发票日期""到期日期"列单元格区域，按前面章节介绍的方法设置单元格显示为"12/3/14"形式的日期格式。

❹ 按日期顺序将应付账款基本数据（包括供应商简称、发票日期、发票金额、已付金额、结账期等）记录到表格中，如图 9-72 所示。

图 9-72

9.5.2 设置公式分析各项应付账款

应付账款记录表中的到期日期、逾期天数、已逾期余额等数据需要通过公式计算得到。

❶ 在 G4 单元格中输入公式：

=IF(E4="", "", E4-F4)

按 Enter 键，即可根据发票金额与已付金额计算出应付余额。向下复制 G4 单元格的公式，可以得到每条应付账款的应付余额，如图 9-73 所示。

图 9-73

❷ 在 I4 单元格中输入公式：

=IF(C4="","",C4+H4)

按 Enter 键，即可根据发票日期与结账期计算出到期日期，如图 9-74 所示。

图 9-74

❸ 在 J4 单元格中输入公式：

=IF(F4=E4," 已冲销√ ",IF($C$2>I4," 已逾期 "," 未到结账期 "))

按 Enter 键，即可根据发票日期与到期日期返回其当前状态，如图 9-75 所示。

| J4 | | | | f_x | =IF(F4=E4,"已冲销√",IF($C$2>I4,"逾期","未到结账期")) | | | | | | |

应 付 账 款 记 录 表

序号	供应商简称	发票日期	发票号码	发票金额	已付金额	余额	结账期	到期日期	状态	逾期天数	已逾期余额
	当前日期	2021/1/20									
001	光印印刷	19/11/24	5425601	58500	10000	48500	30	19/12/24	已逾期		
002	伟业设计	20/11/23	4545688	4320	4320	0	15				
003	金立广告	19/11/25	6723651	20000		20000	60				
004	光印印刷	20/12/28	8863001	6700	1000	5700	30				
005	宏图印染	19/12/3	5646787	6900	6900	0	20				
006	金立广告	19/12/10	3423614	12000		12000	30				
007	优乐商行	20/12/13	4310325	22400	8000	14400	60				
008	光印印刷	19/12/20	2222006	45000	20000	25000	60				
009	伟业设计	18/1/22	6565564	5600		5600	20				
010	优乐商行	20/12/30	6856321	9600		9600	20				
011	宏图印染	19/2/2	7645201	5650		5650	30				
012	金立广告	20/3/3	5540301	43000	2000	41000	60				
013	优乐商行	20/10/12	4355002	15000		15000	90				
014	金立广告	20/12/13	2332650	33400	5000	28400	60				

图 9-75

❹ 在 K4 单元格中输入公式：

=IF(J4=" 已逾期 ",$C$2-I4,"")

按 Enter 键，即可首先判断该项应付账款是否逾期，如果逾期，则根据当前日期与到期日期计算出其逾期天数，如图 9-76 所示。

| K4 | | | | f_x | =IF(J4="已逾期",$C$2-I4,"") | | | | | | |

应 付 账 款 记 录 表

序号	供应商简称	发票日期	发票号码	发票金额	已付金额	余额	结账期	到期日期	状态	逾期天数
	当前日期	2021/1/20								
001	光印印刷	19/11/24	5425601	58500	10000	48500	30	19/12/24	已逾期	393
002	伟业设计	20/11/23	4545688	4320	4320	0	15			
003	金立广告	19/11/25	6723651	20000		20000	60			
004	光印印刷	20/12/28	8863001	6700	1000	5700	30			
005	宏图印染	19/12/3	5646787	6900	6900	0	20			
006	金立广告	19/12/10	3423614	12000		12000	30			
007	优乐商行	20/12/13	4310325	22400	8000	14400	60			
008	光印印刷	19/12/20	2222006	45000	20000	25000	60			
009	伟业设计	18/1/22	6565564	5600		5600	20			
010	优乐商行	20/12/30	6856321	9600		9600	20			

图 9-76

❺ 在 L4 单元格中输入公式：

=IF(E4="","",IF(J4=" 未到结账期 ",0,E4-F4))

按 Enter 键，即可判断 J 列显示的是否为"未到结账期"，如果是，则返回 0 值；如果不是，则根据发票金额与已付金额计算出已逾期余额，如图 9-77 所示。

| L4 | | | | f_x | =IF(E4="","",IF(J4="未到结账期",0,E4-F4)) | | | | | | |

应 付 账 款 记 录 表

序号	供应商简称	发票日期	发票号码	发票金额	已付金额	余额	结账期	到期日期	状态	逾期天数	已逾期余额
	当前日期	2021/1/20									
001	光印印刷	19/11/24	5425601	58500	10000	48500	30	19/12/24	已逾期	393	48500
002	伟业设计	20/11/23	4545688	4320	4320	0	15				
003	金立广告	19/11/25	6723651	20000		20000	60				
004	光印印刷	20/12/28	8863001	6700	1000	5700	30				
005	宏图印染	19/12/3	5646787	6900	6900	0	20				
006	金立广告	19/12/10	3423614	12000		12000	30				
007	优乐商行	20/12/13	4310325	22400	8000	14400	60				
008	光印印刷	19/12/20	2222006	45000	20000	25000	60				
009	伟业设计	18/1/22	6565564	5600		5600	20				
010	优乐商行	20/12/30	6856321	9600		9600	20				
011	宏图印染	19/2/2	7645201	5650		5650	30				

图 9-77

❻ 选中 I4:L4 单元格区域，将光标定位到该单元格区域右下角，当出现黑色十字形时，按住鼠标左键向下拖动。释放鼠标即可快速返回各条应付账款的到期日期、状态、逾期天数、已逾期余额，如图 9-78 所示。

应 付 账 款 记 录 表

序号	供应商简称	发票日期	发票号码	发票金额	已付金额	余额	结账期	到期日期	状态	逾期天数	已逾期余额
	当前日期	2021/1/20									
001	光印印刷	19/11/24	5425601	58500	10000	48500	30	19/12/24	已逾期	393	48500
002	伟业设计	20/11/23	4545688	4320	4320	0	15	20/12/8	已冲销 ✓		
003	金立广告	19/11/25	6723651	20000		20000	60	20/1/24	已逾期	362	20000
004	光印印刷	20/12/28	8863001	6700	1000	5700	60	21/1/27	未到结账期		
005	宏图印染	19/12/3	5646787	6900	6900	0	20	19/12/23	已冲销 ✓		0
006	金立广告	19/12/10	3423614	12000		12000	30		已逾期	377	12000
007	优乐商行	20/12/13	4310325	22400	8000	14400	60	21/2/11	未到结账期		
008	宏图印染	19/12/20	2222006	45000	20000	25000	60	20/2/18	已逾期	337	25000
009	伟业设计	18/1/22	6565564	5600		5600	60	18/2/11	已逾期	1074	5600
010	优乐商行	20/12/30	6856321	9600		9600	60	21/1/19	已逾期	1	9600
011	宏图印染	19/2/2	7645201	5650		5650	30		已逾期	688	5650
012	金立广告	20/3/3	5540301	43000	2000	41000	60	20/5/2	已逾期	263	41000
013	优乐商行	20/10/12	4355002	15000		15000	90	21/1/10	已逾期	10	15000
014	金立广告	20/12/13	2332650	33400	5000	28400	60		未到结账期		
015	光印印刷	20/12/21	3423651	36700	2000	34700	90	21/3/21	未到结账期		
016	伟业设计	19/4/23	5540332	20000	10000	10000	40	19/6/2	已逾期	598	10000
017	宏图印染	19/5/25	4355045	8800		8800	60	19/7/24	已逾期	546	8800
018	光印印刷	19/5/23	4536665	15000		15000	30	19/6/22	已逾期	578	15000

图 9-78

9.5.3 各往来客户总应付账款统计

根据建立完成的应付账款记录表，可以利用公式计算各往来客户应收账款金额。

1. 建立"各往来单位应付账款汇总"表

❶ 新建工作表，将工作表重命名为"各往来单位应付账款统计"。输入各供应商名称，添加"应付金额""已付金额""已逾期应付金额"列，设置表格格式，如图 9-79 所示。

图 9-79

❷ 在 B3 单元格中输入公式：

=SUMIF(应付账款记录表 !$B$4:$B$50,A3, 应付账款记录表 !$E$4:$E$21)

按 Enter 键，即可从"应付账款记录表"中统计出对 A3 单元格单位的应付账款总计金额，如图 9-80 所示。

图 9-80

✍ 专家提示

=SUMIF(应付账款记录表 !$B$4:$B$50, A3, 应付账款记录表 !$E$4:$E$21) 公式解析：

在"应付账款记录表 !$B$4:$B$50"单元格区域中寻找与 A3 单元格相同的名称，将所有找到的记录添加在对应的"应付账款记录表 !$E$4:$E$2"单元格区域上。

❸ 在 C3 单元格中输入公式：

=SUMIF(应付账款记录表 !$B$4:$B$50,A3, 应付账款记录表 !$F$4:$F$21)

按 Enter 键，即可从"应付账款记录表"中统计出对 A3 单元格单位的已付账款总计金额，如图 9-81 所示。

C3			fx	=SUMIF(应付账款记录表!$B$4:$B$50, A3,应付账款记录表!$F$4:$F$21)	
	A	B	C	D	E	F

往来单位应付账款统计

往来单位	应付金额	已付金额	已逾期应付金额
光印印刷	161900	33000	
宏图印染			
金立广告			
优乐商行			
伟业设计			

图 9-81

❹ 在 D3 单元格中输入公式：

=SUMIF(应付账款记录表 !$B$4:$B$50,A3, 应付
账款记录表 !$L$4:$L$21)

按 Enter 键, 即可从 "应付账款记录表" 中统计
出对 A3 单元格单位的已逾期应付账款总计金额, 如
图 9-82 所示。

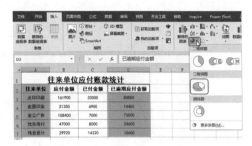

图 9-82

⑤ 选中 B3:D3 单元格区域, 将光标定位到右下
角, 出现黑色十字形时按住鼠标左键向下拖动, 即可
得出每个往来客户的应付金额、已付金额、已逾期应
付金额, 如图 9-83 所示。

往来单位应付账款统计			
往来单位	应付金额	已付金额	已逾期应付金额
光印印刷	161900	33000	88500
宏图印染	21350	6900	14450
金立广告	108400	7000	73000
优乐商行	47000	8000	24600
伟业设计	29920	14320	15600

图 9-83

2. 分析各往来客户应付账款占比

在统计出各往来单位的应付账款后, 可以
建立图表来分析每个往来单位的应付账款额占
总应付账款的百分比值。

① 按住 Ctrl 键依次选中 A2:A7 与 D2:D7 单元格
区域, 切换到 "插入" 选项卡, 在 "图表" 组中单击
"饼图" 按钮, 在下拉菜单中单击 "三维饼图", 如
图 9-84 所示。

② 执行上述操作, 即可创建图表。选中图表标
题框, 修改图表标题。接着选中图表, 单击 "图表元
素" 按钮, 打开下拉菜单, 单击 "数据标签" 右侧按
钮, 在子菜单中单击 "更多选项" (如图 9-85 所示),
打开 "设置数据标签格式" 窗格。

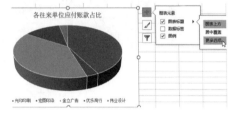

图 9-84

图 9-85

③ 在 "标签包括" 栏下选中要显示标签前的复
选框, 这里选中 "类别名称" "百分比" (图 9-86),
效果如图 9-87 所示。

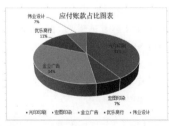

图 9-86

图 9-87

④ 选中图表, 单击 "图表样式" 按钮, 打开下
拉列表, 在 "样式" 栏下选择一种图表样式 (单击即
可应用), 效果如图 9-88 所示。

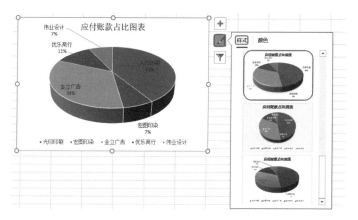

图 9-88

⑤选中图表，单击"图表样式"按钮，打开下拉列表，在"颜色"栏下选择一种图表主题色（单击即可应用），效果如图 9-89 所示。

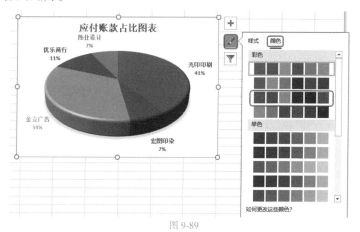

图 9-89

⑥重新编辑图表中文字格式并调整位置，设置完成后图表如图 9-90 所示。

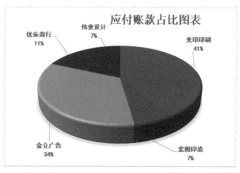

图 9-90

第10章

销售业绩考核与管理

为了更好地管理公司员工的销售业绩和提成，可以建立业绩表进行分析。通过建立完整的销售记录表，可以进行数据计算、统计、分析，如计算销售员的业绩奖金、利用数据透视表分析业绩数据、计算业绩目标达成率等。同时，Excel 2019 还有很多实用的函数用于计算业绩数据。

- ☑ 建立销售记录表
- ☑ 计算奖金
- ☑ 高级筛选业绩数据
- ☑ 图表分析业绩数据
- ☑ 使用公式分析业绩数据

10.1 统计分析业绩奖金

业绩奖金是根据员工的销售数据计算得来的，公司在统计员工薪资时需要连同奖金数据一起统计。

如图 10-1 所示为员工销售业绩分析的数据透视表；如图 10-2 所示为组合图表，分析员工的销售量和销售金额；如图 10-3 所示为业绩目标达成率的分析数据；图 10-4 所示为使用高级筛选功能，将满足多条件的数据筛选出来。

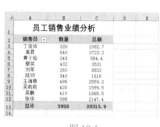

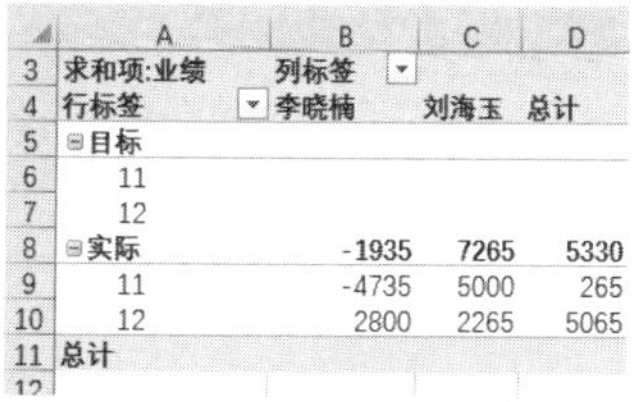

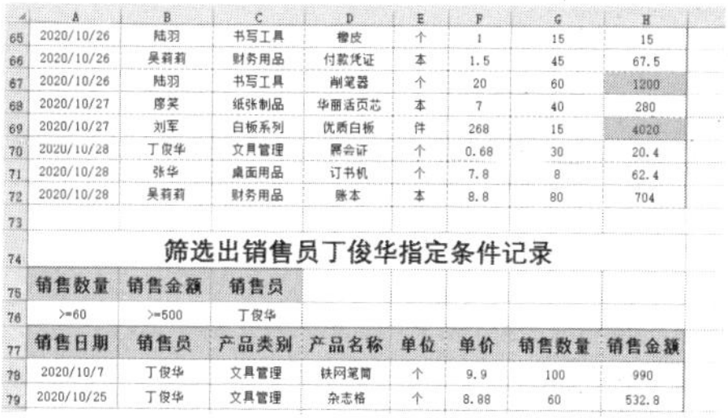

	A	B	C
1	员工销售业绩分析		
2	销售员	数量	总额
3	丁俊华	320	2082.7
4	高君	640	3723.2
5	黄小仙	243	554.4
6	廖笑	432	3531
7	刘军	260	8832
8	陆羽	340	1616
9	王海燕	495	2559.2
10	吴莉莉	420	1599.5
11	吴鹏	410	1668.5
12	张华	398	2147.4
13	总计	3958	28313.9

图 10-1

图 10-2

	A	B	C	D
3	求和项:业绩	列标签		
4	行标签	李晓楠	刘海玉	总计
5	⊟目标			
6	11			
7	12			
8	⊟实际	-1935	7265	5330
9	11	-4735	5000	265
10	12	2800	2265	5065
11	总计			

图 10-3

	A	B	C	D	E	F	G	H
65	2020/10/26	陆羽	书写工具	橡皮	个	1	15	15
66	2020/10/26	吴莉莉	财务用品	付款凭证	本	1.5	45	67.5
67	2020/10/26	陆羽	书写工具	削笔器	个	20	60	1200
68	2020/10/27	廖笑	纸张制品	华丽活页芯	本	7	40	280
69	2020/10/27	刘军	白板系列	优质白板	件	268	15	4020
70	2020/10/28	丁俊华	文具管理	展会证	个	0.68	30	20.4
71	2020/10/28	张华	桌面用品	订书机	个	7.8	8	62.4
72	2020/10/28	吴莉莉	财务用品	账本	本	8.8	80	704
73								
74	筛选出销售员丁俊华指定条件记录							
75	销售数量	销售金额	销售员					
76	>=60	>=500	丁俊华					
77	销售日期	销售员	产品类别	产品名称	单位	单价	销售数量	销售金额
78	2020/10/7	丁俊华	文具管理	铁网笔筒	个	9.9	100	990
79	2020/10/25	丁俊华	文具管理	杂志格	个	8.88	60	532.8

图 10-4

10.1.1 建立销售记录表

员工的业绩统计以及奖金计算的基础表格是实际销售记录表，记录表中包括了产品的基本信息和最重要的销售金额数据。

建立"销售记录表"，根据实际情况输入产品基本信息和销售数据，如图 10-5 所示。

	A	B	C	D	E	F	G	H
1	销售记录表							
2	销售日期	销售员	产品类别	产品名称	单位	单价	销售数量	销售金额
3	2020/10/12	廖笑	纸张制品	奖状	张	0.5	12	6
4	2020/10/26	陆羽	书写工具	橡皮	个	1	15	15
5	2020/10/15	廖笑	纸张制品	奖状	张	0.5	35	17.5
6	2020/10/25	陆羽	书写工具	记号笔	个	0.8	25	20
7	2020/10/28	丁俊华	文具管理	展会证	个	0.68	30	20.4
8	2020/10/1	王海燕	文具管理	按扣文件袋	个	0.6	35	21
9	2020/10/19	廖笑	纸张制品	奖状	张	0.5	45	22.5
10	2020/10/15	高君	文具管理	按扣文件袋	个	0.6	40	24
11	2020/10/24	丁俊华	文具管理	按扣文件袋	个	0.6	45	27
12	2020/10/4	王海燕	文具管理	抽杆文件夹	个	1	35	35
13	2020/10/18	黄小仙	书写工具	圆珠笔	只	0.8	45	36
14	2020/10/21	高君	文具管理	展会证	个	0.68	60	40.8
15	2020/10/5	廖笑	纸张制品	A4纸张	张	0.5	90	45
16	2020/10/3	吴鹏	财务用品	付款凭证	本	1.5	30	45
17	2020/10/18	陆羽	书写工具	记号笔	个	0.8	60	48
18	2020/10/3	王海燕	文具管理	展会证	个	0.68	90	61.2
19	2020/10/28	张华	桌面用品	订书机	个	7.8	8	62.4
20	2020/10/8	黄小仙	书写工具	记号笔	个	0.8	80	64

销售员业绩分析 | Sheet2 | Sheet1 | 销售记录表

图 10-5

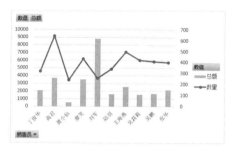

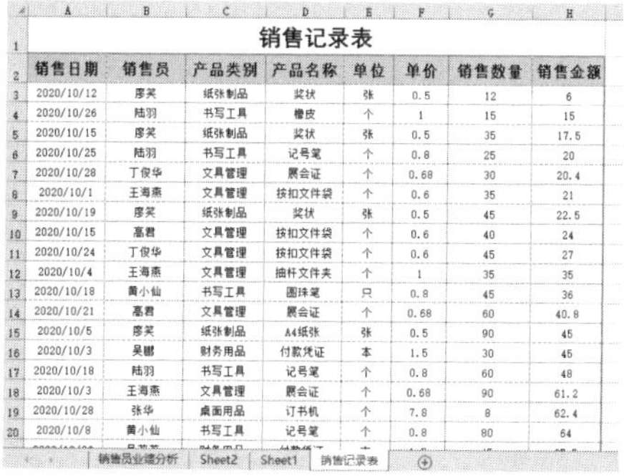

10.1.2　根据公式计算奖金

为了计算每位业务员的奖金，可以利用 10.1.1 节中的"销售记录表"中的销售金额数据统计出每位销售员当月的总销售额，再按照不同的提成率计算奖金。

本例规定，如果销售业绩小于等于 2000 元，则提成率为 0.03，销售业绩在 2000～5000 元，提成率为 0.05，销售业绩在 5000 元以上的，提成率为 0.08。

❶ 建立"销售员业绩奖金计算"表，在 B2 单元格中输入如下公式：

=SUMIF(销售记录表 !B3:B72,A2, 销售记录表 !H3:H72)

按 Enter 键，即可返回销售额，如图 10-6 所示。

图 10-6

❷ 在 C2 单元格中输入如下公式：

=IF(B2<=2000,B2*0.03,IF(B2<=5000,B2*0.05,B2*0.08))

按 Enter 键，即可得到奖金，如图 10-7 所示。

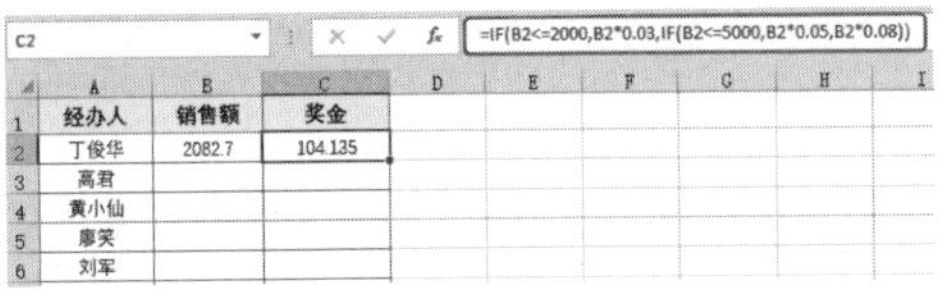

图 10-7

❸ 选中 B2:C2 单元格区域，并向下填充公式，依次得到每位销售员（经办人）的销售额和奖金，如图 10-8 所示。

图 10-8

10.1.3　数据透视表分析业绩数据

根据销售记录表，可以创建数据透视表来分析各个销售员本月销售业绩的情况，再根据透视表创建透视图，能更直观地对数据进行分析。

1.　创建透视表

❶ 打开表格，选中"销售记录表"工作表中任意单元格，单击"插入"选项卡，在"表格"选项组单击"数据透视表"按钮（如图 10-9 所示），打开"创建数据透视表"对话框。

图 10-9

❷ 在"选择一个表或区域"下的文本框中显示了选中的单元格区域，选中"新工作表"单选按钮，如图 10-10 所示。

图 10-10

❸ 单击"确定"按钮，即可新建工作表显示数据透视表，在工作表标签上双击鼠标，然后输入新名

称为"销售员业绩分析"，如图 10-11 所示。

图 10-11

2. 添加字段分析

❶ 添加"销售员"字段为行标签字段，接着添加"销售数量"和"销售金额"为值字段，如图 10-12 所示。

图 10-12

❷ 在"值"区域单击"求和项：销售数量"下拉按钮，在打开的菜单中选择"值字段设置"命令（如图 10-13 所示），打开"值字段设置"对话框。

图 10-13

❸ 在"自定义名称"文本框中输入"数量"，如图 10-14 所示。

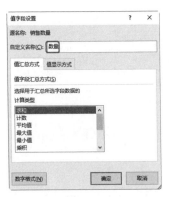

图 10-14

④ 单击"确定"按钮即可，继续在"值"区域单击"求和项：销售金额"下拉按钮，在打开的菜单中选择"值字段设置"命令（如图 10-15 所示），打开"值字段设置"对话框。

图 10-15

⑤ 在"自定义名称"文本框中输入"总额"，如图 10-16 所示。

图 10-16

⑥ 单击"确定"按钮，返回工作表中，即可看到发生相应的变化，将"行标签"更改为"销售员"，接着设置数据透视表表头为"员工销售业绩分析"，并设置数据透视表格式，设置后效果如图 10-17 所示。

图 10-17

10.1.4 标记出业绩大于 1000 的记录

❶ 选中销售金额列数据，在"开始"选项卡的"格式"组中单击"条件格式"下拉按钮，在打开的下拉列表单击"突出显示单元格规则"，并在子菜单中选择"大于"命令（如图 10-18 所示），打开"大于"对话框。

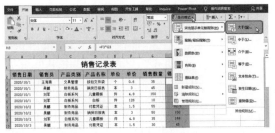

图 10-18

❷ 设置"为大于以下值的单元格设置格式"为1000，并设置默认格式为"浅红填充色深红色文本"，如图10-19所示。

图 10-19

❸ 单击"确定"按钮返回表格，即可看到指定列数据中大于1000元的记录以突出格式显示。

❹ 选中销售金额列任意单元格，在"数据"选项卡的"排序和筛选"组中单击"排序"按钮（如图10-20所示），打开"排序"对话框。

图 10-20

❺ 设置"主要关键字"的"排序依据"为"单元格颜色"，并设置"次序"排"在顶端"，如图10-21所示。

图 10-21

❻ 单击"确定"按钮返回表格，即可看到以突出格式显示的单元格都显示在顶端，效果如图10-22所示。

销售记录表

销售日期	销售员	产品类别	产品名称	单位	单价	销售数量	销售金额
2020/10/1	刘军	白板系列	白板	件	126	10	1260
2020/10/4	王海燕	文具管理	文具管理	个	12.8	90	1152
2020/10/14	刘军	白板系列	白板	件	126	20	2520
2020/10/17	廖芙	纸张制品	电脑打印纸	包	40	60	2400
2020/10/22	高君	文具管理	四层文件盘	个	35	30	1050
2020/10/26	陆羽	书写工具	削笔器	个	20	60	1200
2020/10/27	刘军	白板系列	优质白板	件	268	15	4020
2020/10/1	王海燕	文具管理	按扣文件袋	个	0.6	35	21
2020/10/1	吴鹏	财务用品	销货日报表	本	3	45	135
2020/10/1	刘军	白板系列	儿童画板	件	4.8	150	720
2020/10/2	吴鹏	财务用品	付款凭证	本	1.5	55	82.5
2020/10/2	吴鹏	财务用品	销货日报表	本	3	50	150
2020/10/2	刘军	白板系列	儿童画板	件	4.8	35	168
2020/10/3	吴鹏	财务用品	付款凭证	本	1.5	30	45
2020/10/3	王海燕	文具管理	展会证	个	0.68	90	61.2

图 10-22

10.1.5 分析业绩目标达成率

实际工作中经常需要分析业务员的目标达成率，本例需要分析公司两名业务员实际和目标业绩的达标情况，如果达标则高出多少，如果不达标则缺多少。如图10-23所示为数据源表格。

	A	B	C	D
1	类别	业务员	月份	业绩
2	目标	李晓楠	12	3200
3	实际	李晓楠	12	6000
4	目标	刘海玉	12	2100
5	实际	刘海玉	12	4365
6	目标	李晓楠	11	6735
7	实际	李晓楠	11	2000
8	目标	刘海玉	11	4000
9	实际	刘海玉	11	9000

图 10-23

❶ 在右侧数据透视表字段的列表中将"业务员"添加至列字段列表；将"类别"和"月份"添加至行字段列表；将"业绩"字段添加至值字段，得到如图10-24所示的数据透视表。

图 10-24

❷ 重新更改业绩字段的"值显示方式"为"差异",如图 10-25 所示。

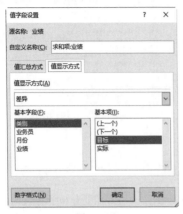

图 10-25

❸ 单击"确定"按钮,得到以两名业务员每个月的目标业绩为基准,实际完成业绩跟目标业绩相比较的结果,如图 10-26 所示。如果只比较 11 月份的目标业绩与实际业绩那么就看第 9 行数据;如果只比较 12 月份的目标业绩与实际那么就看第 10 行数据;如果比较两个月的合计情况那么就看第 8 行的数据。正数表示实际完成业绩大于目标业绩,负数表示实际完成业绩小于目标业绩,例如业务员"李晓楠",11 月份实际完成业绩比目标业绩少 4735 元;业务员"刘海玉",11 月份实际完成业绩比目标业绩多 5000 元。

图 10-26

高级筛选业绩数据

❶ 首先在表格空白区域设置高级筛选条件(销售数量大于等于 60、销售金额大于等于 500,以及销售员姓名为"丁俊华"),选中任意单元格后,在"数据"选项卡的"排序和筛选"组中单击"高级"按钮（如图 10-27 所示），打开"高级筛选"对话框。

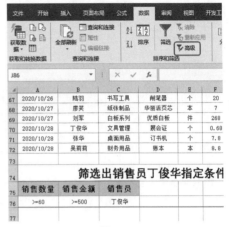

图 10-27

❷ 分别设置"列表区域""条件区域"和"复制到"的位置即可,如图 10-28 所示。

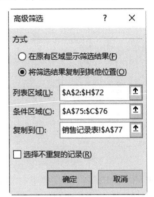

图 10-28

❸ 单击"确定"按钮返回表格,即可看到按指定高级筛选条件得到的结果,如图 10-29 所示。

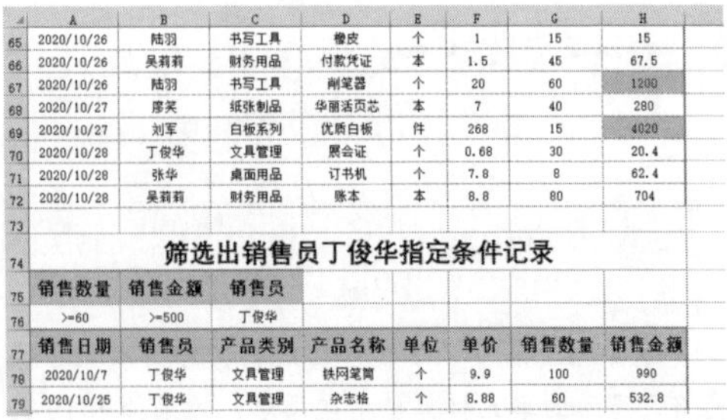

图 10-29

10.2 ▶使用图表分析业绩数据

使用图表可以更直观地比较员工的业绩数据。

10.2.1 数据透视图分析业绩数据

在分析出各销售员的销售情况后，可以创建数据透视图直观的显示出各销售员的销售情况。比如创建簇状柱形图比较各位销售员的销售量和销售额。

1.创建数据透视图

❶单击"数据透视表工具"→"分析"选项卡，在"工具"选项组单击"数据透视图"按钮（如图10-30所示），打开"插入图表"对话框。

图 10-30

❷在左侧单击"柱形图"选项，接着选择"三维簇状柱形图"子图表类型，如图10-31所示。

❸单击"确定"按钮，返回工作表中，即可看到新建的数据透视图，在图表中输入标题"员工销售业绩分析"，如图10-32所示。

图 10-31

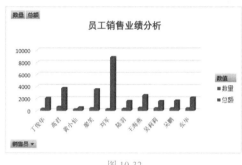

图 10-32

2.设置水平轴文字竖排显示

❶选中水平坐标轴右击，在弹出的快捷菜单中选择"设置坐标轴格式"命令（如图10-33所示），打开"设置坐标轴格式"右侧窗口。

❷展开"对齐方式"栏，单击"文字方向"下拉按钮，在下拉菜单中选择"竖排"选项，如图10-34所示。

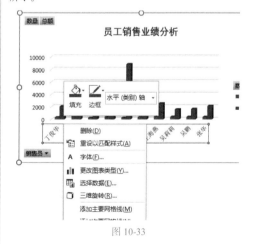

图 10-33

图 10-34

❸ 返回到工作表中，即可看到将水平轴文字方向更改为竖排，如图 10-35 所示。

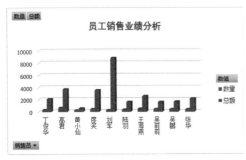

图 10-35

3. 在次坐标轴上显示"销售数量"数据系列

❶ 选中"销售数量"数据系列右击，在弹出的快捷菜单中选择"更改系列图表类型"命令（如图 10-36 所示），打开"更改图表类型"对话框。选中"次坐标轴"复选框，如图 10-37 所示。

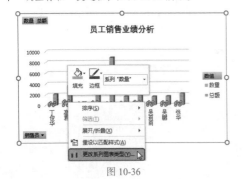

图 10-36

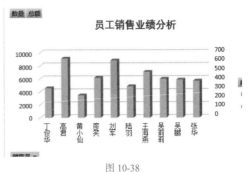

图 10-37

❷ 单击"确定"按钮，返回工作表中，即可看到"销售数量"数据系列绘制在次坐标轴上，与"销售金额"数据系列重叠，如图 10-38 所示。

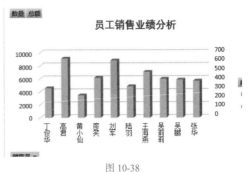

图 10-38

4. 更改图表类型

❶ 选中"销售数量"数据系列右击，在弹出的快捷菜单中选择"更改系列图表类型"命令，打开"更改图表类型"对话框。

❷ 在左侧选中"组合"选项，在右侧设置数量数据系列为"带数据标记的折线图"子图表类型如图 10-39 所示。

❸ 单击"确定"按钮，返回工作表中，此时可以看到已将"销售数量"数字系列更改为折线图，图表填充颜色效果如图 10-40 所示。

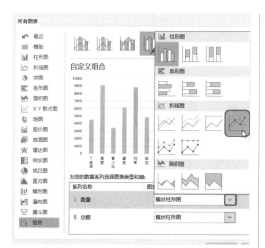

图 10-39

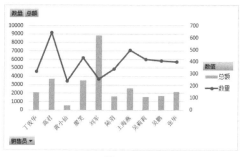

图 10-40

5. 美化图表

❶选中图表后，单击右侧的"图表样式"按钮，打开下拉列表，在列表中选择一种样式即可，如图 **10-41** 所示。

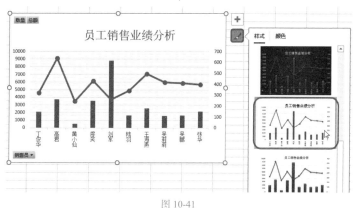

图 10-41

❷继续打开图表样式下拉列表，在列表中选择一种颜色，如图 **10-42** 所示。组合图表中的折线图显示了销量趋势，柱形图显示了每位销售员的业绩多少。

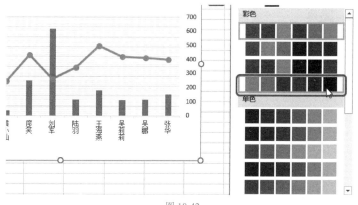

图 10-42

10.2.2 创建销售员提成占比饼图

根据销售员的奖金可以计算每位销售员的奖金占比，再根据奖金占比创建饼图图表，并根据不同扇形面积的大小，了解员工的提成比例。

1. 计算奖金占比

❶ 建立"销售员业绩奖金计算"表，在 D2 单元格中输入如下公式：

=C2/SUM($C$2:$C$11)

按 Enter 键，即可返回奖金占比（返回小数值），如图 10-43 所示。

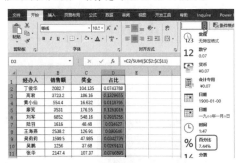

图 10-43

❷ 向下复制公式，即可依次得到其他员工的奖金比例。

❸ 选中占比列数据，在"开始"选项卡的"数字"组中单击"数字格式"下拉按钮，在打开的数值格式列表中选择"百分比"，如图 10-44 所示。

图 10-44

❹ 返回表格后，即可看到占比列的数据格式已更改为小数值显示为两位小数位数的百分比格式，效果如图 10-45 所示。

2. 创建饼图分析占比

❶ 依次选中"经办人"和"占比"列数据，在"插入"选项卡的"图表"组中单击"插入饼图"下拉按钮，在打开的下拉列表中单击"二维饼图"子图表类型（如图 10-46 所示），即可创建默认格式的饼图图表，如图 10-47 所示。

经办人	销售额	奖金	占比
丁俊华	2082.7	104.135	7.44%
高君	3723.2	186.16	13.30%
黄小仙	554.4	16.632	1.19%
廖笑	3531	176.55	12.61%
刘军	6852	548.16	39.15%
陆羽	1616	48.48	3.46%
王海燕	2538.2	126.91	9.06%
吴莉莉	1599.5	47.985	3.43%
吴鹏	1256	37.68	2.69%
张华	2147.4	107.37	7.67%

图 10-45

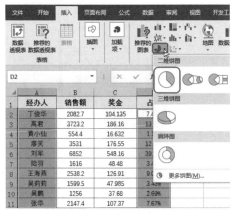

图 10-46

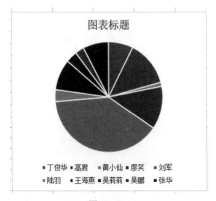

图 10-47

❷为图表添加数据标签后，选中饼图图表后标右击，在弹出的快捷菜单中选择"设置数据标签格式"命令（如图 10-48 所示），打开"设置数据标签格式"对话框。

图 10-48

❸在"标签选项"栏下分别选中"类别名称"和"百分比"复选框，如图 10-49 所示。

图 10-49

❹关闭"设置数据标签格式"对话框后返回图表，即可看到最终的图表效果，如图 10-50 所示。从图表中可以直观地看到，员工刘军的奖金占比最高。

图 10-50

10.2.3 柱形图比较各月业绩

在分析出各销售员的销售情况后，可以创建数据透视图直观的显示出各销售员的销售情况。比如创建簇状柱形图比较业务员在全年各月的业绩。

❶选中表格数据，在"插入"选项卡的"图表"组中单击"插入柱形图或条形图"下拉按钮，在打开的下拉列表中单击"簇状柱形图"子图表类型（如图 10-51 所示），即可创建默认格式的柱形图图表，如图 10-52 所示。

图 10-51

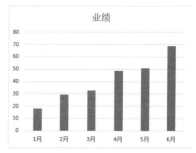

图 10-52

❷重新为图表指定样式和颜色，并修改图表标题即可，最终效果如图 10-53 所示。

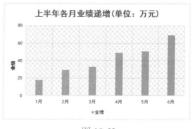

图 10-53

10.3 ▶ 使用公式分析业绩数据

在 Excel 2019 中可以使用多个类型的函数设置公式，用以根据实际需要分析公司业绩数据，比如统计业绩多少、判断业绩达标情况等。

10.3.1 查看指定店铺业绩是否达标

函数功能：INDEX 函数返回表格或区域中的值或值的引用，分为引用形式和数组形式。引用形式通常返回引用，数组形式通常返回数值或数值数组。当 INDEX 函数的第一个参数为数组常数时，使用数组形式。

函数语法 1（引用型）：INDEX(reference, row_num, [column_num], [area_num])

参数解析：

- reference：表示对一个或多个单元格区域的引用。
- row_num：表示引用中某行的行号，函数从该行返回一个引用。
- column_num：可选。引用中某列的列标，函数从该列返回一个引用。
- area_num：可选。选择引用中的一个区域，以从中返回 row_num 和 column_num 的交叉区域。选中或输入的第一个区域序号为 1，第二个为 2，依此类推。如果省略 area_num，则 index 函数使用区域 1。

函数语法 2（数组型）：INDEX(array, row_num, [column_num])

参数解析：

- array：表示单元格区域或数组常量。
- row_num：表示选择数组中的某行，函数从该行返回数值。
- column_num：可选。选择数组中的某列，函数从该列返回数值。

函数功能： MATCH 函数用于返回在指定方式下与指定数值匹配的数组中元素的相应位置。

函数语法： MATCH(lookup_value,lookup_array,match_type)

参数解析：

- lookup_value：必选。为需要在数据表中查找的数值。
- lookup_array：必选。为要搜索的单元格区域。注意用于查找值的区域也如同 LOOKUP 函数一样要进行升序排序。
- match_type：可选。为数字 -1、0 或 1，指明如何在 lookup_array 中查找 lookup_value。当 match_type 为 1 或省略时，函数查找小于或等于 lookup_value 的最大数值，且 lookup_array 必须按升序排列；如果 match_type 为 0，则函数查找等于 lookup_value 的第一个数值，lookup_array 可以按任何顺序排列；如果 match_type 为 -1，则函数查找大于或等于 lookup_value 的最小值，且 lookup_array 必须按降序排列。

本例表格统计了公司各个店铺的销售业绩和达标情况，下面需要使用公式查看指定店铺的业绩是否达标。

打开表格，在 **F2** 单元格中输入如下公式：

=INDEX(A2:C11,MATCH(E2,A2:A11,0),3)

按 Enter 键，即可返回指定店铺的达标情况，如图 10-54 所示。

F2 =INDEX(A2:C11,MATCH(E2,A2:A11,0),3)

	A	B	C	D	E	F
1	店铺	业绩（万元）	是否达标		店铺	是否达标
2	银泰店	66.5	不达标		黄山路店	达标
3	西环中心店	26	不达标			
4	万汇广场店	55.6	不达标			
5	屯溪路店	56.5	不达标			
6	三四十中店	89.8	不达标			
7	南七里店	99.5	不达标			
8	徽州大道店	198	达标			
9	黄山路店	125	达标			
10	动物园店	200.5	达标			
11	滨湖店	50	不达标			

图 10-54

专家提示

MATCH 函数用于匹配指定店铺即“黄山路店”在 A2:A11 列区域中的位置，将其作为 INDEX 函数的第二个参数值，最后再返回第三列的值，即是否达标。

10.3.2 统计业绩大于 1 万的人数

函数功能：COUNTIF 函数计算区域中满足给定条件的单元格的个数。

函数语法：COUNTIF(range,criteria)

参数解析：

- range：表示为需要计算其中满足条件的单元格数目的单元格区域。
- criteria：表示为确定哪些单元格将被计算在内的条件，其形式可以为数字、表达式或文本。

本例表格统计了各部门业务员的业绩，要求使用公式统计出业绩金额大于等于 10000 的总人数。

打开表格，在 E2 单元格中输入如下公式：

=COUNTIF(C2:C10,">=10000")

按 Enter 键，即可计算出业绩大于 1 万的人数，如图 10-55 所示。

E2 =COUNTIF(C2:C10,">=10000")

	A	B	C	D	E
1	姓名	部门	业绩		业绩大于等于1万
2	刘鑫磊	销售1部	3940		5
3	王倩	销售1部	15600		
4	李晓彤	销售2部	3560		
5	汪洋	销售3部	20000		
6	李阳	销售1部	4500		
7	张婷婷	销售2部	65800		
8	李涛	销售3部	11560		
9	王辉	销售1部	35600		
10	姜蕙	销售3部	9870		

图 10-55

10.3.3 返回业绩最低的销售员

函数功能：LOOKUP 函数可从单行、单列区域或者从一个数组返回值。LOOKUP 函数具有向量和数组两种语法形式。向量形式语法是在单行区域或单列区域（称为“向量”）中查找值，然后返回第二个单行区域或单列区域中相同位置的值；数组形式在数组的第一行或第一列中查找指定的值，并返回数组最后一行或最后一列内同一位置的值。

函数语法 1（向量）： LOOKUP(lookup_value, lookup_vector, [result_vector])

参数解析：

    lookup_value：必选。表示 LOOKUP 在第一个向量中搜索的值。Lookup_value 可以是数字、文本、逻辑值、名称或对值的引用。

    lookup_vector：必选。表示只包含一行或一列的区域。lookup_vector 中的值可以是文本、数字或逻辑值。

    result_vector：可选。只包含一行或一列的区域。result_vector 参数必须与 lookup_vector 参数大小相同。

函数语法 2（数组）： LOOKUP(lookup_value, array)

参数解析：

- lookup_value：必选。表示 LOOKUP 在数组中搜索的值。lookup_value 参数可以是数字、文本、逻辑值、名称或对值的引用。

- array：必选。包含要与 lookup_value 进行比较的文本、数字或逻辑值的单元格区域。

    已知表格统计了销售员的业绩，要求使用公式统计业绩最低的数据并返回其对应的销售员姓名。

    打开表格，在 D2 单元格中输入如下公式：

=LOOKUP(0,0/(B2:B12=MIN(B2:B12)),A2:A12)

    按 Enter 键，即可返回业绩最低的销售员姓名，如图 10-56 所示。

D2			× ✓ f_x	=LOOKUP(0,0/(B2:B12=MIN(B2:B12)),A2:A12)			
▲	A	B	C	D	E	F	G
1	姓名	业绩（万元）		业绩最低销售员			
2	廖辉	43.7		张欣然			
3	李建强	22.9					
4	李欣	9.66					
5	玲玲	10.8					
6	刘嫒	11.2					
7	刘芸	8.33					
8	王超	16.3					
9	张欣然	7.56					
10	王宇	11.23					
11	杨凯	10.98					
12	张慧慧	22.65					

图 10-56

10.3.4 动态更新平均业绩

函数功能： AVERAGE 函数用于计算所有参数的算术平均值。

函数语法： AVERAGE(number1,number2,...)

参数解析：

- number1,number2,...：表示要计算平均值的 1 ~ 30 个参数。

    实现数据动态计算在很多时候都需要应用到，例如销售记录随时添加时可以即时更新平均值、总和值等。下面的例子中要求实现平均业绩的动态计算，即有新条目添加时，平均值能自动重算。要实现平均业绩的动态计算，实际要借助"表格"功能，此功能相当于将数据所在区域转换为动态区域，具体操作如下。

① 在当前表格中选中任意单元格，在"插入"选项卡的"表格"组中单击"表格"按钮（如图 10-57 所示），打开"创建表"对话框。

图 10-57

② 选中"表包含标题"复选框（如图 10-58 所示），单击"确定"按钮，即可完成表的创建。

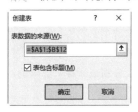

图 10-58

③ 在 D2 单元格中输入公式：
=AVERAGE(B2:B12)

按 Enter 键，即可计算出平均业绩，如图 10-59 所示。

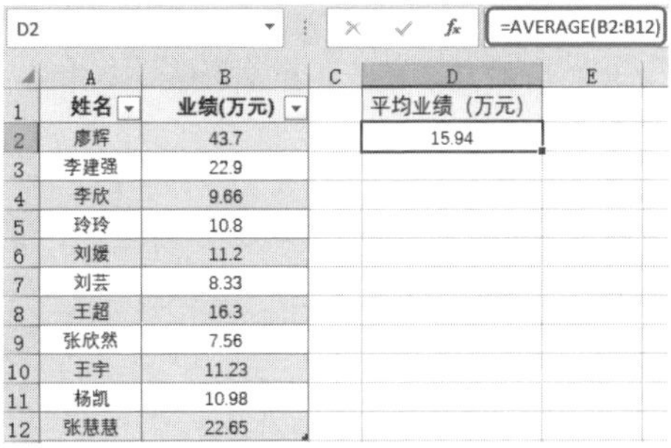

图 10-59

④ 当添加了两行新数据时，平均业绩也自动计算，如图 10-60 所示。

图 10-60

10.3.5 判断员工业绩是否达标

函数功能：IF 函数是 Excel 中最常用的函数之一，它可以对值和期待值进行逻辑比较。

因此 IF 语句可能有两个结果。第一个结果是比较结果为 True，第二个结果是比较结果为 False。例如，=IF(C2="Yes",1,2) 表示 IF(C2 = Yes，则返回 1，否则返回 2)。IF 函数用于根据指定的条件判断其"真"(TRUE)、"假"(FALSE)，从而返回其相对应的内容。

函数语法： IF(logical_test,value_if_true,value_if_false)
参数解析：

- logical_test：表示逻辑判断表达式。
- value_if_ture：表示当判断条件为逻辑"真"(TURE) 时，显示该处给定的内容。如果忽略，则返回 TRUE。
- value_if_false：表示当判断的条件为逻辑"假"(FALSE) 时，显示该处给定的内容。IF 函数可嵌套 7 层关系式，这样可以构造复杂的判断条件，从而进行综合测评。

本例表格统计了每位业务员的业绩，要求使用公式根据业绩数据判断是否达标，本例规定业绩大于 20 即为达标。

❶ 在 C2 单元格中输入如下公式：

=IF(B2>20," 达标 "," 不达标 ")

按 Enter 键，即可判断是否达标，如图 10-61 所示。

C2 =IF(B2>20,"达标","不达标")

	A	B	C	D	E	F
1	姓名	业绩(万元)	是否达标			
2	廖辉	43.7	达标			
3	李建强	22.9				
4	李欣	9.66				
5	玲玲	10.8				
6	刘媛	11.2				
7	刘芸	8.33				

图 10-61

❷ 向下复制公式，依次判断其他员工业绩是否达标，如图 10-62 所示。

	A	B	C
1	姓名	业绩(万元)	是否达标
2	廖辉	43.7	达标
3	李建强	22.9	达标
4	李欣	9.66	不达标
5	玲玲	10.8	不达标
6	刘媛	11.2	不达标
7	刘芸	8.33	不达标
8	王超	16.3	不达标
9	张欣然	7.56	不达标
10	王宇	11.23	不达标
11	杨凯	10.98	不达标
12	张慧慧	22.65	达标

图 10-62

10.3.6 统计各部门业绩达标人数

函数功能：COUNTIFS 函数用于计算某个区域中满足多重条件的单元格数目。

函数语法：COUNTIFS(range1, criteria1,range2, criteria2…)

参数解析：

range1, range2, …：表示计算关联条件的 1 ~ 127 个区域，每个区域中的单元格必须是数字或包含数字的名称、数组或引用。空值和文本值会被忽略。

criteria1, criteria2, …：表示数字、表达式、单元格引用或文本形式的 1 ~ 127 个条件，用于定义要对哪些单元格进行计算。例如：条件可以表示为 32、"32"、">32"、"apples" 或 B4。

本例表格统计了员工的所属部门以及业绩，要求使用公式分别统计各个部门的达标总人数，本例规定业绩大于等于 85 即可达标。

❶ 在 H2 单元格中输入如下公式：

=COUNTIFS($E$2:$E$29,">=85",$B$2:$B$29,G2)

按 Enter 键，即可返回客服一部的达标人数，如图 10-63 所示。

H2 =COUNTIFS($E$2:$E$29,">=85",$B$2:$B$29,G2)

	A	B	C	D	E	F	G	H
1	员工工号	部门	姓名	性别	业绩（万元）		部门	达标人数
2	JY031	客服二部	丁一	女	89		客服一部	3
3	JY032	客服二部	方海波	女	99		客服二部	
4	JY033	客服二部	黄晓明	女	56		客服三部	
5	JY034	客服二部	李鹏	男	38		客服四部	
6	JY035	客服二部	廖凯	女	68			
7	JY036	客服二部	刘琦	男	91			
8	JY037	客服二部	王小菊	女	88			
9	JY038	客服二部	吴娟	男	75			
10	JY039	客服二部	张军	男	66			
11	JY040	客服二部	庄美尔	男	90			
12	JY041	客服三部	陈晓	男	91			
13	JY042	客服三部	邓敏	女	85			

图 10-63

❷ 向下复制公式，依次返回其他部门的达标人数，如图 10-64 所示。

图 10-64

10.3.7 合并计算业绩并判断是否达标

函数功能： CONCATENATE（其中一个文本函数）将两个或多个文本字符串连接为一个字符串。

函数语法： CONCATENATE(text1, [text2], ...)

参数解析：

- text1（必选）：要连接的第一个项目。项目可以是文本值、数字或单元格引用。
- text2, ...（可选）：要连接的其他文本项目。最多可以有 255 个项目，支持 8192 个字符。

本例表格统计了各个业务员在全年四个季度的业绩，要求使用公式判断每位业务员的业绩达标情况，并将业绩总和计算出来，合并显示文本和数值。

❶ 在 F2 单元格中输入如下公式：

=CONCATENATE(SUM(B2:E2),"-",IF(SUM(B2:E2)>=1000000," 达标 "," 不达标 "))

按 Enter 键，即可返回业绩合并值以及达标情况，如图 10-65 所示。

图 10-65

第 10 章 销售业绩考核与管理

167

② 向下复制公式，依次判断其他员工业绩是否达标，如图 10-66 所示。

	A	B	C	D	E	F
1	业务员	第一季度	第二季度	第三季度	第四季度	业绩是否达标
2	丁一	56900	90000	89500	156000	392400-不达标
3	方海波	89000	105200	152000	59800	406000-不达标
4	黄晓明	19500	98500	596000	300000	1014000-达标
5	李鹏	90000	90005	560000	10520	750525-不达标
6	廖凯	105920	150000	900000	569000	1724920-达标
7	刘琦	98050	59000	102560	98500	358050-不达标
8	王小菊	102563	523000	300000	98000	1023563-达标
9	吴娟	998520	590000	985030	196000	2769550-达标

图 10-66

专家提示

=CONCATENATE(SUM(B2:E2),"-", IF(SUM(B2:E2)>=1000000,"达标","不达标"))

CONCATENATE 函数将 SUM(B2:E2) 和达标以及不达标文本进行连接，连接符为"-"。

10.3.8 计算业务员的平均业绩（包含文本）

函数功能： AVERAGEA 函数返回其参数（包括数字、文本和逻辑值）的平均值。AVERAGEA 与 AVERAGE 的区别仅在于 AVERAGE 不计算文本值。

函数语法： AVERAGEA(value1,value2,...)

参数解析：

- value1,value2,...：表示为需要计算平均值的 1 ~ 30 个单元格、单元格区域或数值。

本例表格统计了业务员全年四个季度的业绩，其中有些业务员的业绩数据为"无业绩"，要求使用公式计算包含文本在内的业务员的平均业绩。

① 在 F2 单元格中输入如下公式：

=AVERAGEA(B2:E2)

按 Enter 键，即可计算出平均业绩（包含文本），如图 10-67 所示。

② 向下复制公式，依次计算出其他业务员的平均业绩（包含文本），如图 10-68 所示。

F2				fx	=AVERAGEA(B2:E2)	
	A	B	C	D	E	F
1	业务员	第一季度	第二季度	第三季度	第四季度	平均业绩
2	李晓楠	10.6	3.8	无业绩	19.8	8.55
3	王云	8.8	20.5	22.6	9.9	
4	张婷婷	11.2	8.9	7.6	11.5	
5	李涛	10.9	4.9	8.6	9.5	
6	王伟权	9.8	4.6	5.5	6.8	
7	李星星	10.8	无业绩	15.2	9.5	

图 10-67

	A	B	C	D	E	F
1	业务员	第一季度	第二季度	第三季度	第四季度	平均业绩
2	李晓楠	10.6	3.8	无业绩	19.8	8.55
3	王云	8.8	20.5	22.6	9.9	15.45
4	张婷婷	11.2	8.9	7.6	11.5	9.8
5	李涛	10.9	4.9	8.6	9.5	8.475
6	王伟权	9.8	4.6	5.5	6.8	6.675
7	李星星	10.8	无业绩	15.2	9.5	8.875
8	江蕙	8.8	11.5	20.6	22.4	15.825
9	周薇薇	9.9	11.2	22.5	19.5	15.775

图 10-68

10.3.9 统计各部门业绩前三名

函数功能： LARGE 函数返回数据集中第 k 个最大值。您可以使用此功能根据其相对位置选择一个值。例如，您可以使用 LARGE 函数返回最高、第二或第三的分数。

函数语法： LARGE(array,k)

参数解析：

- array：必选。需要确定第 k 个最大值的数组或数据区域。
- k：必选。返回值在数组或数据单元格区域中的位置（从大到小排）。

本例表格统计了各个部门的业绩数据，要求使用公式分别统计各个部门的业绩前三名数据，本例需要使用数组公式。

❶ 在 H2:H4 单元格区域中输入如下公式：

{=LARGE(IF($B$2:$B$29=H1,$E$2:$E$29),{1;2;3})}

按 Ctrl+Shift+Enter 组合键，即可返回客服一部的前三名业绩数据，如图 10-69 所示。

H2 {=LARGE(IF($B$2:$B$29=H1,$E$2:$E$29),{1;2;3})}

	A	B	C	D	E	F	G	H	I
1	员工工号	部门	姓名	性别	业绩（万元）		部门	客服一部	客服二部
2	JY021	客服一部	蔡明	男	99		第一名	99	
3	JY022	客服一部	陈芳	男	65		第二名	90	
4	JY024	客服一部	陈曦	男	79		第三名	85	
5	JY027	客服一部	陆路	女	85				
6	JY028	客服一部	吕梁	女	84				
7	JY029	客服一部	王晓宇	男	80				
8	JY030	客服一部	张鑫	男	90				
9	JY031	客服二部	丁一	女	89				
10	JY032	客服二部	方海波	女	99				
11	JY033	客服二部	黄晓明	女	56				
12	JY034	客服二部	李鹏	男	38				
13	JY035	客服二部	廖凯	女	68				
14	JY036	客服二部	刘琦	男	91				
15	JY037	客服二部	王小菊	女	88				

图 10-69

专家提示

{=LARGE(IF($B$2:$B$29=H1,$E$2:$E$29),{1;2;3})}

常量数组 {1;2;3} 代表前三名，LARGE 函数用于返回指定条件的最大值，即指定部门名称对应在 $E$2:$E$29 区域的前三个最大值。

❷ 在 I2:I4 单元格区域中输入如下公式：

{=LARGE(IF($B$2:$B$29=I1,$E$2:$E$29),{1;2;3})}

按 Ctrl+Shift+Enter 组合键，即可返回客服二部的前三名业绩数据，如图 10-70 所示。

I2 {=LARGE(IF($B$2:$B$29=I1,$E$2:$E$29),{1;2;3})}

	A	B	C	D	E	F	G	H	I
1	员工工号	部门	姓名	性别	业绩（万元）		部门	客服一部	客服二部
2	JY021	客服一部	蔡明	男	99		第一名	99	99
3	JY022	客服一部	陈芳	男	65		第二名	90	91
4	JY024	客服一部	陈曦	男	79		第三名	85	90
5	JY027	客服一部	陆路	女	85				
6	JY028	客服一部	吕梁	女	84				
7	JY029	客服一部	王晓宇	男	80				
8	JY030	客服一部	张鑫	男	90				
9	JY031	客服二部	丁一	女	89				
10	JY032	客服二部	方海波	女	99				
11	JY033	客服二部	黄晓明	女	56				
12	JY034	客服二部	李鹏	男	38				
13	JY035	客服二部	廖凯	女	68				
14	JY036	客服二部	刘琦	男	91				
15	JY037	客服二部	王小菊	女	88				
16	JY038	客服二部	吴娟	男	75				
17	JY039	客服二部	张军	男	66				
18	JY040	客服二部	庄美尔	男	90				

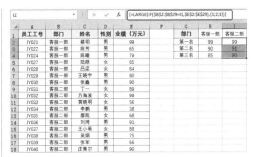

图 10-70

❸ 在 J2:J4 单元格区域中输入如下公式：

{=LARGE(IF($B$2:$B$29=J1,$E$2:$E$29),{1;2;3})}

按 Ctrl+Shift+Enter 组合键，即可返回客服三部的前三名业绩数据，如图 10-71 所示。

J2 {=LARGE(IF($B$2:$B$29=J1,$E$2:$E$29),{1;2;3})}

	A	B	C	D	E	F	G	H	I	J
1	员工工号	部门	姓名	性别	业绩（万元）		部门	客服一部	客服二部	客服三部
2	JY021	客服一部	蔡明	男	99		第一名	99	99	95
3	JY022	客服一部	陈芳	男	65		第二名	90	91	91
4	JY024	客服一部	陈曦	男	79		第三名	85	90	90
5	JY027	客服一部	陆路	女	85					
6	JY028	客服一部	吕梁	女	84					
7	JY029	客服一部	王晓宇	男	80					
8	JY030	客服一部	张鑫	男	90					
9	JY031	客服二部	丁一	女	89					
10	JY032	客服二部	方海波	女	99					
11	JY033	客服二部	黄晓明	女	56					
12	JY034	客服二部	李鹏	男	38					
13	JY035	客服二部	廖凯	女	68					
14	JY036	客服二部	刘琦	男	91					
15	JY037	客服二部	王小菊	女	88					
16	JY038	客服二部	吴娟	男	75					
17	JY039	客服二部	张军	男	66					
18	JY040	客服二部	庄美尔	男	90					
19	JY041	客服三部	陈晓	男	91					
20	JY042	客服三部	邓敏	女	85					
21	JY043	客服三部	霍晶	女	89					
22	JY044	客服三部	罗佳	女	90					
23	JY045	客服三部	杨芳芳	女	95					
24	JY046	客服三部	杨飞云	男	11					
25	JY047	客服三部	张晓燕	男	59					

图 10-71

❹ 在 K2:K4 单元格区域中输入如下公式：

{=LARGE(IF($B$2:$B$29=K1,$E$2:$E$29),{1;2;3})}

按 Ctrl+Shift+Enter 组合键，即可返回客服四部的前三名业绩数据，如图 10-72 所示。

K20 {=LARGE(IF($B$2:$B$29=K1,$E$2:$E$29),{1;2;3})}

	A	B	C	D	E	F	G	H	I	J	K
19	JY041	客服三部	陈晓	男	91		部门	客服一部	客服二部	客服三部	客服四部
20	JY042	客服三部	邓敏	女	85		第一名	99	99	95	89
21	JY043	客服三部	霍晶	女	89		第二名	90	91	91	88
22	JY044	客服三部	罗佳	女	90		第三名	85	90	90	70
23	JY045	客服三部	杨芳芳	女	95						
24	JY046	客服三部	杨飞云	男	11						
25	JY047	客服三部	张晓燕	男	59						
26	JY048	客服四部	金璐忠	男	67						
27	JY049	客服四部	刘飞	女	88						
28	JY050	客服四部	王淑娟	女	70						
29	JY051	客服四部	赵晓	男	89						
30											

图 10-72

10.3.10 IFS 函数多条件判断

函数功能：检查 IFS 函数的一个或多个条件是否满足，并返回第一个条件相对应的值。IFS 函数 可以有多个嵌套 IF 语句，并可以更加轻松地阅读使用多个条件。

函数语法： IFS(logical_test1, value_if_true1, [logical_test2, value_if_true2], [logical_test3, value_if_true3],…)

参数解析：

- logical_test1（必选）：计算结果为 TRUE 或 FALSE 的条件。
- value_if_true1（必选）：当 logical_test1 的计算结果为 TRUE 时要返回的结果，可以为空。
- logical_test2…logical_test127（可选）：计算结果为 TRUE 或 FALSE 的条件。
- value_if_true2…value_if_true127（可选）：当 logical_testN 的计算结果为 TRUE 时要返回的结果。每个 value_if_trueN 对应于一个条件 logical_testN，可以为空。

IFS 函数是 Excel 2019 新增的实用函数，使用 IF 函数可以嵌套多层逻辑条件的判断，而 IFS 函数则可省略多层嵌套设置，大大简化了公式。

❶ 在 D2 单元格中输入如下公式：

=IFS(C2>1000,2000,C2>500,1000,C2>300,500,C2<200,0)

按 Enter 键，即可返回提成，如图 10-73 所示。

❷ 向下复制公式，依次计算出其他业务员的提成，如图 10-74 所示。

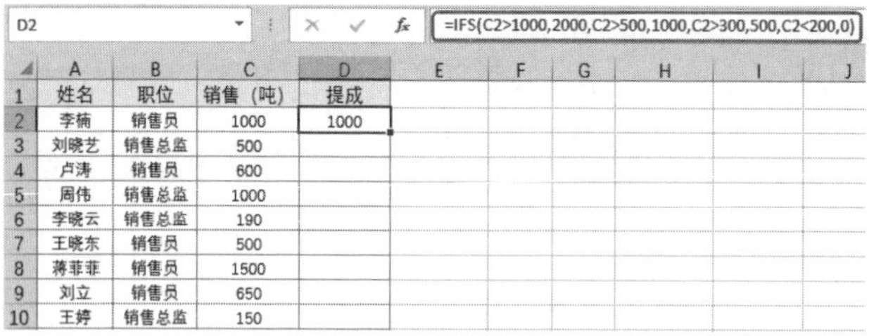

D2 =IFS(C2>1000,2000,C2>500,1000,C2>300,500,C2<200,0)

	A	B	C	D	E	F	G	H	I	J
1	姓名	职位	销售（吨）	提成						
2	李楠	销售员	1000	1000						
3	刘晓艺	销售总监	500							
4	卢涛	销售员	600							
5	周伟	销售总监	1000							
6	李晓云	销售总监	190							
7	王晓东	销售员	500							
8	蒋菲菲	销售员	1500							
9	刘立	销售员	650							
10	王婷	销售总监	150							

图 10-73

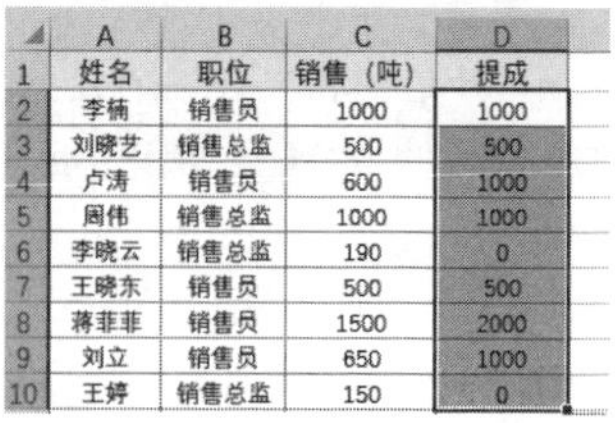

	A	B	C	D
1	姓名	职位	销售（吨）	提成
2	李楠	销售员	1000	1000
3	刘晓艺	销售总监	500	500
4	卢涛	销售员	600	1000
5	周伟	销售总监	1000	1000
6	李晓云	销售总监	190	0
7	王晓东	销售员	500	500
8	蒋菲菲	销售员	1500	2000
9	刘立	销售员	650	1000
10	王婷	销售总监	150	0

图 10-74

10.3.11 统计指定时段的业绩总金额

函数功能： SUMIF 函数可以对给定区域中符合指定条件的值求和。

函数语法： SUMIF(range, criteria, [sum_range])

参数解析：

- range：必选。用于条件计算的单元格区域。每个区域中的单元格都必须是数字、名称、数组或包含数字的引用。空值和文本值将被忽略。
- criteria：必选。用于确定对哪些单元格求和的条件，其形式可以为数字、表达式、单元格引用、文本或函数。
- sum_range：表示根据条件判断的结果要进行计算的单元格区域。如果 sum_range 参数被省略，则 Excel 会对在 range 参数中指定的单元格区域中符合条件的单元格进行求和。

本例表格按销售日期统计了不同产品系列的销售额，要求使用公式计算上半月的总销售额。

在 E2 单元格中输入如下公式：

=SUMIF(A2:A13,"<=2020/12/15",C2:C13)

按 Enter 键，即可计算出上半月的总销售额，如图 10-75 所示。

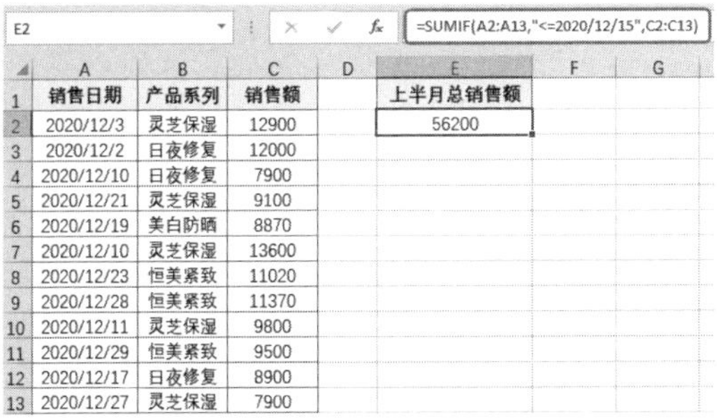
E2 =SUMIF(A2:A13,"<=2020/12/15",C2:C13)

	A	B	C	D	E	F	G
1	销售日期	产品系列	销售额		上半月总销售额		
2	2020/12/3	灵芝保湿	12900		56200		
3	2020/12/2	日夜修复	12000				
4	2020/12/10	日夜修复	7900				
5	2020/12/21	灵芝保湿	9100				
6	2020/12/19	美白防晒	8870				
7	2020/12/10	灵芝保湿	13600				
8	2020/12/23	恒美紧致	11020				
9	2020/12/28	恒美紧致	11370				
10	2020/12/11	灵芝保湿	9800				
11	2020/12/29	恒美紧致	9500				
12	2020/12/17	日夜修复	8900				
13	2020/12/27	灵芝保湿	7900				

图 10-75

第11章

采购与库存管理

　　企业正常运转的过程离不开采购、库存的管理，合理地规划产品的采购数量，对于企业正常的生产运转、资金运转起到十分关键的作用。采购信息来源于生产（销售）、库存管理部门，而库存数据则又取决于采购、生产（销售）部门，因此采购数据、库存数据都是互相关联的，它们共同体现了企业当前的一种运作状态。

　　本章主要介绍在 Excel 2019 中系统地管理出入库数据，可以通过设置相关公式达到自动化处理的效果；同时还可以利用函数、数据透视表等工具对出入库数据进行分析，从而为企业决策者提供参考信息。

　　☑ 创建商品信息表

　　☑ 统计库存数据

　　☑ 分类汇总查看入库情况

　　☑ 统计分析库存数据

　　☑ 库存产品盘点表

11.1 ▶ 建立采购、库存数据管理表

企业正常运作过程中一般离不开采购与库存管理，工业企业与商品流通企业的库存管理是一项非常重要的工作。库存多，占用资金多，利息负担加重，但是如果过分降低库存，则会出现断档。

企业应重视对库存环节的数据管理和分析，为企业完成产品的销售提供必要的保证。本实例中将介绍如何运用 Excel 2019 来设计与库存有关的表格，从而实现对企业生产进行有效管理。如图 11-1 所示为根据已知商品基本信息表，设置公式计算各项库存数据。

日期	商品编号	货品名称	类别	出库价	出库量	出库额
		本期出库数据管理表				
2020/10/1	0800001	五福金牛 荣耀系列大包围全包围双层皮革脚垫	脚垫	1010	50	50500
2020/10/1	0800002	北极绒（Bejirong）U型枕护颈枕	头腰靠枕	49.9	60	2994
2020/10/1	0800003	途雅（ETONNER）汽车香水 车载座式香水	香水/空气净化	229	20	4580
2020/10/1	0800004	卡莱饰（Car lives）CLS-201608 新车空气净	香水/空气净化	99	15	1485
2020/10/1	0800005	GREAT LIFE 汽车脚垫丝圈	脚垫	229	9	2061
2020/10/1	0800006	五福金牛 汽车脚垫 迈畅全包围脚垫 黑色	脚垫	529	10	5290
2020/10/1	0800007	牧宝（MUBO）冬季纯羊毛汽车坐垫	座垫/座套	1010	6	6060
2020/10/2	0800008	洛克（ROCK）车载手机支架 重力支架 万能	功能小件	69	19	1311
2020/10/2	0800009	尼罗河（nile）四季通用汽车坐垫	座垫/座套	710	9	6390
2020/10/2	0800010	COMFIER;汽车座垫按摩坐垫	座垫/座套	199	8	1592
2020/10/2	0800011	COMFIER;汽车座垫按摩坐垫	座垫/座套	199	11	2189
2020/10/2	0800012	康车宝 汽车香水 空调出风口香水夹	香水/空气净化	98	6	588
2020/10/2	0800013	牧宝(MUBO)冬季纯羊毛汽车坐垫	座垫/座套	1010	2	2020
2020/10/3	0800014	南极人（nanJiren）汽车头枕腰靠	头腰靠枕	209	10	2090
2020/10/3	0800015	康车宝 汽车香水 空调出风口香水夹	香水/空气净化	98	9	882
2020/10/3	0800016	毕亚兹 车载手机支架 C20 中控台磁吸式	功能小件	69	11	759
2020/10/3	0800017	倍逸舒 EBK-标准版 汽车腰靠办公腰垫靠垫	头腰靠枕	228	6	1368
2020/10/3	0800018	快美特（CARMATE）空气科学Ⅱ 汽车车载	香水/空气净化	69	9	621

图 11-1

11.1.1 建立商品基本信息表

商品基本信息表包括商品的名称、类别和库存以及价格。

新建工作簿，并命名工作表为"商品基本信息表"，分别按需输入各项商品数据，如图 11-2 所示。

商品编号	货品名称	类别	库存	入库价	出库价	供应商负责人
		商品基本信息表				
0800001	五福金牛 荣耀系列大包围全包围双层皮革脚垫	脚垫	10	980	1010	林玲
0800002	北极绒（Bejirong）U型枕护颈枕	头腰靠枕	9	19.9	49.9	林玲
0800003	途雅（ETONNER）汽车香水 车载座式香水	香水/空气净化	15	199	229	李晶晶
0800004	卡莱饰（Car lives）CLS-201608 新车空气净	香水/空气净化	22	69	99	李晶晶
0800005	GREAT LIFE 汽车脚垫丝圈	脚垫	39	199	229	胡成芳
0800006	五福金牛 汽车脚垫 迈畅全包围脚垫 黑色	脚垫	109	499	529	张军
0800007	牧宝(MUBO)冬季纯羊毛汽车坐垫	座垫/座套	20	980	1010	胡成芳
0800008	洛克（ROCK）车载手机支架 重力支架 万能	功能小件	39	39	69	刘慧
0800009	尼罗河（nile）四季通用汽车坐垫	座垫/座套	55	680	710	刘慧
0800010	COMFIER;汽车座垫按摩坐垫	座垫/座套	65	169	199	胡成芳
0800011	COMFIER;汽车座垫按摩坐垫	座垫/座套	65	169	199	刘慧
0800012	康车宝 汽车香水 空调出风口香水夹	香水/空气净化	20	68	98	刘慧
0800013	牧宝(MUBO)冬季纯羊毛汽车坐垫	座垫/座套	10	980	1010	刘慧
0800014	南极人（nanJiren）汽车头枕腰靠	头腰靠枕	4	179	209	林玲
0800015	康车宝 汽车香水 空调出风口香水夹	香水/空气净化	20	68	98	林玲
0800016	毕亚兹 车载手机支架 C20 中控台磁吸式	功能小件	15	39	69	林玲
0800017	倍逸舒 EBK-标准版 汽车腰靠办公腰垫靠垫	头腰靠枕	5	198	228	张军
0800018	快美特（CARMATE）空气科学Ⅱ 汽车车载	香水/空气净化	19	39	69	张军
0800019	固特异（Goodyear）丝圈汽车脚垫飞足系列	脚垫	33	410	440	李晶晶
0800020	绿联 车载手机支架 40808 银色	功能小件	112	45	75	李晶晶
0800021	洛克（ROCK）车载手机支架 重力支架 万能	功能小件	60	39	69	李晶晶
0800022	南极人（nanJiren）皮车车座垫	座垫/座套	52	468	498	刘慧
0800023	卡饰社（CarSetCity）汽车头枕 便携式记忆	头腰靠枕	78	79	109	张军
0800024	卡饰社（CarSetCity）汽车头枕 便携式记忆	头腰靠枕	60	79	109	张军
0800025	香木町 shamood 汽车座垫	功能小件	9	39.8	69.8	张军

商品基本信息表 ｜ 本期库存盘点 ｜ ⊕

图 11-2

11.1.2 建立采购信息表

采购数据可以按采购日期依次记录，可以在采购数据管理表中设立相关公式，从而实现有些数据的自动返回。

1. 创建表格

❶在"商品基本信息表"工作表标签后新建工作表，将其重命名为"采购数据管理表"。输入表格标题、列标识，设置表格字体、对齐方式、底纹和边框，如图11-3所示。

图11-3

为了防止输入错误的商品编号，可以通过设置"商品编号"列的数据有效性，实现在下拉菜单中选择不同的商品编号。

❷选中"商品编号"列单元格，在"数据"选项卡下的"数据工具"选项组中单击"数据验证"按钮（如图11-4所示），打开"数据验证"对话框。

图11-4

❸在"允许"下拉列表中选择"序列"选项，设置"来源"为"=商品基本信息表!$A$3:$A$37"，如图11-5所示。

❹返回"数据验证"对话框后可以看到设置的数据验证条件，如图11-6所示。

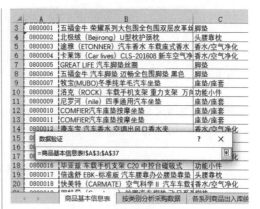

图11-5

图11-6

❺设置完成后，单击"确定"按钮回到工作表，选中"商品编号"列单元格会出现提示信息且右侧有下拉按钮（如图11-7所示），单击下拉按钮可从中选择编号，如图11-8所示。

图11-7

图 11-8

专家提示

　　如果要作为填充序列的单元格区域不在当前工作表中，有两种方法可以解决：一是先将要作为来源的单元格区域复制到当前工作表中，通过拾取器选择；二是直接在"来源"框中输入作为来源的区域，其格式为"=工作表名称!单元格区域"。

2. 设置公式返回商品信息

❶ 在 C3 单元格中输入公式：

=IF(B3="","",VLOOKUP($B3,商品基本信息表 !$A$3:$G$100,COLUMN(B1),FALSE))

按 Enter 键，即可根据 B3 单元格中的商品编号返回货品名称，如图 11-9 所示。

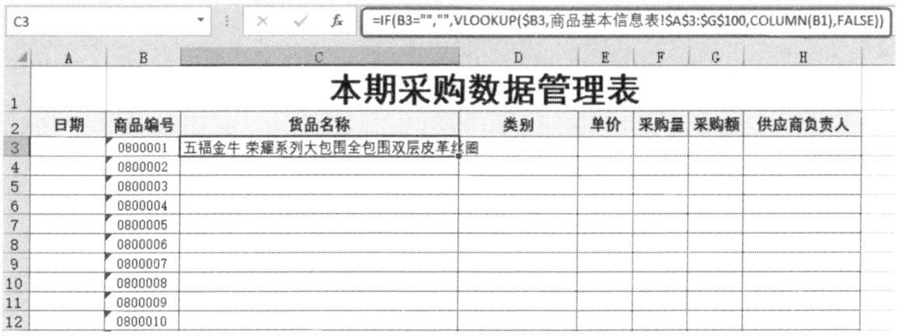

图 11-9

专家提示

　　=IF(B3="","",VLOOKUP($B3,商品基本信息表 !$A$3:$G$100,COLUMN(B1),FALSE))

　　如果 B3 单元格中未输入值，则返回空值。

　　"COLUMN(B1)"，返回 B1 单元格所在的列号，因此返回结果为 2。当向右复制公式时，COLUMN(B1) 会依次变为 COLUMN(C1)，返回值为 3；COLUMN(D1)，返回值为 4。

　　"VLOOKUP($B3,' 商品基本信息表 '!$A$3:$I$100,COLUMN(B1)"，在商品基本信息表 !$A$3:$I$100 单元格区域的首列中寻找与 B3 单格中相同的编号，找到后返回对应在第 2 列中的值，即对应的名称。

　　❷ 选中 C3 单元格，将光标定位到该单元格区域的右下角，向右复制公式至 D3 单元格，可一次性返回 B3 单元格中指定编号的名称和类别，如图 11-10 所示。

　　❸ 在 E3 单元格中输入公式：

=IF(B3="","",VLOOKUP($B3,商品基本信息表 !$A$3:$G$100,5,FALSE))

按 Enter 键可根据 B3 单元格中的商品编号返回单价，如图 11-11 所示。

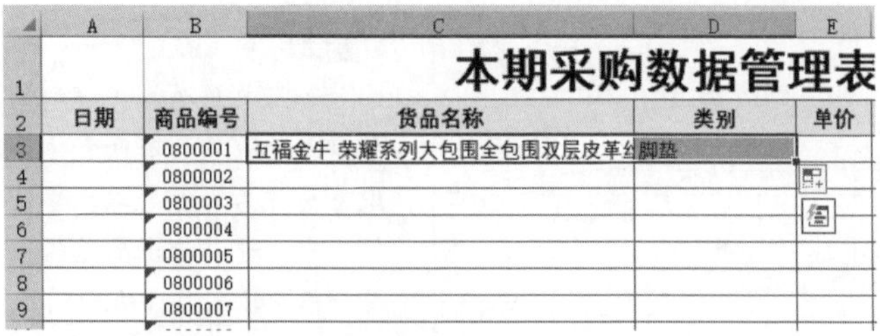

	A	B	C	D	E
1		本期采购数据管理表			
2	日期	商品编号	货品名称	类别	单价
3		0800001	五福金牛 荣耀系列大包围全包围双层皮革丝	脚垫	
4		0800002			
5		0800003			
6		0800004			
7		0800005			
8		0800006			
9		0800007			

图 11-10

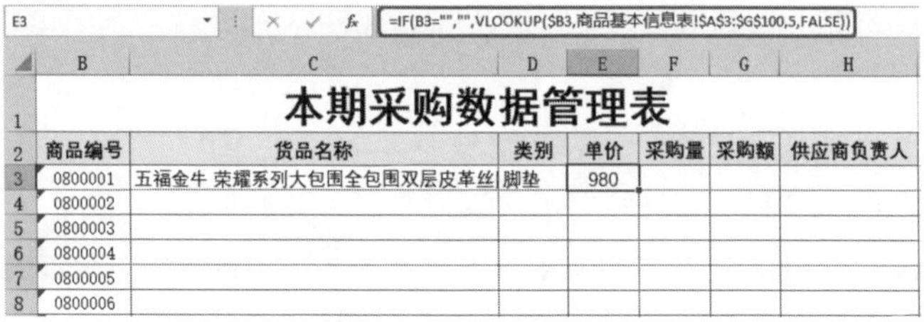

E3 =IF(B3="","",VLOOKUP($B3,商品基本信息表!$A$3:$G$100,5,FALSE))

	B	C	D	E	F	G	H
1	本期采购数据管理表						
2	商品编号	货品名称	类别	单价	采购量	采购额	供应商负责人
3	0800001	五福金牛 荣耀系列大包围全包围双层皮革丝	脚垫	980			
4	0800002						
5	0800003						
6	0800004						
7	0800005						
8	0800006						

图 11-11

❹ 在 H3 单元格中输入公式：

=IF(B3="","",VLOOKUP($B3, 商品基本信息表 !$A$3:$G$100,7,FALSE))

按 Enter 键，即可根据 B3 单元格中的商品编号返回其供应商负责人，如图 11-12 所示。

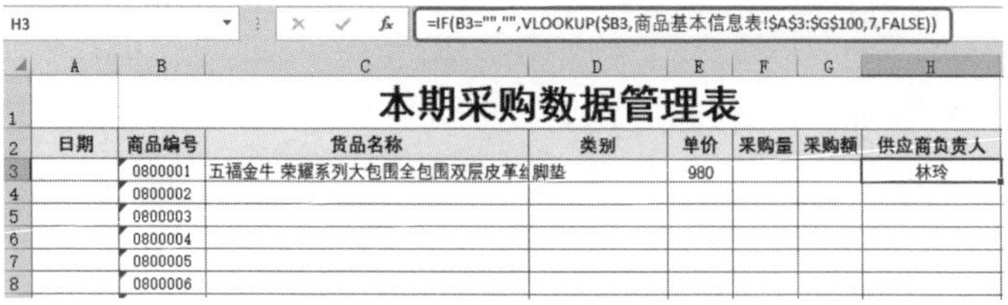

H3 =IF(B3="","",VLOOKUP($B3,商品基本信息表!$A$3:$G$100,7,FALSE))

	A	B	C	D	E	F	G	H
1		本期采购数据管理表						
2	日期	商品编号	货品名称	类别	单价	采购量	采购额	供应商负责人
3		0800001	五福金牛 荣耀系列大包围全包围双层皮革丝	脚垫	980			林玲
4		0800002						
5		0800003						
6		0800004						
7		0800005						
8		0800006						

图 11-12

❺ 输入采购的日期和编码，然后选中 C3:E3 单元格区域，将光标定位到该单元格区域右下角，出现黑色十字形时按住鼠标左键向下拖动，释放鼠标后即可完成公式的复制。按照相同的方法向下复制 H3 单元格的公式。如图 11-13 所示。

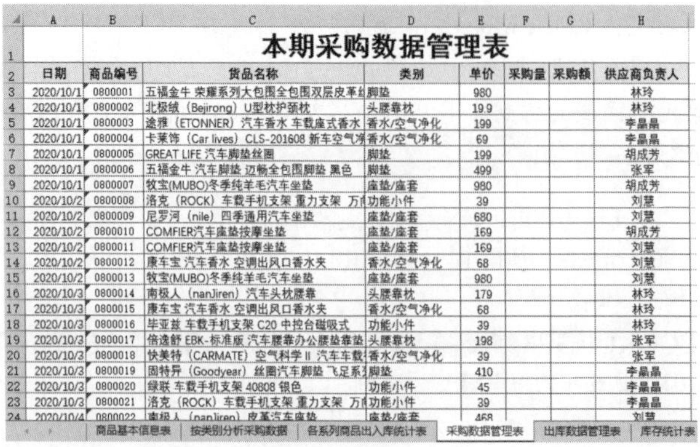

	A	B	C	D	E	F	G	H
1		本期采购数据管理表						
2	日期	商品编号	货品名称	类别	单价	采购量	采购额	供应商负责人
3	2020/10/1	0800001	五福金牛 荣耀系列大包围全包围双层皮革丝	脚垫	980			林玲
4	2020/10/1	0800002	北极绒（Bejirong）U型枕护颈枕	头腰靠枕	19.9			林玲
5	2020/10/1	0800003	途雅（ETONNER）汽车香水 车载座式香水	香水/空气净化	199			李晶晶
6	2020/10/1	0800004	卡莱饰（Car lives）CLS-201608 新车空气净	香水/空气净化	69			李晶晶
7	2020/10/1	0800005	GREAT LIFE 汽车脚垫丝圈	脚垫	199			胡成芳
8	2020/10/1	0800006	五福金牛 汽车脚垫 迈畅全包围脚垫 黑色	脚垫	499			张军
9	2020/10/1	0800007	牧宝(MUBO)冬季纯羊毛汽车坐垫	座垫/座套	980			胡成芳
10	2020/10/2	0800008	洛克（ROCK）车载手机支架 重力支架 万	功能小件	39			刘慧
11	2020/10/2	0800009	尼罗河（nile）四季通用汽车坐垫	座垫/座套	680			刘慧
12	2020/10/2	0800010	COMFIER汽车座垫按摩坐垫	座垫/座套	169			胡成芳
13	2020/10/2	0800011	COMFIER汽车座垫按摩坐垫	座垫/座套	169			刘慧
14	2020/10/2	0800012	康车宝 汽车香水 空调出风口香水夹	香水/空气净化	68			刘慧
15	2020/10/2	0800013	牧宝(MUBO)冬季纯羊毛汽车坐垫	座垫/座套	980			刘慧
16	2020/10/3	0800014	南极人（nanJiren）汽车头枕腰靠	头腰靠枕	179			林玲
17	2020/10/3	0800015	康车宝 汽车香水 空调出风口香水夹	香水/空气净化	68			林玲
18	2020/10/3	0800016	毕亚兹 车载手机支架 C20 中控台磁吸式	功能小件	39			林玲
19	2020/10/3	0800017	倍逸舒 EBK-标准版 汽车腰靠办公腰垫靠垫	头腰靠枕	198			张军
20	2020/10/3	0800018	快美特（CARMATE）空气科学 II 汽车车载	香水/空气净化	39			张军
21	2020/10/3	0800019	固特异（Goodyear）丝圈汽车脚垫 飞足系	脚垫	410			李晶晶
22	2020/10/3	0800020	绿联 车载手机支架 40808 银色	功能小件	45			李晶晶
23	2020/10/3	0800021	洛克（ROCK）车载手机支架 重力支架 万	功能小件	39			李晶晶
24	2020/10/4	0800022	南极人（nanJiren）皮革汽车座垫	座垫/座套	468			刘慧

商品基本信息表 | 按类别分析采购数据 | 各系列商品出入库统计表 | 采购数据管理表 | 出库数据管理表 | 库存统计表

图 11-13

⑥ 再依次输入采购量，输入完成后的表格如图 11-14 所示。

本期采购数据管理表

商品编号	货品名称	类别	单价	采购量	采购额	供应商负责人
0800001	五福金牛 荣耀系列大包围全包围双层皮革丝	脚垫	980	500		林玲
0800002	北极绒（Bejirong）U型枕护颈枕	头腰靠枕	19.9	120		林玲
0800003	途雅（ETONNER）汽车香水 车载座式香水	香水/空气净化	199	90		李晶晶
0800004	卡莱饰（Car lives）CLS-201608 新车空气净	香水/空气净化	69	50		李晶晶
0800005	GREAT LIFE 汽车脚垫丝圈	脚垫	199	100		胡成芳
0800006	五福金牛 汽车脚垫 迈畅全包围脚垫 黑色	脚垫	499	80		张军
0800007	牧宝(MUBO)冬季纯羊毛汽车坐垫	座垫/座套	980	60		胡成芳
0800008	洛克（ROCK）车载手机支架 重力支架 万向	功能小件	39	50		刘慧
0800009	尼罗河（nile）四季通用汽车坐垫	座垫/座套	680	70		刘慧
0800010	COMFIER汽车座垫按摩坐垫	座垫/座套	169	50		胡成芳
0800011	COMFIER汽车座垫按摩坐垫	座垫/座套	169	20		刘慧
0800012	康车宝 汽车香水 空调出风口香水夹	香水/空气净化	68	10		刘慧
0800013	牧宝(MUBO)冬季纯羊毛汽车坐垫	座垫/座套	980	10		刘慧
0800014	南极人（nanJiren）汽车头枕腰靠	头腰靠枕	179	20		林玲
0800015	康车宝 汽车香水 空调出风口香水夹	香水/空气净化	68	25		林玲
0800016	毕亚兹 车载手机支架 C20 中控台磁吸式	功能小件	39	30		林玲
0800017	倍逸舒 EBK-标准版 汽车腰靠办公腰垫靠垫	头腰靠枕	198	20		张军
0800018	快美特（CARMATE）空气科学 II 汽车车载	香水/空气净化	39	15		张军

图 11-14

⑦ 在 G3 单元格中输入公式：

=E3*F3

按 Enter 键，计算出第一条采购记录的采购额。选中 G3 单元格，向下复制公式，可一次性返回所有采购记录的采购额，如图 11-15 所示。

G3　=E3*F3

本期采购数据管理表

商品编号	货品名称	类别	单价	采购量	采购额
0800001	五福金牛 荣耀系列大包围全包围双层皮革丝	脚垫	980	500	490000
0800002	北极绒（Bejirong）U型枕护颈枕	头腰靠枕	19.9	120	2388
0800003	途雅（ETONNER）汽车香水 车载座式香水	香水/空气净化	199	90	17910
0800004	卡莱饰（Car lives）CLS-201608 新车空气净	香水/空气净化	69	50	3450
0800005	GREAT LIFE 汽车脚垫丝圈	脚垫	199	100	19900
0800006	五福金牛 汽车脚垫 迈畅全包围脚垫 黑色	脚垫	499	80	39920
0800007	牧宝(MUBO)冬季纯羊毛汽车坐垫	座垫/座套	980	60	58800
0800008	洛克（ROCK）车载手机支架 重力支架 万向	功能小件	39	50	1950
0800009	尼罗河（nile）四季通用汽车坐垫	座垫/座套	680	70	47600
0800010	COMFIER汽车座垫按摩坐垫	座垫/座套	169	50	8450
0800011	COMFIER汽车座垫按摩坐垫	座垫/座套	169	20	3380
0800012	康车宝 汽车香水 空调出风口香水夹	香水/空气净化	68	10	680
0800013	牧宝(MUBO)冬季纯羊毛汽车坐垫	座垫/座套	980	10	9800
0800014	南极人（nanJiren）汽车头枕腰靠	头腰靠枕	179	20	3580
0800015	康车宝 汽车香水 空调出风口香水夹	香水/空气净化	68	25	1700
0800016	毕亚兹 车载手机支架 C20 中控台磁吸式	功能小件	39	30	1170
0800017	倍逸舒 EBK-标准版 汽车腰靠办公腰垫靠垫	头腰靠枕	198	20	3960

图 11-15

11.1.3 建立出库数据管理表

出库数据可以按出库日期依次记录，在出库数据管理表中可以设立相关公式，来实现相关数据的自动返回。出库数据管理表的创建与上一小节中采购数据管理表的创建方法相似。

① 在“采购数据管理表”工作表标签后新建工作表，将其重命名为“出库数据管理表”。

② 在 E3 单元格中输入公式：

=IF(B3="","",VLOOKUP($B3, 商品基本信息表 !$A$3:$G$100,6,FALSE))

按 Enter 键，根据商品编号返回第一条出库记录的出库价格。选中 E3 单元格，向下复制公式，可一次性返回所有出库记录的出库价格，如图 11-16 所示。

图 11-16

❸ 在 G3 单元格中输入公式：

=E3*F3

按 Enter 键，即可计算出出库额，向下复制公式计算出所有商品的出库额，如图 11-17 所示。

图 11-17

11.2 ▶ 建立库存统计管理表

库存数据的管理牵涉上期库存数据、本期采购数据、本期出库数据。有了这些数据之后，则可以利用公式自动计算各产品的库存数据。

11.2.1 根据公式返回商品信息

❶ 新建工作表，并将其重命名为"库存统计表"，并设置表格的格式，设置后表格如图 11-18 所示。

❷ 首先通过公式从"商品基本信息表"中返回商品的基本信息。在 A4 单元格中输入公式：

=IF(商品基本信息表 !A3="","",商品基本信息表 !A3)

按 Enter 键，即可从"商品基本信息表"中返回商品的编号，如图 11-19 所示。

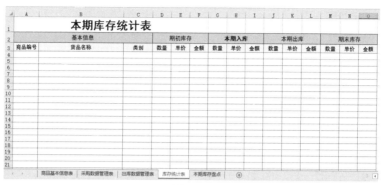

图 11-18

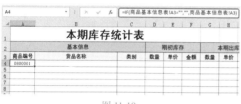

图 11-19

❸ 在 B4 单元格中输入公式：

=IF(A4="","",VLOOKUP($A4, 商品基本信息表 !$A$3:$G$100,COLUMN(B1),FALSE))

按 Enter 键，即可根据 A4 单元格中的编号返回货品名称，如图 11-20 所示。

图 11-20

❹ 选中 B4 单元格，将光标定位到该单元格区域右下角，向右复制公式至 C4 单元格，可返回类别。

❺ 同时选中 A4:C4 单元格区域，将光标定位到该单元格区域右下角，当出现黑色十字形时按住鼠标左键向下拖动，可返回所有产品的编号、名称和类别，如图 11-21 所示。

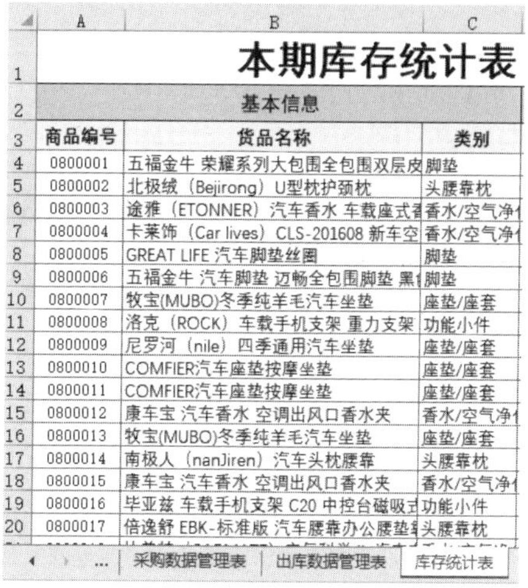

商品编号	货品名称	类别
0800001	五福金牛 荣耀系列大包围全包围双层皮	脚垫
0800002	北极绒（Bejirong）U型枕护颈枕	头腰靠枕
0800003	途雅（ETONNER）汽车香水 车载座式香	香水/空气净
0800004	卡莱饰（Car lives）CLS-201608 新车空	香水/空气净
0800005	GREAT LIFE 汽车脚垫丝圈	脚垫
0800006	五福金牛 汽车脚垫 迈畅全包围脚垫 黑	脚垫
0800007	牧宝(MUBO)冬季纯羊毛汽车坐垫	座垫/座套
0800008	洛克（ROCK）车载手机支架 重力支架	功能小件
0800009	尼罗河（nile）四季通用汽车坐垫	座垫/座套
0800010	COMFIER汽车座垫按摩坐垫	座垫/座套
0800011	COMFIER汽车座垫按摩坐垫	座垫/座套
0800012	康车宝 汽车香水 空调出风口香水夹	香水/空气净
0800013	牧宝(MUBO)冬季纯羊毛汽车坐垫	座垫/座套
0800014	南极人（nanJiren）汽车头枕腰靠	头腰靠枕
0800015	康车宝 汽车香水 空调出风口香水夹	香水/空气净
0800016	毕亚兹 车载手机支架 C20 中控台磁吸式	功能小件
0800017	倍逸舒 EBK-标准版 汽车腰靠办公腰垫	头腰靠枕

图 11-21

❻ 在 D4 单元格中输入公式：

=IF(A4="","",VLOOKUP($A4, 商品基本信息表 !$A$3:$G$100,4,FALSE))

按 Enter 键，即可根据 A4 单元格中的编码返回其期初库存的数量，如图 11-22 所示。

商品编号	货品名称	类别	数量	单价	金额
0800001	五福金牛 荣耀系列大包围全包围双层皮	脚垫	10		
0800002	北极绒（Bejirong）U型枕护颈枕	头腰靠枕			
0800003	北极绒（Bejirong）U型枕护颈枕	头腰靠枕			
0800004	卡莱饰（Car lives）CLS-201608 新车空	香水/空气净化			
0800005	GREAT LIFE 汽车脚垫丝圈	脚垫			
0800006	GREAT LIFE 汽车脚垫丝圈	脚垫			
0800007	牧宝(MUBO)冬季纯羊毛汽车坐垫	座垫/座套			

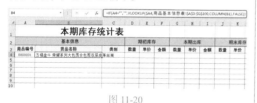

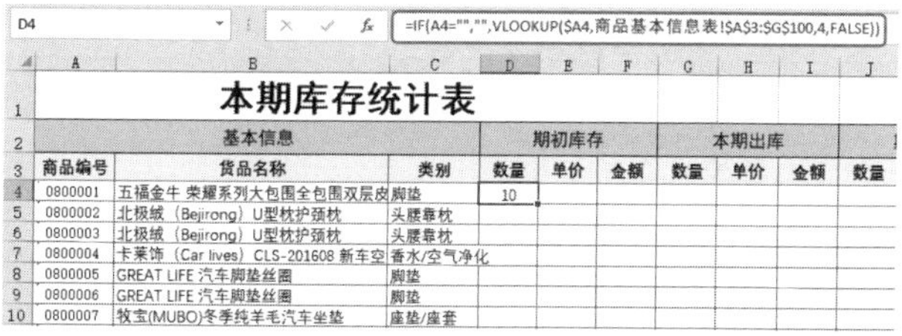

图 11-22

❼ 在 E4 单元格中输入公式：

=IF(A4="","",VLOOKUP($A4, 商品基本信息表 !$A$3:$G$100,5,FALSE))

按 Enter 键，即可根据 A4 单元格中的编码返回其期初库存单价，如图 11-23 所示。

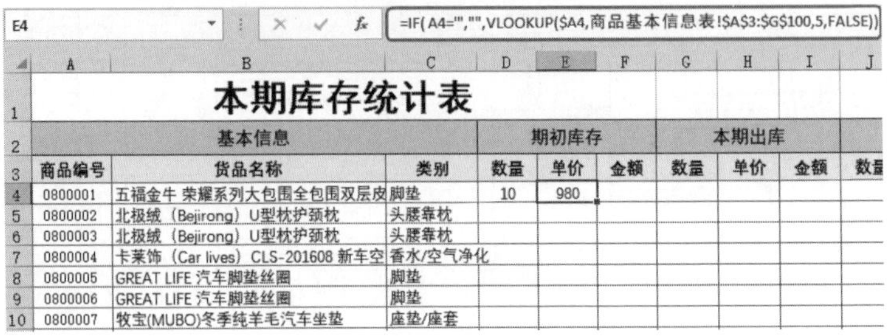

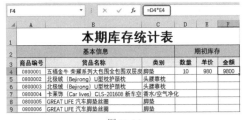

E4 =IF(A4="","",VLOOKUP($A4,商品基本信息表!$A$3:$G$100,5,FALSE))

本期库存统计表									
基本信息			期初库存			本期出库			
商品编号	货品名称	类别	数量	单价	金额	数量	单价	金额	数量
0800001	五福金牛 荣耀系列大包围全包围双层皮	脚垫	10	980					
0800002	北极绒（Bejirong）U型枕护颈枕	头腰靠枕							
0800003	北极绒（Bejirong）U型枕护颈枕	头腰靠枕							
0800004	卡莱饰（Car lives）CLS-201608 新车空	香水/空气净化							
0800005	GREAT LIFE 汽车脚垫丝圈	脚垫							
0800006	GREAT LIFE 汽车脚垫丝圈	脚垫							
0800007	牧宝(MUBO)冬季纯羊毛汽车坐垫	座垫/座套							

图 11-23

❽ 在 F4 单元格中输入公式：

=D4*E4

按 Enter 键，即可计算出第一条商品的期初库存金额，如图 11-24 所示。

F4 =D4*E4

本期库存统计表					
基本信息			期初库存		
商品编号	货品名称	类别	数量	单价	金额
0800001	五福金牛 荣耀系列大包围全包围双层皮	脚垫	10	980	9800
0800002	北极绒（Bejirong）U型枕护颈枕	头腰靠枕			
0800003	北极绒（Bejirong）U型枕护颈枕	头腰靠枕			
0800004	卡莱饰（Car lives）CLS-201608 新车空	香水/空气净化			
0800005	GREAT LIFE 汽车脚垫丝圈	脚垫			
0800006	GREAT LIFE 汽车脚垫丝圈	脚垫			

图 11-24

❾ 同时选中 D4:F4 单元格区域，将光标定位到该单元格区域右下角，当出现黑色十字形时按住鼠标左键向下拖动，即可计算出所有产品的期初库存数据，如图 11-25 所示。

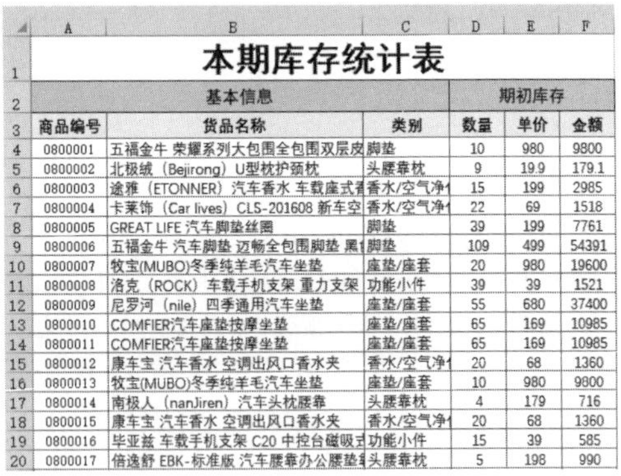

本期库存统计表					
基本信息			期初库存		
商品编号	货品名称	类别	数量	单价	金额
0800001	五福金牛 荣耀系列大包围全包围双层皮	脚垫	10	980	9800
0800002	北极绒（Bejirong）U型枕护颈枕	头腰靠枕	9	19.9	179.1
0800003	途雅（ETONNER）汽车香水 车载座式香	香水/空气净化	15	199	2985
0800004	卡莱饰（Car lives）CLS-201608 新车空	香水/空气净化	22	69	1518
0800005	GREAT LIFE 汽车脚垫丝圈	脚垫	39	199	7761
0800006	五福金牛 汽车脚垫 迈畅全包围脚垫 黑色	脚垫	109	499	54391
0800007	牧宝(MUBO)冬季纯羊毛汽车坐垫	座垫/座套	20	980	19600
0800008	洛克（ROCK）车载手机支架 重力支架	功能小件	39	39	1521
0800009	尼罗河（nile）四季通用汽车坐垫	座垫/座套	55	680	37400
0800010	COMFIER汽车座垫按摩坐垫	座垫/座套	65	169	10985
0800011	COMFIER汽车座垫按摩坐垫	座垫/座套	65	169	10985
0800012	康车宝 汽车香水 空调出风口香水夹	香水/空气净化	20	68	1360
0800013	牧宝(MUBO)冬季纯羊毛汽车坐垫	座垫/座套	10	980	9800
0800014	南极人（nanJiren）汽车头枕腰靠	头腰靠枕	4	179	716
0800015	康车宝 汽车香水 空调出风口香水夹	香水/空气净化	20	68	1360
0800016	毕亚兹 车载手机支架 C20 中控台磁吸式	功能小件	15	39	585
0800017	倍逸舒 EBK-标准版 汽车腰靠办公腰垫	头腰靠枕	5	198	990

图 11-25

11.2.2 计算本期入库、出库与库存

❶ 在 G4 单元格中输入公式：

=SUMIF(采购数据管理表 !$B$3:$F$100,A4, 采购数据管理表 !$F$3:$F$100)

按 Enter 键，即可从“采购数据管理表”中统计出第一种产品的采购总数量（即入库数量），如图 11-26 所示。

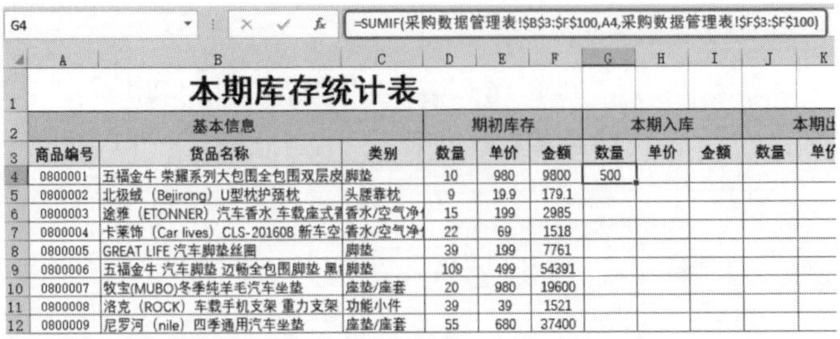

G4 =SUMIF(采购数据管理表!$B$3:$F$100,A4,采购数据管理表!$F$3:$F$100)

本期库存统计表										
基本信息			期初库存			本期入库			本期出	
商品编号	货品名称	类别	数量	单价	金额	数量	单价	金额	数量	单价
0800001	五福金牛 荣耀系列大包围全包围双层皮	脚垫	10	980	9800	500				
0800002	北极绒（Bejirong）U型枕护颈枕	头腰靠枕	9	19.9	179.1					
0800003	途雅（ETONNER）汽车香水 车载座式香	香水/空气净化	15	199	2985					
0800004	卡莱饰（Car lives）CLS-201608 新车空	香水/空气净化	22	69	1518					
0800005	GREAT LIFE 汽车脚垫丝圈	脚垫	39	199	7761					
0800006	五福金牛 汽车脚垫 迈畅全包围脚垫 黑色	脚垫	109	499	54391					
0800007	牧宝(MUBO)冬季纯羊毛汽车坐垫	座垫/座套	20	980	19600					
0800008	洛克（ROCK）车载手机支架 重力支架	功能小件	39	39	1521					
0800009	尼罗河（nile）四季通用汽车坐垫	座垫/座套	55	680	37400					

图 11-26

❷ 在 H4 单元格中输入公式：

=IF(A4="","",VLOOKUP($A4, 商品基本信息表 !$A$3:$G$100,5,FALSE))

按 Enter 键，即可根据 A4 单元格中的编码返回其入库单价，如图 11-27 所示。

H4 =IF(A4="","",VLOOKUP($A4,商品基本信息表!$A$3:$G$100,5,FALSE))

本期库存统计表									
基本信息			期初库存			本期入库			
商品编号	货品名称	类别	数量	单价	金额	数量	单价	金额	数量
0800001	五福金牛 荣耀系列大包围全包围双层皮	脚垫	10	980	9800	500	980		
0800002	北极绒（Bejirong）U型枕护颈枕	头腰靠枕	9	19.9	179.1				
0800003	途雅（ETONNER）汽车香水 车载座式香	香水/空气净	15	199	2985				
0800004	卡莱饰（Car lives）CLS-201608 新车空	香水/空气净	22	69	1518				
0800005	GREAT LIFE 汽车脚垫丝圈	脚垫	39	199	7761				
0800006	五福金牛 汽车脚垫 迈畅全包围脚垫 黑	脚垫	109	499	54391				
0800007	牧宝(MUBO)冬季纯羊毛汽车坐垫	座垫/座套	20	980	19600				

图 11-27

❸ 在 I4 单元格中输入公式：

=G4*H4

按 Enter 键，即可计算出第一种产品的入库金额，如图 11-28 所示。

I4 =G4*H4

统计表						
	期初库存			本期入库		
类别	数量	单价	金额	数量	单价	金额
脚垫	10	980	9800	500	980	490000
头腰靠枕	9	19.9	179.1			
香水/空气净	15	199	2985			
香水/空气净	22	69	1518			
脚垫	39	199	7761			

图 11-28

❹ 在 J4 单元格中输入公式：

=SUMIF(出库数据管理表 !$B$3:$G$100, A4, 出库数据管理表 !$F$3:$F$100)

按 Enter 键，即可从“出库数据管理表”中统计出第一种产品的出库总数量，如图 11-29 所示。

J4 =SUMIF(出库数据管理表!$B$3:$G$100,A4,出库数据管理表!$F$3:$F$100)

本期库存统计表										
基本信息			期初库存			本期入库			本期出库	
商品编号	货品名称	类别	数量	单价	金额	数量	单价	金额	数量	单价
0800001	五福金牛 荣耀系列大包围全包围双层皮	脚垫	10	980	9800	500	980	490000	50	
0800002	北极绒（Bejirong）U型枕护颈枕	头腰靠枕	9	19.9	179.1					
0800003	途雅（ETONNER）汽车香水 车载座式香	香水/空气净	15	199	2985					
0800004	卡莱饰（Car lives）CLS-201608 新车空	香水/空气净	22	69	1518					
0800005	GREAT LIFE 汽车脚垫丝圈	脚垫	39	199	7761					
0800006	五福金牛 汽车脚垫 迈畅全包围脚垫 黑	脚垫	109	499	54391					
0800007	牧宝(MUBO)冬季纯羊毛汽车坐垫	座垫/座套	20	980	19600					
0800008	洛克（ROCK）车载手机支架 重力支架	功能小件	39	39	1521					

图 11-29

❺ 在 K4 单元格中输入公式：

=IF(A4="","",VLOOKUP($A4, 商品基本信息表 !$A$3:$G$100,6,FALSE))

按 Enter 键，即可根据 A4 单元格中的编码返回其出库单价，如图 11-30 所示。

K4 =IF(A4="","",VLOOKUP($A4,商品基本信息表!$A$3:$G$100,6,FALSE))

本期库存统计表										
基本信息			期初库存			本期入库			本期出库	
商品编号	货品名称	类别	数量	单价	金额	数量	单价	金额	数量	单价
0800001	五福金牛 荣耀系列大包围全包围双层皮	脚垫	10	980	9800	500	980	490000	50	1010
0800002	北极绒（Bejirong）U型枕护颈枕	头腰靠枕	9	19.9	179.1					
0800003	途雅（ETONNER）汽车香水 车载座式香	香水/空气净	15	199	2985					
0800004	卡莱饰（Car lives）CLS-201608 新车空	香水/空气净	22	69	1518					
0800005	GREAT LIFE 汽车脚垫丝圈	脚垫	39	199	7761					
0800006	五福金牛 汽车脚垫 迈畅全包围脚垫 黑	脚垫	109	499	54391					
0800007	牧宝(MUBO)冬季纯羊毛汽车坐垫	座垫/座套	20	980	19600					
0800008	洛克（ROCK）车载手机支架 重力支架	功能小件	39	39	1521					

图 11-30

❻ 在 L4 单元格中输入公式：

=J4* K4

按 Enter 键，即可计算出第一种产品的出库金额，如图 11-31 所示。

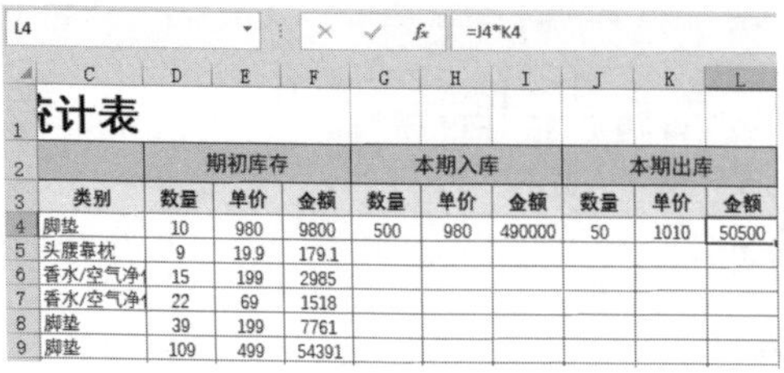

图 11-31

❼ 在 M4 单元格中输入公式：

=D4+G4-J4

按 Enter 键，即可计算出第一种产品的期末库存数量，如图 11-32 所示。

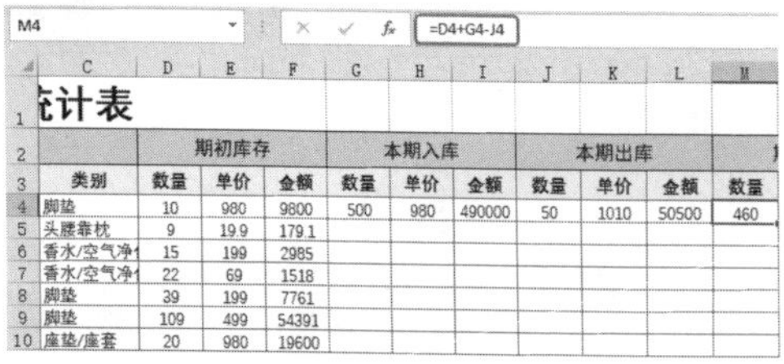

图 11-32

❽ 在 N4 单元格中输入公式：

=IF(B4="","",VLOOKUP($A4,商品基本信息表!$A$3:$G$100,5,FALSE))

按 Enter 键，即可计算出第一种产品的期末库存单价，如图 11-33 所示。

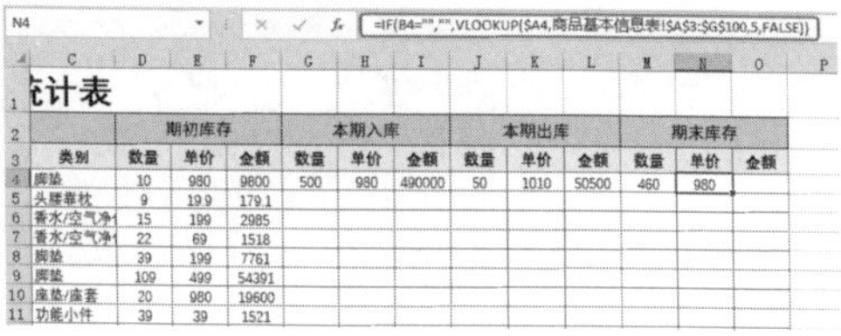

图 11-33

❾ 在 O4 单元格中输入公式：

=M4*N4

按 Enter 键，即可计算出第一种产品的期末库存金额，如图 11-34 所示。

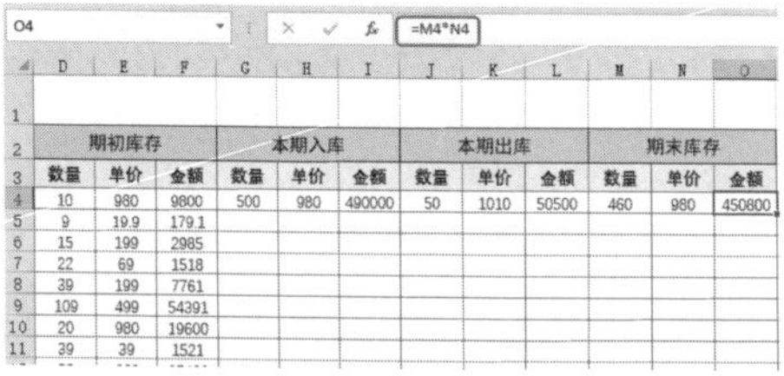

图 11-34

❿ 同时选中 G4:O4 单元格区域，将光标定位到该单元格区域右下角，当出现黑色十字形时按住鼠标左键向下拖动，即可计算出所有产品的入库数据、出库数据、期末库存数据，如图 11-35 所示。

	A	B	C	D	E	F	G	H	I	J	K	L	M	N	O
1	本期库存统计表														
2	基本信息			期初库存			本期入库			本期出库			期末库存		
3	商品编号	货品名称	类别	数量	单价	金额	数量	单价	金额	数量	单价	金额	数量	单价	金额
4	0800001	五福金牛 荣耀系列大包围全包围双层皮	脚垫	10	980	9800	500	980	490000	50	1010	50500	460	980	450800
5	0800002	北极绒（Bejirong）U型枕护颈枕	头腰靠枕	9	19.9	179.1	120	19.9	2388	60	49.9	2994	69	19.9	1373.1
6	0800003	途雅（ETONNER）汽车香水 车载座式香	香水/空气净	15	199	2985	90	199	17910	20	229	4580	85	199	16915
7	0800004	卡莱饰（Car lives）CLS-201608 新车空	香水/空气净	22	69	1518	50	69	3450	15	99	1485	57	69	3933
8	0800005	GREAT LIFE 汽车脚垫丝圈	脚垫	39	199	7761	100	199	19900	9	229	2061	130	199	25870
9	0800006	五福金牛 汽车脚垫 迈畅全包围脚垫 黑	脚垫	109	499	54391	80	499	39920	10	529	5290	179	499	89321
10	0800007	牧宝(MUBO)冬季纯羊毛汽车坐垫	座垫/座套	20	980	19600	60	980	58800	6	1010	6060	74	980	72520
11	0800008	洛克（ROCK）车载手机支架 重力支架	功能小件	39	39	1521	50	39	1950	19	69	1311	70	39	2730
12	0800009	尼罗河（nile）四季通用汽车坐垫	座垫/座套	55	680	37400	70	680	47600	9	710	6390	116	680	78880
13	0800010	COMFIER汽车座垫按摩坐垫	座垫/座套	65	169	10985	50	169	8450	8	199	1502	107	169	18083
14	0800011	COMFIER汽车座垫按摩坐垫	座垫/座套	65	169	10985	20	169	3380	11	109	2189	74	169	12506
15	0800012	康车宝 汽车香水 空调出风口香水夹	香水/空气净	20	68	1360	10	68	680	6	98	588	24	68	1632
16	0800013	牧宝(MUBO)冬季纯羊毛汽车坐垫	座垫/座套	10	980	9800	10	980	9800	2	1010	2020	18	980	17640
17	0800014	南极人（nanJiren）汽车头枕腰靠	头腰靠枕	4	179	716	20	179	3580	10	209	2090	14	179	2506
18	0800015	康车宝 汽车香水 空调出风口香水夹	香水/空气净	20	68	1360	25	68	1700	9	98	882	36	68	2448
19	0800016	毕亚兹 车载手机支架 C20 中控台磁吸式	功能小件	15	39	585	30	39	1170	11	69	759	34	39	1326
20	0800017	倍逸舒 EBK-标准版 汽车腰靠办公腰垫	头腰靠枕	5	198	990	20	198	3960	6	228	1368	19	198	3762
21	0800018	快美特（CARMATE）空气科学 II 汽车	香水/空气净	19	39	741	15	39	585	9	69	621	25	39	975
22	0800019	固特异（Goodyear）丝圈汽车脚垫 飞	脚垫	33	410	13530	12	410	4920	7	440	3080	38	410	15580
23	0800020	绿联 车载手机支架 40808 银色	功能小件	112	45	5040	10	45	450	6	75	450	116	45	5220
24	0800021	洛克（ROCK）车载手机支架 重力支架	功能小件	60	39	2340	12	39	468	9	69	621	63	39	2457
25	0800022	南极人（nanJiren）皮革汽车座垫	座垫/座套	52	468	24336	50	468	23400	8	498	3984	94	468	43992
26	0800023	卡饰社（CarSetCity）汽车头枕 便携式	头腰靠枕	78	79	6162	15	79	1185	11	109	1199	82	79	6478
27	0800024	卡饰社（CarSetCity）汽车头枕 便携式	头腰靠枕	60	79	4740	22	79	1738	6	109	654	76	79	6004
28	0800025	香木町 shamood 汽车香水	功能小件	9	39.8	358.2	30	39.8	1194	2	69.8	139.6	37	39.8	1472.6
29	0800026	北极绒（Bejirong）U型枕护颈枕	头腰靠枕	2	19.9	39.8	15	19.9	298.5	10	49.9	499	7	19.9	139.3

图 11-35

11.3 ▶ 利用分类汇总查看入库情况

分类汇总是将数据按指定的类进行汇总,在进行分类汇总前首先需要进行排序,先将同一类的数据记录连续显示,然后再将各个类型数据按指定条件汇总。本节需要根据出入库数据按供货商和产品名称统计入库金额。

11.3.1 按供货商统计入库金额

下面要统计出各供应商的入库金额合计值,首先要按"供应商负责人"字段进行排序,然后进行分类汇总设置。

❶ 复制"采购数据管理表"工作表,将其重命名为"按供货商分类汇总",将采购数据更改为入库名称即可。选中"供应商负责人"列中任意单元格,

单击"数据"选项卡下"排序和筛选"组中的"升序"按钮进行排序,如图 11-36 所示。

❷ 选择表格编辑区域的任意单元格,在"数据"选项卡下的"分级显示"组中单击"分类汇总"按钮(如图 11-37 所示),打开"分类汇总"对话框。

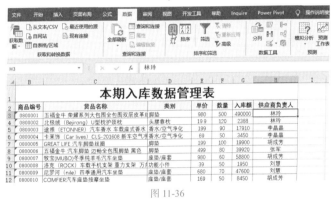

图 11-36

图 11-37

❸ 在"分类字段"下拉列表中选择"供应商负责人";在"汇总方式"下拉列表中选择"求和";在"选定汇总项"列表框中选中"入库额"复选框,如图 11-38 所示。

❹ 设置完成后,单击"确定"按钮,即可将表格中以"供应商负责人"排序后的入库记录进行分类汇总,并显示分类汇总后的结果(汇总项为"入库额"),如图 11-39 所示。

图 11-38　　　　　　　　　　　　　　　　　图 11-39

⑤ 单击行号左边的 2，则只显示分类汇总的结果，效果如图 11-40 所示。

	日期	商品编号	货品名称	类别	单价	数量	入库额	供应商负责人
			本期入库数据管理表					
							109822	胡成芳 汇总
							28968	李晶晶 汇总
							498838	林玲 汇总
							103860	刘慧 汇总
							56908	张军 汇总
							798396	总计

图 11-40

11.3.2　按产品类别统计入库金额

下面要统计出各产品的入库金额合计值，首先要按"类别"字段进行排序，然后进行分类汇总设置。

① 复制"采购数据管理表"工作表，将其重命名为"按类别分类汇总"。选中"产品名称"列中任意单元格，单击"数据"选项卡下"排序和筛选"组中的"升序"按钮进行排序，如图 11-41 所示。

② 选择表格编辑区域的任意单元格，在"数据"选项卡下的"分级显示"组中单击"分类汇总"按钮（如图 11-42 所示），打开"分类汇总"对话框。

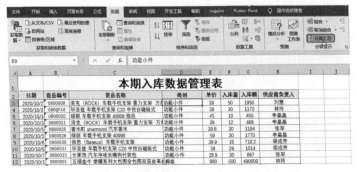

图 11-41

图 11-42

❸在"分类字段"下拉列表中选择"类别"选项；在"汇总方式"下拉列表中选择"求和"；在"选定汇总项"列表框中选中"入库额"复选框，如图 11-43 所示。

❹设置完成后，单击"确定"按钮，即可将表格中以"类别"排序后的入库记录进行分类汇总，并显示分类汇总后的结果（汇总项为"入库额"），如图 11-44 所示。

图 11-43

A	B	C	D	E	F	G	H
		本期入库数据管理表					
日期	商品编号	货品名称	类别	单价	入库量	入库额	供应商负责人
2020/10/2	0800008	洛克（ROCK）车载手机支架 重力支架 万	功能小件	39	50	1950	刘慧
2020/10/3	0800016	毕亚兹 车载手机支架 C20 中控台磁吸式	功能小件	39	30	1170	林玲
2020/10/3	0800020	绿联 车载手机支架 40808 银色	功能小件	45	10	450	李晶晶
2020/10/3	0800021	洛克（ROCK）车载手机支架 重力支架 万	功能小件	39	12	468	李晶晶
2020/10/5	0800025	香木町 shamood 汽车香水	功能小件	39.8	30	1194	张军
2020/10/5	0800028	绿联 车载手机支架 40998	功能小件	59	30	1770	李晶晶
2020/10/6	0800030	倍思（Baseus）车载手机支架	功能小件	39.9	18	718.2	胡成芳
2020/10/6	0800031	毕亚兹 车载手机支架 C20 中控台磁吸式	功能小件	39	26	1014	胡成芳
2020/10/7	0800033	卡莱饰 汽车净味长嘴狗竹炭包	功能小件	28.9	30	867	张军
			功能小件 汇总			9601.2	
2020/10/1		五福金牛 荣耀系列大包围全包围双层皮革坐	脚垫	980	500	490000	林玲
2020/10/1	0800005	GREAT LIFE 汽车脚垫丝圈	脚垫	199	100	19900	胡成芳
2020/10/1	0800006	五福金牛 汽车脚垫 边畅全包围脚垫 黑色	脚垫	499	80	39920	张军
2020/10/3	0800019	固特异（Goodyear）丝圈汽车脚垫 飞足系	脚垫	410	12	4920	李晶晶
2020/10/5	0800027	固特异（Goodyear）丝圈汽车脚垫 飞足系	脚垫	410	25	10250	刘慧
2020/10/6	0800029	GREAT LIFE 汽车脚垫丝圈	脚垫	199	60	11940	胡成芳
			脚垫 汇总			576930	
2020/10/1	0800002	北极绒（Bejirong）U型枕护颈枕	头腰靠枕	19.9	120	2388	林玲
2020/10/3	0800014	南极人（nanJiren）汽车头枕腰靠	头腰靠枕	179	20	3580	林玲
2020/10/3	0800017	倍逸舒 EBK-标准版 汽车腰靠办公腰垫腰靠垫	头腰靠枕	198	20	3960	张军
2020/10/4	0800023	卡饰社（CarSetCity）汽车头枕 便携式记忆	头腰靠枕	79	15	1185	张军
2020/10/4	0800024	卡饰社（CarSetCity）汽车头枕 便携式记忆	头腰靠枕	79	22	1738	张军
2020/10/5	0800026	北极绒（Bejirong）U型枕护颈枕	头腰靠枕	19.9	15	298.5	张军
2020/10/7	0800034	南极人（nanJiren）汽车头枕腰靠	头腰靠枕	179	40	7160	张军
			头腰靠枕 汇总			20310	

图 11-44

❺单击行号左边的 2，则只显示分类汇总的结果，效果如图 11-45 所示。

185

第 11 章 采购与库存管理

		A	B	C	D	E	F	G	H
	1				**本期入库数据管理表**				
	2	日期	商品编号	货品名称	类别	单价	入库量	入库额	供应商负责人
+	12				功能小件 汇总			9601.2	
+	19				脚垫 汇总			576930	
+	27				头腰靠枕 汇总			20310	
+	34				香水/空气净化 汇总			33325	
+	42				座垫/座套 汇总			158230	
-	43				总计			798396	
	44								
	45								
	46								

图 11-45

11.4 ▶ 统计分析库存数据

为了更好地管理公司库存数据，可以使用条件格式、数据透视表和数据透视图统计分析库存数据。

11.4.1 设置低库存预警

为了保持库存的连续性，可以为库存数据设置条件格式，将低于某个库存量的数据以突出格式显示出来，方便管理人员及时了解库存状况。

❶ 选中要设置条件格式的单元格区域（D3:D37 单元格区域），在"开始"选项卡的"样式"组中单击"条件格式"下拉按钮，鼠标指向"突出显示单元格规则"命令，在弹出子菜单中选择"小于"命令（如图 11-46 所示），打开"小于"对话框。

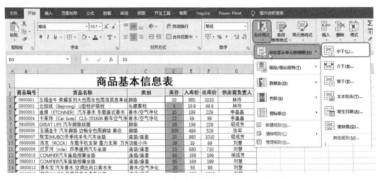

图 11-46

❷ 在"为小于以下值的单元格设置格式"设置框中输入 10，然后单击"设置为"右侧的下拉按钮，在下拉菜单中单击"浅红填充色深红色文本"，如图 11-47 所示。

图 11-47

专家提示

也可以在"设置为"列表中选择其他突出显示格式，或者设置自定义格式显示，如图 11-48 所示。

图 11-48

❸ 单击"确定"按钮，返回工作表中，即可看到库存在 10 以下所在单元格以"浅红填充色深红色文本"突出显示出来，如图 11-49 所示。

图 11-49

11.4.2 按类别分析采购数据

前面小节中介绍了使用分列汇总功能按类别统计入库额的技巧，下面需要使用数据透视表按类别分析采购数据，并创建图表分析数据。

1. 创建数据透视表

❶ 在"采购数据管理表"工作表中选中任意单元格，在"插入"选项卡的"表格"组中单击"数据透视表"按钮（如图 11-50 所示），打开"创建数据透视表"对话框。

图 11-50

❷ 保持默认选项不变即可，如图 11-51 所示。

图 11-51

❸ 单击"确定"按即可创建数据透视表。设置"类别"为行标签字段，设置"采购额""采购量"为值字段，并将新工作表重命名为"按类别分析采购数据"，可以看到数据透视表中统计了各系列产品的采购额总计与采购量总计，如图 11-52 所示。

图 11-52

2. 创建数据透视图

❶ 选中透视表"采购额"中任意单元格，在"数据"选项卡的"排序和筛选"组中单击"降序"按钮（如图 11-53 所示），即可将采购额从高到低排序。

❷ 分别选中行标签和采购额数据，在"分析"选项卡的"工具"组中单击"数据透视图"按钮（如图 11-54 所示），打开"插入图表"对话框。

图 11-53

图 11-54

❸ 在左侧选择"条形图"，并在右侧选中"簇状条形图"类型（如图 11-55 所示），单击"确定"按钮返回数据透视表，即可创建默认格式条形图，效果如图 11-56 所示。

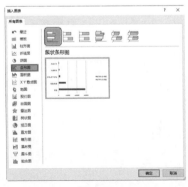

图 11-55

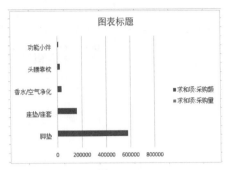

图 11-56

❹ 双击图表坐标轴打开"设置坐标轴格式"对话框，将显示单位设置为"千"（如图 11-57 所示）。关闭对话框后返回图表，并对图表设置样式和颜色，重新更改图表的标题，最终图表效果如图 11-58 所示。从图表中可以看到各类别商品采购额从低到高显示的条形图。

图 11-57

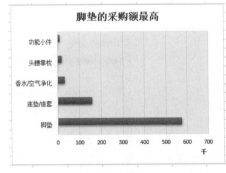

图 11-58

下面需要根据公式计算各类别商品的入库数量、金额以及出库数量和金额。根据创建的各系列商品出入库统计表，还可以创建图表直观比较各类别商品的出入库金额情况。

1. 公式统计各系列商品出入库数据

❶ 新建工作表，将其重命名为"各系列商品出入库统计表"。在表格中输入各系列名称，并建立相关的计算列标识。

❷ 对表格编辑区域进行格式设置，包括文字格式设置、边框底纹设置等，如图 11-59 所示。

图 11-59

❸ 在 B3 单元格中输入公式：

=SUMIF(采购数据管理表 !$D$3:$D$100,$A3, 采购数据管理表 !F$3:F$100)

按 Enter 键，即可从"采购数据管理表"中统计出"脚垫"本期入库数量，如图 11-60 所示。

图 11-60

💡 专家提示

=SUMIF(采购数据管理表 !$D$3:$D$100,$A3, 采购数据管理表 !F$3:F$100)

在采购数据管理表 !$D$3:$D$100 单元格区域中寻找与 A3 单元格中相同的名称，找到后对应在采购数据管理表 !F$3:F$100 单元格区域中的值进行求和。

此公式的设置中可以看到有绝对引用，

也有相对引用，这是为了公式的复制而专门设计的。当公式向右复制时，如果希望统计的列发生改变，那么就采用相对引用；当公式向下复制时，如果希望公式中引用单元格的行发生改变，那么就采用相对引用；有些统计区域是始终不发生改变的，就采用绝对引用。

❹ 选中 B3 单元格，将光标定位到该单元格区域右下角，当出现黑色十字形时按住鼠标左键向右拖动至 C3 单元格，可返回"脚垫"本期入库金额，如图 11-61 所示。

图 11-61

❺ 在 D3 单元格中输入公式：

=SUMIF(出库数据管理表 !$D$3:$D$100,$A3, 出库数据管理表 !F$3:F$100)

按 Enter 键，即可从"出库数据管理表"中统计出"脚垫"本期出库数量，如图 11-62 所示。

图 11-62

❻ 选中 D3 单元格，向右拖动将公式复制到 E3 单元格，可返回"脚垫"本期出库金额。

❼ 选中 B3:E3 单元格区域，将光标定位在右下角，当出现黑色十字形时向下拖动到 E7 单元格中，可一次性计算出各系列商品的出入库数据，如图 11-63 所示。

图 11-63

2. 图表比较各系列商品的出入库数据

❶ 选中 A2:A7、C2:C7、E2:E7 单元格区域。在"插入"选项卡下的"图表"选项组中单击"柱形图"按钮，打开下拉菜单，单击"堆积柱形图"图表类型，即可新建图表，如图 11-64 所示。

图 11-64

❷ 切换到"图表工具"→"设计"选项卡下，在"数据"组中单击"切换行 / 列"按钮（如图 11-65 所示），则可以更改图表的表达重点，如图 11-66 所示。

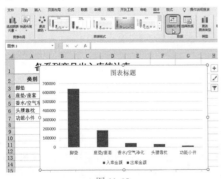

图 11-65

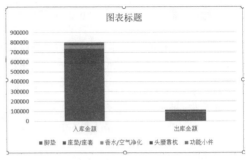

图 11-66

❸ 选中图表，单击图表右侧的"图表样式"按钮，在打开的列表中选择一种样式，如图 11-67 所示。

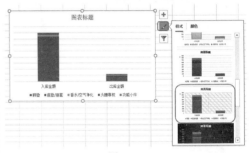

图 11-67

❹ 选中图表，单击图表右侧的"图表样式"按钮，在打开的列表中选择一种图表主题颜色，如图 11-68 所示。

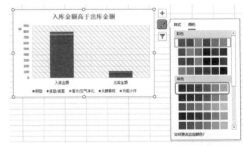

图 11-68

❺ 重新修改图表的标题后，最终图表效果如图 11-69 所示，从图表中可以看到入库金额远远高于出库金额。

Excel 2019 在市场营销工作中的典型应用（视频教学版）

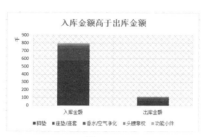

图 11-69

11.5 ▶ 库存产品盘点表

库存盘点，是指定期或临时对库存产品的实际数量进行清查、清点的作业，即为了掌握货物的流动情况，而进行的操作。因此企业需要及时对库存产品进行盘点。

11.5.1 创建库存产品盘点表

❶ 新建工作表，将其重命名为"本期库存盘点"。输入表格标题、列标识，对表格字体、对齐方式、底纹和边框进行设置，如图 11-70 所示。

图 11-70

❷ 设置好格式后，根据实际情况在表格中输入产品名称、账面库存量基本信息。

❸ 选中 A3 单元格，在"视图"选项卡的"窗口"组中单击"冻结窗格"下拉按钮，在打开的下拉列表中选择"冻结窗格"命令（如图 11-71 所示），即可冻结表格列标识和标题，效果如图 11-72 所示。

图 11-71

图 11-72

11.5.2 设置公式自动返回库存基本信息

❶ 在 B3 单元格中输入公式：

= 商品基本信息表 !B3

按 Enter 键，即可从"商品基本信息表"中返回产品名称，如图 11-73 所示。

图 11-73

❷ 选中 B3 单元格，将光标定位到该单元格区域右下角，向右复制公式至 C3 单元格，即可一次性从"商品基本信息表"中返回产品名称、类别，如图 11-74 所示。

图 11-74

❸ 选中 B3:C3 单元格区域，将光标定位到该单元格区域右下角，当出现黑色十字形时按住鼠标左键向下拖动，释放鼠标即可完成公式复制，效果如图 11-75 所示。

图 11-75

❹ 在 E3 单元格中输入公式：

=VLOOKUP($A3, 库存统计表 !$A:$O,COLUMN(M1), FALSE)

按 Enter 键，然后向下复制公式，即可根据商品编号从"库存统计表"中返回各产品本期的实际库存量，如图 11-76 所示。

❺ 在 F3 单元格中输入公式：

=IF(E3=D3," 平 ",IF(E3>D3," 盈 "," 亏 "))

按 Enter 键，然后向下复制公式，即可返回各产品是否盈亏，如图 11-77 所示。

图 11-76

图 11-77

⑥ 在 G3 单元格中输入公式：

=E3-D3

按 Enter 键，然后向下复制公式，即可计算出各产品的盘存结果，如图 11-78 所示。

图 11-78

11.5.3 设置条件格式查看产品盈亏

为了更直观地查看产品盈亏情况，下面介绍使用数据条来显示产品的盘存结果。

❶选中"盘存结果"列中的单元格区域，在"开始"选项卡"样式"组中单击"条件格式"按钮，弹出下拉菜单，鼠标指针指向"数据条"，在子菜单选择一种合适的数据条样式，如图 11-79 所示。

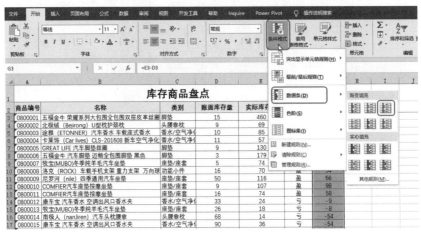

图 11-79

❷选择合适的数据条样式后，在单元格中就会显示出数据条，如图 11-80 所示，可以直观地查看各产品的盈亏情况。

商品编号	名称	类别	账面库存量	实际库存量	标志	盘存结果
0800001	五福金牛 荣耀系列大包围全包围双层皮革丝圈	脚垫	15	460	盈	445
0800002	北极绒 (Bejirong) U型枕护颈枕	头腰模枕	9	69	盈	60
0800003	途雅 (ETONNER) 汽车香水 车载座式香水	香水/空气净化	10	85	盈	75
0800004	卡莱饰 (Car lives) CLS-201608 新车空气净化	香水/空气净化	11	57	盈	46
0800005	GREAT LIFE 汽车脚垫丝圈	脚垫	9	130	盈	121
0800006	五福金牛 汽车脚垫 迈畅全包围脚垫 黑色	脚垫	3	179	盈	176
0800007	牧宝(MUBO)冬季纯羊毛汽车坐垫	座垫/座套	5	74	盈	69
0800008	洛克 (ROCK) 车载手机支架 重力支架 万向球	功能小件	16	70	盈	54
0800009	尼罗河 (nile) 四季通用汽车坐垫	座垫/座套	50	116	盈	66
0800010	COMFIER汽车座垫按摩坐垫	座垫/座套	9	107	盈	98
0800011	COMFIER汽车座垫按摩坐垫	座垫/座套	16	74	盈	58
0800012	康车宝 汽车香水 空调出风口香水夹	香水/空气净化	33	24	亏	-9
0800013	牧宝(MUBO)冬季纯羊毛汽车坐垫	座垫/座套	26	18	亏	-8
0800014	南极人 (nanJiren) 汽车头枕腰靠	头腰模枕	68	14	亏	-54
0800015	康车宝 汽车香水 空调出风口香水夹	香水/空气净化	90	36	亏	-54
0800016	毕亚兹 车载手机支架 C20 中控台磁吸式	功能小件	5	34	盈	29
0800017	倍适舒 EBK-标准版 汽车腰靠办公腰垫	头腰模枕	15	19	盈	4
0800018	快美特 (CARMATE) 空气科学Ⅱ 汽车车载香	香水/空气净化	13	25	盈	12
0800019	固特异 (Goodyear) 丝圈汽车脚垫 飞足系列	脚垫	11	38	盈	27
0800020	绿联 车载手机支架 40808 银色	功能小件	16	116	盈	100
0800021	洛克 (ROCK) 车载手机支架 重力支架 万向球	功能小件	9	63	盈	54
0800022	南极人 (nanJiren) 皮车坐垫	座垫/座套	13	94	盈	81
0800023	卡饰社 (CarSetCity) 汽车头枕 便携式记忆棉	头腰模枕	10	82	盈	72

图 11-80

第12章 销售预测分析

销售预测是指对未来特定时间内，全部产品或特定产品的销售数量与销售金额的估计。销售预测是在充分考虑未来各种影响因素的基础上，结合本企业的销售实绩，通过一定的分析方法提出切实可行的销售目标。

☑ 回归分析工具预测

☑ 指数平滑法预测

☑ 使用函数预测

☑ 为图表添加趋势线预测

12.1 ▶使用数据分析工具预测销售数据

分析工具库是一组强大的数据分析工具，包含方差分析、相关系数、协方差、描述统计、指数平滑、移动平均、回归等数据分析工具。使用这些高级分析工具可以处理复杂的数据统计分析、数据分析预测、工程分析等操作。在 Excel 2019 中使用分析工具库中的工具，首先需要安装分析工具库。

本节通过使用分析工具库中的回归分析和指数平滑法，介绍如何预测公司的下期生产量，如图 12-1 所示。

1-12月销售量数据

月份	生产量（万件）	α=0.4的平滑值
1月	456	#N/A
2月	996	456
3月	565	780
4月	874	651
5月	823	784.8
6月	764	807.72
7月	647	781.488
8月	669	700.7952
9月	592	681.71808
10月	700	627.887232
11月	851	671.1548928
12月	807	779.0619571

图 12-1

如图 12-2 所示的表格中使用了一元线性回归分析工具，分析了生产数量与单个成本之间有无依赖关系，同时也可以对任意生产数量的单个成本进行预测。

如图 12-3 所示的表格中使用了多元线性回归分析工具，分析了完成数量、合格数和奖金额之间的互为影响关系。

图 12-2

图 12-3

12.1.1 加载分析工具库

在 Excel 2019 中使用分析工具库中的工具，首先需要安装分析工具库（第 13 章中的"规划求解"功能也可以按照相同的方法添加）。

❶单击"文件"选项卡，选中"选项"标签，弹出"Excel 选项"对话框。

❷选择"加载项"标签，在右侧单击"转到"按钮（如图 12-4 所示），打开"加载项"对话框。

❸选中"分析工具库"复选框（"规划求解加载项"也是经常使用的数据分析工具），如图 12-5 所示。

图 12-4

Excel 2019 在市场营销工作中的典型应用（视频教学版）

图 12-5

④ 单击"确定"按钮返回到工作簿,此时可以在"数据"选项卡上看到"分析"组中添加的"规划求解"和"数据分析"两个按钮,如图 12-6 所示。

图 12-6

专家提示

第 13 章使用的"规划求解"功能也可以在"加载项"对话框中选中复选框,即可在"分析"组中添加"规划求解"数据分析按钮。

知识扩展

如果要卸载数据分析工具库,则可以再次打开"Excel 选项"对话框(如图 12-7 所示),打开"加载项"对话框后,取消选中"分析工具库"复选框即可,如图 12-8 所示。

图 12-7

图 12-8

12.1.2 回归分析预测销售数据

回归分析是将一系列影响因素和结果进行拟合,找出哪些影响因素对结果造成影响。回归分析基于观测数据建立变量间适当的依赖关系,以分析数据内在的规律,并可用于预测、控制等问题。

回归分析按照涉及的自变量的多少,分为回归和多重回归分析;按照因变量的多少,可分为一元回归分析和多元回归分析;按照自变量和因变量之间的关系类型,可分为线性回归分析和非线性回归分析。

1. 一元线性回归

如果在回归分析中,只包括一个自变量和一个因变量,且二者的关系可用一条直线近似表示,那么这种回归分析称为一元线性回归分析。

如图 12-9 所示的表格中统计了各个不同的生产数量对应的单个成本,下面需要使用回归工具来分析生产数量与单个成本之间有无依赖关系,同时也可以对任意生产数量的单个成本进行预测。

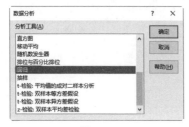

	A	B
1	生产数量	单个成本(元)
2	1	45
3	5	42
4	10	37
5	15	36
6	30	34
7	70	27
8	80	25
9	100	22

图 12-9

❶首先打开"数据分析"对话框，然后选中"回归"（如图 12-10 所示），单击"确定"按钮，打开"回归"对话框。按图 12-11 所示设置各项参数。

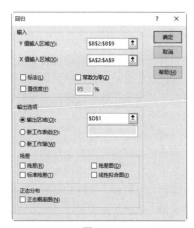

图 12-10

图 12-11

❷单击"确定"按钮，返回工作表中，即可看到表中添加的回归统计结果，如图 12-12 所示。

第一张表是"回归统计"表，结论如下。

Multiple 对应的是相关系数，值为 0.966697。

R Square 对应的数据为测定系数，或称拟合优度，它是相关系数的平方，值为 0.9345039。

Adjusted 是对应的校正测定系数，值为 0.9235879。

这几项值都接近于 1，说明生产数量与单个成本之间存在直接的线性相关关系。

第二张表是"方差分析"表，结论如下。

主要作用是通过 F 检验来判定回归模型的回归效果。Significance F（F 是显著性统计量）的 P 值远小于显著性水平 0.05，所以说该回归方程回归效果显著。

第三张表是"回归参数"表，结论如下。

A 列和 B 列对应的线性关系式为 y=ax+b，根据 E17:E18 单元格的值得出估算的回归方程为 y=−0.2049x+ 41.4657。有了这个公式便可以实现对任意生产量时单位成本的预测。例如：

- 预测当生产量为 90 件时的单位成本则使用公式：y= −0.2049*90+ 41.4657
- 预测当生产量为 120 件时的单位成本则使用公式：y= −0.2049*120+ 41.4657

图 12-12

2. 多元线性回归

如果回归分析中包括两个或两个以上的自变量，且因变量和自变量之间是线性关系，则称为多元线性回归分析。

如图 12-13 所示的表格中统计了完成数量、合格数和奖金，下面需要进行任意完成数量的合格数的奖金预测。

	A	B	C
1	完成数量(个)	合格数(个)	奖金(元)
2	210	195	500
3	205	196	800
4	200	198	1000
5	210	202	798
6	206	200	810
7	210	208	1080
8	200	187	480
9	220	179	200

图 12-13

❶打开"回归"对话框，按图 12-14 所示设置各项参数。

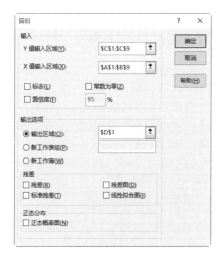

图 12-14

❷ 单击"确定"按钮，返回工作表中，即可看到表中添加的回归统计结果，如图 12-15 所示。

第一张表是"回归统计"表，结论如下。

Multiple R 对应的是相关系数，值为 0.939133。

R Square 对应的数据为测定系数，或称拟合优度，它是相关系数的平方，值为 0.881971。

Adjusted R Square 是对应的校正测定系数。值为 0.834759。

这几项值都接近于 1，说明奖金与合格数存在直接的线性相关关系。

第二张表是"方差分析"表，结论如下。

主要作用是通过 F 检验来判定回归模型的回归

效果。Significance F（F 是显著性统计量）的 P 值远小于显著性水平 0.05，所以说该回归方程回归效果显著。

第三张表是"回归参数"表，对应的公式为 =E17+E18*300+E19*280，结论如下。

A 列和 B 列对应的线性关系式为 z =ax+by+c，根据 E17:E19 单元格的值得出估算的回归方程为 z= −7.8758x+27.29444y+(−2372.89)。有了这个公式便可以实现对任意完成数量的合格数的奖金预测，例如：

· 预测当完成量为 70 件、合格数为 50 件时的奖金使用公式：z=−7.8758*70+27.29444*50+(−2372.89)；

· 预测当完成量为 300 件、合格数为 280 件时的奖金使用公式：z=−7.8758*300+27.29444*280+(−2372.89)。

再看表格中合格数的 t 统计量的 P 值为 0.00345，远小于显著性水平 0.05，因此合格数与奖金相关。

完成数量的 t 统计量的 P 值为 0.195227，大于显著性水平 0.05，因此完成数量与奖金关系不大。

图 12-15

12.1.3 指数平滑法预测产品的销量

对于不含趋势和季节成分的时间序列，即平稳时间序列，由于这类序列只含随机成分，只要通过平滑就可以消除随机波动，因此，这类预测方法也称为平滑预测方法。指数平滑将会使用以前的全部数据，来决定一个特别时间序列的平滑值，即将本期的实际值与前期对本期预测值的加权平均作为本期的预测值。

根据情况的不同，其指数平滑预测的指数也不一样，下面举例讲解指数平滑预测。如图 12-16 所示为某工厂 1～12 月份的生产量统计数据，假设阻尼为 0.4，现在需要预测下期生产量。

❶ 首先打开"数据分析"对话框，然后选中"指数平滑"（如图 12-17 所示），单击"确定"按钮，打开"指数平滑"对话框。

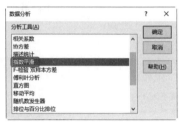

1~12月生产量数据		
月份	生产量（万件）	α=0.4的平滑值
1月	456	
2月	996	
3月	565	
4月	874	
5月	823	
6月	764	
7月	647	
8月	669	
9月	592	
10月	700	
11月	851	
12月	807	

图 12-16

图 12-17

❷按图 12-18 所示设置各项参数，单击“确定”按钮返回工作表中，即可得出一次指数预测结果，如图 12-19 所示，C14 单元格的值即为下期的预测值。

图 12-18

1~12月销售量数据		
月份	生产量（万件）	α=0.4的平滑值
1月	456	#N/A
2月	996	456
3月	565	780
4月	874	651
5月	823	784.8
6月	764	807.72
7月	647	781.488
8月	669	700.7952
9月	592	681.71808
10月	700	627.887232
11月	851	671.1548928
12月	807	779.0619571

图 12-19

12.1.4 移动平均法预测销售量

本例表格中统计了某公司 2009—2020 年产品的销售量预测值，现在可以使用“移动平均”分析工具预测出 2021 年的销量，并创建图表查看实际销量与预测值之间的差别。

❶打开表格，在“数据”选项卡的“分析”组中单击“数据分析”按钮（如图 12-20 所示），打开“数据分析”对话框。选择“移动平均”选项（如图 12-21 所示），打开“移动平均”对话框。

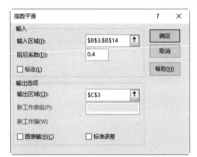

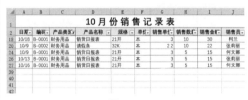

10月份销售记录表									
日期	编码	产品类别	产品名称	规格	单位	销售单价	销售数量	销售金额	销售员
10/18	B-0001	财务用品	销货日报表	21开	本	3	10	30	柯兰
10/9	B-0002	财务用品	请假条	32K	本	2 2	10	22	张莉丽
10/9	B-0001	财务用品	销货日报表	21开	本	3	5	15	何文娜
10/13	B-0001	财务用品	销货日报表	21开	本	3	5	15	张莉丽
10/16	B-0001	财务用品	销货日报表	21开	本	3	5	15	何文娜

图 12-20

图 12-21

❷按图 12-22 所示设置各项参数，选中“标准误差”和“图表输出”复选框。单击“确定”按钮，返回工作表中，即可看到表中添加的预测值、误差值以及移动平均折线图图表，如图 12-23 所示。注意这里的 C14 单元格的值就是预测出的下一期的预测值，即 2020 年的销售量数据。

❸选中图表“实际值”数据系列，单击鼠标右键，在弹出的快捷菜单中选择“选择数据”命令（如图 12-24 所示），打开“选择数据源”对话框。单击“编辑”按钮（如图 12-25 所示），打开“轴标签”对话框。

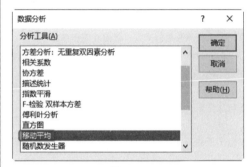

图 12-22

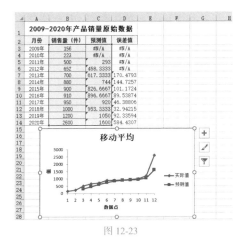

图 12-23

④ 重新设置轴标签区域并单击"确定"按钮（如图 12-26 所示），返回"选择数据源"对话框，即可看到更改后的轴标签为年份值，如图 12-27 所示。

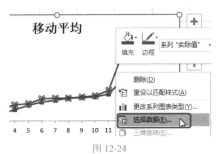

图 12-24

图 12-25

图 12-26

图 12-27

⑤ 更改图表标题为"2021 年预测销售量"，并对折线图图表进行美化，效果如图 12-28 所示。

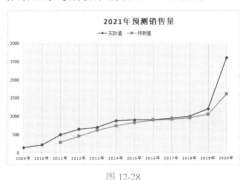

图 12-28

12.2 使用函数预测销售数据

使用高级分析工具可以更好地预测公司销售数据，除此之外，还可以使用相关的函数设置公式，根据已知的销售数据进行预测。

12.2.1 根据生产数量预测产品的单个成本（LINEST 函数）

函数功能： LINEST 函数使用最小二乘法对已知数据进行最佳直线拟合，并返回描述此直线的数组。

函数语法： LINEST(known_y's,known_x's,const,stats)

- known_y's：表示表达式 y=mx+b 中已知的 y 值集合。
- known_x's：表示关系表达式 y=mx+b 中已知的可选 x 值集合。
- const：表示为一逻辑值，指明是否强制使常数 b 为 0。若 const 为 TRUE 或省略，b 将参与正常计算；若 const 为 FALSE，b 将被设为 0，同时调整 m 值使得 y=mx。
- stats：表示一逻辑值，指明是否返回附加回归统计值。若 stats 为 TRUE，则函数返回附加回归统计值；若 stats 为 FALSE 或省略，则函数返回系数 m 和常数项 b。

LINEST 函数是我们在做销售、成本预测分析时使用比较多的函数。下面表格中 A 列为产品数量，B 列是对应的单个产品成本。要求预测当生产 40 个产品时，相对应的单个成本值。

❶ 在 D2:E2 单元格区域中输入公式：

{=LINEST($B$2:$B$8,$A$2:$A$8)}

按 Ctrl+Shift+Enter 组合键即可根据两组数据，直接取得 a 和 b 的值，如图 12-29 所示。

	A	B	C	D	E	F	G
	D2			fx	{=LINEST($B$2:$B$8,$A$2:$A$8)}		
1	生产数量	单个成本(元)		a值	b值		
2	1	45		-0.2045	41.46288		
3	5	42					
4	10	37					
5	15	36					
6	30	34					
7	70	27					
8	100	22					

图 12-29

❷ A 列和 B 列对应的线性关系式为：y=ax+b。在 B11 单元格中输入公式：

=A11*D2+E2

按 Enter 键，即可预测出当生产数量为 40 件时的单个成本值，如图 12-30 所示。

❸ 更改 A11 单元格的生产数量（比如 80 件），

即可预测出相应的单个成本的金额，如图 12-31 所示。通过预测分析可以发现，公司产品生产数量越多，则单个产品的成本越低。

	A	B	C	D	E
	B11			× ✓ fx	=A11*D2+E2
1	生产数量	单个成本(元)		a值	b值
2	1	45		-0.2045	41.46288
3	5	42			
4	10	37			
5	15	36			
6	30	34			
7	70	27			
8	100	22			
9					
10	单个成本预测				
11	40	33.28276601			

图 12-30

	A	B	C	D	E
1	生产数量	单个成本(元)		a值	b值
2	1	45		-0.2045	41.46288
3	5	42			
4	10	37			
5	15	36			
6	30	34			
7	70	27			
8	100	22			
9					
10	单个成本预测				
11	80	25.10265344			

图 12-31

12.2.2 根据各月销售额预测后期销售额（TREND 函数）

函数功能： TREND 函数用于返回一条线性回归拟合线的值，即找到适合已知数组 known_y's 和 known_x's 的直线（用最小二乘法），并返回指定数组 new_x's 在直线上对应的 y 值。

函数语法： TREND(known_y's,known_x's,new_x's,const)

参数解析：

- known_y's：表示为已知关系 y=mx+b 中的 y 值集合。
- known_x's：表示为已知关系 y=mx+b 中可选的 x 值集合。
- new_x's：表示为需要函数 TREND 返回对应 y 值的新 x 值。
- const：表示为逻辑值，指明是否将常量 b 强制为 0。

在 Excel 中，如果根据趋势需要预测下个月的销售额，可以使用 TREND 函数设置公式，根据已知月份的销售额进行预测。

在 B10:B11 单元格区域中输入公式：

{=TREND(B2:B7,A2:A7,A10:A11)}

按 Ctrl+Shift+Enter 组合键，即可得到 7、8 月份销售额的预测值，如图 12-32 所示。

图 12-32

12.2.3 预测下个月的业绩（LOGEST 函数）

函数功能： LOGEST 函数在回归分析中，计算最符合观测数据组的指数回归拟合曲线，并返回描述该曲线的数值数组。因为此函数返回值数组，所以必须以数组公式的形式输入。

函数语法： LOGEST(known_y's,known_x's,const,stats)

- known_y's：表示为一组符合 y=b*m^x 函数关系的 y 值集合；
- known_x's：表示为一组符合 y=b*m^x 运算关系的可选 x 值集合；
- const：表示为一个逻辑值，指明是否强制使常数 b 为 0。若 const 为 TRUE 或省略，b 将参与正常计算；若 const 为 FALSE，b 将被设为 0，并同时调整 m 值使得 y=mx；
- stats：表示为一个逻辑值，指明是否返回附加回归统计值。若 stats 为 TRUE，则函数返回附加回归统计值；若 stats 为 FALSE 或省略，则函数返回系数 m 和常数项 b。

如果公司今年各月的销售业绩呈指数增长趋势，则可以使用 LOGEST 函数来对下个月的业绩进行预测。

❶ 在 D2:E2 单元格区域中输入公式：

{=LOGEST(B2:B7,A2:A7,TRUE,FALSE)}

按 Ctrl+Shift+Enter 组合键，即可根据两组数据，直接取得 m 和 b 的值，如图 12-33 所示。

图 12-33

❷ A 列和 B 列对应的线性关系式为 y=b*m^x。在 B10 单元格中输入公式：

=E2*POWER(D2,A10)

按 Enter 键，即可预测出 7 月的销售业绩，如图 12-34 所示。

B10　=E2*POWER(D2,A10)

	A	B	C	D	E	F
1	月份	销售额		m值	b值	
2	1	15000		1.531228	9788.119	
3	2	20000				
4	3	36900				
5	4	59800				
6	5	99500				
7	6	102650				
8						
9	预测 7 月份销售额					
10	7	193186.9241				

图 12-34

12.2.4 预测其他月的销售量（GROWTH 函数）

函数功能： GROWTH 函数用于对给定的数据预测指数增长值。根据现有的 x 值和 y 值，GROWTH 函数返回一组新的 x 值对应的 y 值。可以使用 GROWTH 工作表函数来拟合满足现有 x 值和 y 值的指数曲线。

函数语法： GROWTH(known_y's,known_x's,new_x's,const)

- known_y's：表示满足指数回归拟合曲线 的一组已知的 y 值。
- known_x's：表示满足指数回归拟合曲线 的一组已知的 x 值。
- new_x's：表示一组新的 x 值，可通过 GROWTH 函数返回各自对应的 y 值。
- const：表示一个逻辑值，指明是否将系数 b 强制设为 1。若 const 为 TRUE 或省略，则 b 将参与正常计算；若 const 为 FALSE，则 b 将被设为 1。

本例报表统计了 9 个月的销量，通过 9 个月的产品销售量可以预算出 10、11、12 月的产品销售量。

在 E2:E4 单元格区域中输入公式：

{=GROWTH(B2:B10,A2:A10,D2:D4)}

按 Ctrl+Shift+Enter 组合键，即可预测出 10、11、12 月产品的销售量，如图 12-35 所示。

E2　{=GROWTH(B2:B10,A2:A10,D2:D4)}

	A	B	C	D	E	F
1	月份	销售量（件）		预测10、11、12月的产品销售量		
2	1	12895		10	13874.00762	
3	2	13287		11	13882.10532	
4	3	13366		12	13890.20775	
5	4	16899				
6	5	13600				
7	6	13697				
8	7	15123				
9	8	12956				
10	9	13135				

图 12-35

12.2.5 预测未来值（FORECAST 函数）

函数功能： FORECAST 函数根据已有的数值计算或预测未来值。此预测值为基于给定的 x 值推导出的 y 值。已知的数值为已有的 x 值和 y 值，再利用线性回归对新值进行预测。可以使用该函数对未来销售额、库存需求或消费趋势进行预测。

函数语法： FORECAST(x,known_y's,known_x's)

参数解析：

- x：为需要进行预测的数据点。
- known_y's：为因变量数组或数据区域。
- known_x's：为自变量数组或数据区域。

本例需要根据已知的 1～11 月的销量，预测 12 月的销量。

在 E2 单元格中输入公式：

=FORECAST(12,B2:B12,A2:A12)

按 Enter 键，即可预测出 12 月的销量，如图 12-36 所示。

E2 =FORECAST(12,B2:B12,A2:A12)

	A	B	C	D	E	F	G
1	月份	销量		月份	销量预测		
2	1	750		12	824.9090909		
3	2	950					
4	3	780					
5	4	610					
6	5	850					
7	6	710					
8	7	850					
9	8	850					
10	9	800					
11	10	850					
12	11	810					

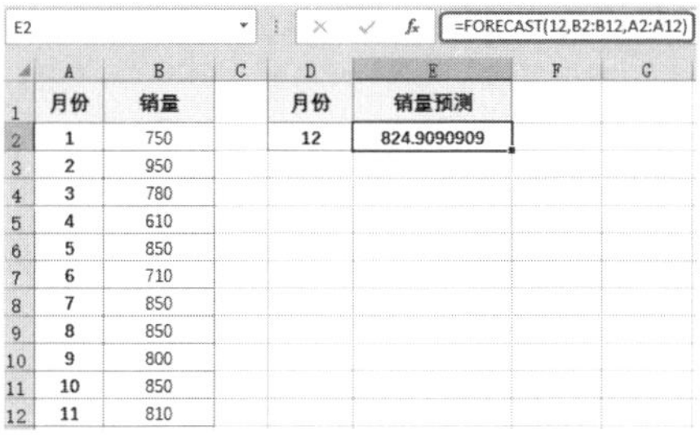

图 12-36

12.3 使用图表趋势线预测销售数据

趋势线是用图形的方式显示数据的预测趋势并可用于预测、用于折线图，添加的方法也非常简单，具体操作方法如下。

如图 12-37 所示预测了各季度的销售数据；如图 12-38 所示预测了销售收入；如图 12-39 所示预测了销售成本；如图 12-40 所示展示了实际销售费用和预测费用的趋势关系。

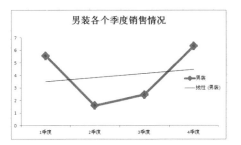

图 12-37

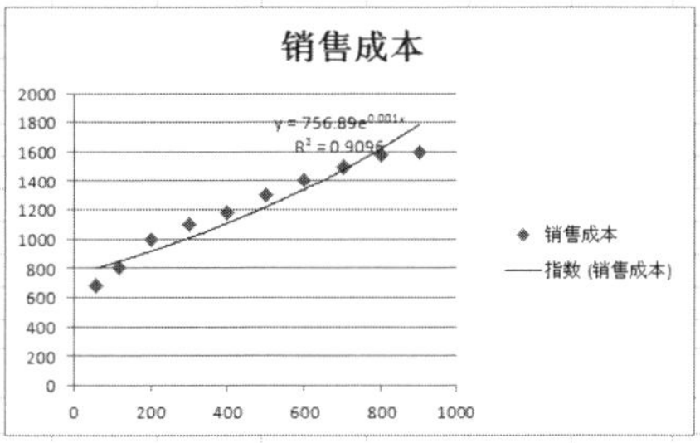

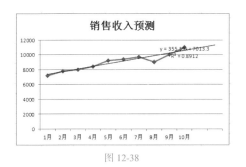

图 12-39

图 12-38

图 12-40

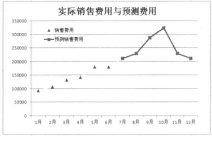

12.3.1 预测各季度销售情况

要判断出趋势线的可靠性，一般使用 R 平方值来判断。R 平方值的取值范围是 0～1，表示趋势线的估计值与对应的实际数据之间的接近程度。当趋势线的 R 平方值等于或接近 1 时，其可靠性最高，如果 R 平方值趋于 0，则数据和曲线几乎没有任何关系，具体操作方法如下。

❶选中要为其添加趋势线的数据系列右击，在弹出的快捷菜单中选择"添加趋势线"选项，如图 12-41 所示。

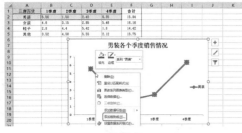

图 12-41

❷打开"设置趋势线格式"对话框，在"趋势线选项"列表中选择一种趋势线的样式，如"线性"，如图 12-42 所示。

❸单击关闭按钮，返回工作表中，即可看到已为图表添加了趋势线，如图 12-43 所示。

图 12-42

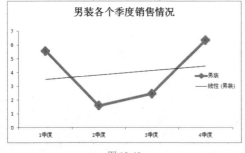

图 12-43

❹选中要计算其 R 平方值的趋势线右击，在弹出的快捷菜单中选择"设置趋势线格式"选项，如图 12-44 所示。

❺打开"设置趋势线格式"对话框，选中"显示 R 平方值"复选框，如图 12-45 所示。

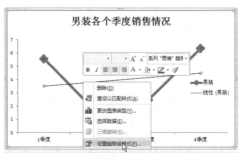

图 12-44

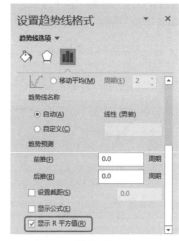

图 12-45

❻单击关闭按钮，返回工作表中，即可看到图表中显示出了该趋势的 R 平方值如图 12-46 所示

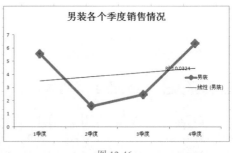

图 12-46

12.3.2 预测销售收入

下面需要根据各月已知的销售收入，建立图表预测其他月份的销售收入。

1. 创建折线图图表

❶ 新建工作簿，并命名为"销售预测分析"，将Sheet1 工作表标签重命名为"销售收入预测"，在工作表中输入销售数据。

❷ 选择 A3:B12 单元格区域，在"插入"选项卡的"图表"组中单击"折线图"下拉按钮，在打开的列表中单击"数据点折线图"，如图 12-47 所示。

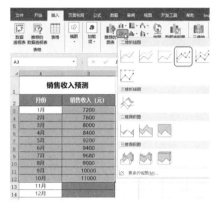

图 12-47

❸ 此时即可显示默认的图表，设置图表标记以及标记线条颜色，如图 12-48 所示。

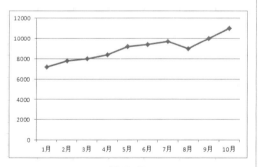

图 12-48

❹ 右键单击图表中的数据系列，在弹出的快捷菜单中选择"设置数据系列格式"命令，如图 12-49 所示。

❺ 打开"设置数据系列格式"对话框，单击"数据标记颜色"标签，选中"纯色填充"单选按

钮，从"颜色"下拉列表中选择"红色"，如图 12-50所示。

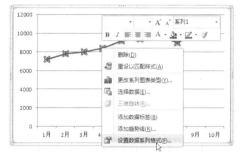

图 12-49

图 12-50

❻ 单击"线条颜色"标签，选中"实线"单选按钮，从"颜色"下拉列表中选择"浅蓝"，如图 12-51所示。

图 12-51

❼ 设置后，即可得到最终的图表效果。

2. 添加趋势线

❶ 选中图标数据系列并右击，在弹出的快捷菜单中选择"添加趋势线"命令（如图 12-52 所示），即可添加默认格式的趋势线，如图 12-53 所示。

图 12-54

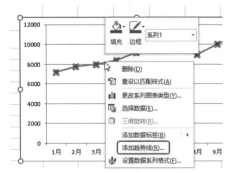

图 12-52

❸ 单击关闭按钮，图表中的线性趋势线旁边会显示线性公式和 R 平方值，如图 12-55 所示。

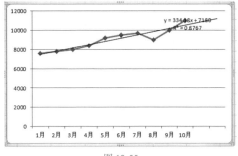

图 12-55

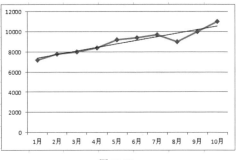

图 12-53

❷ 双击趋势线，打开"设置趋势线格式"对话框，在"趋势预测"框中的"前推"文本框中输入 2，选中"显示公式"和"显示 R 平方值"复选框，如图 12-54 所示。

❹ 根据图表中显示的预测公式，在 B13 单元格中输入公式：

$$=334.18*LEFT(A13,2)+7180$$

按 Enter 键，向下复制公式，得到 12 月的销售收入预测值，最后为图表添加标题。如图 12-56 所示。

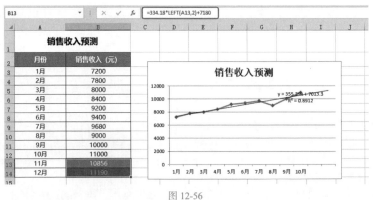

图 12-56

12.3.3 预测销售成本

销售成本的变化与订货量的变化呈指数关系，当订货量达到一定程度时，销售成本的增长呈缓慢趋势。

1. 创建表格

新建工作簿，并命名为"销售预测分析"，将 Sheet1 工作表标签重命名为"销售成本预测"，在工作表中输入销售数据，如图 12-57 所示。

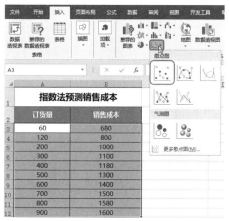

图 12-57

2. 创建散点图

❶选择 A2:B12 单元格区域，在"插入"选项卡的"图表"组中单击"散点图"下拉按钮，在下拉列表中单击"散点图"子图表类型，如图 12-58 所示。

❷工作表会按默认的样式创建散点图，如图 12-59 所示。

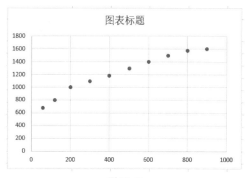

图 12-59

3. 添加趋势线

❶选中散点图并右击，在弹出的快捷菜单中单击"添加趋势线"（如图 12-60 所示），即可添加默认格式的趋势线。

❷双击图表中的趋势线打开"设置趋势线格式"对话框，设置"指数"趋势线样式（如图 12-61 所示），再选中"显示公式"和"显示 R 平方值"复选框，如图 12-62 所示。

❸关闭对话框后，即可得到添加趋势线后的散点图效果，如图 12-63 所示。

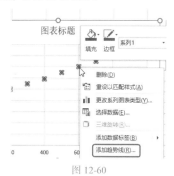

图 12-60

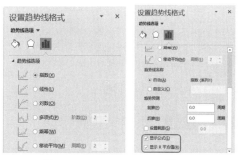

图 12-61   图 12-62

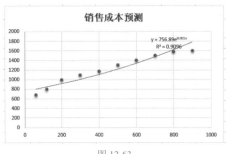

图 12-63

4. 公式预测销售成本

❶ 在 B15 单元格中输入公式：

=673.95*EXP(0.0011*A15)

按 Enter 键，向下复制公式至 B20 单元格，如图 12-64 所示。

B15 =673.95*EXP(0.0011*A15)

	A	B	C
14	预计订货量	图表公式预测销售成本	函数预测销售成本
15	1100	2260.08	
16	1250	2665.52	
17	1400	3143.70	
18	1550	3707.66	
19	1800	4881.25	
20	2000	6082.41	
21			
22			

图 12-64

❷ 选择 C15:C20 单元格区域，输入公式：

{=GROWTH(B3:B12,A3:A12,A15:A20)}

按 Ctrl+Shift+Enter 组合键，得到函数预测结果值，如图 12-65 所示。

C15 {=GROWTH(B3:B12,A3:A12,A15:A20)}

	A	B	C	D
14	预计订货量	图表公式预测销售成本	函数预测销售成本	
15	1100	2260.08	2161.54	
16	1250	2665.52	2494.07	
17	1400	3143.70	2877.76	
18	1550	3707.66	3320.48	
19	1800	4881.25	4214.79	
20	2000	6082.41	5100.78	
21				
22				
23				

图 12-65

12.3.4 预测销售费用

销售费用是企业在销售产品、自制半成品和提供劳动等过程中发生的费用，包括包装费、运输费、销售员工资等。

1. 创建公式

❶ 将工作表 Sheet3 标签重命名为“销售费用预算”，在工作表中输入销售数据，并进行表格格式设置，如图 12-66 所示。

	A	B	C	D	E	F
1	2020年下半年销售费用预算模型					
2	上半年实际销量和销售费用					
3	月份	实际销量（件）	实际销售费用		销售费用合计	
4			变动性费用	固定性费用		
5	1月	180	80000	12000		
6	2月	250	95000	12000		
7	3月	380	120000	12000		
8	4月	450	130000	12000		
9	5月	580	168000	12000		
10	6月	680	168500	12000		
11						
12	下半年销售费用预算					
13	预测月份	预计销量（件）	销售费用预算		销售费用合计	
14			变动性费用	固定性费用		
15	7月	800				
16	8月	900				
17	9月	1200				
18	10月	1400				
19	11月	900				
20	12月	800				

销售费用预算

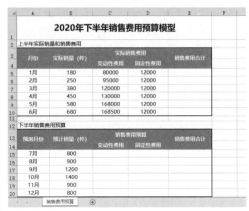

图 12-66

❷ 在 E5 单元格中输入公式：

=C5+D5

按 Enter 键，向下复制公式至 E10 单元格，如图 12-67 所示。

E5 =C5+D5

	A	B	C	D	E
1	2020年下半年销售费用预算模型				
2	上半年实际销量和销售费用				
3	月份	实际销量（件）	实际销售费用		销售费用合计
4			变动性费用	固定性费用	
5	1月	180	80000	12000	92000
6	2月	250	95000	12000	107000
7	3月	380	120000	12000	132000
8	4月	450	130000	12000	142000
9	5月	580	168000	12000	180000
10	6月	680	168500	12000	180500

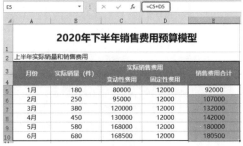

图 12-67

❸ 在 C15:C20 单元格区域中输入公式：

{=TREND(C5:C10,B5:B10,B15:B20)}

按 Ctrl+Shift+Enter 组合键生成数组公式，如图 12-68 所示。

❹ 在 D15 单元格中输入公式：

=D5

按 Enter 键，向下复制公式至 D20 单元格，引用各月的固定费用，如图 12-69 所示。

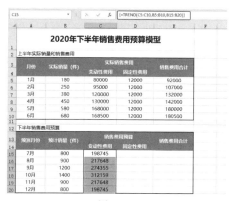

C15 {=TREND(C5:C10,B5:B10,B15:B20)}

2020年下半年销售费用预算模型

上半年实际销量和销售费用

月份	实际销量（件）	实际销售费用 变动性费用	实际销售费用 固定性费用	销售费用合计
1月	180	80000	12000	92000
2月	250	95000	12000	107000
3月	380	120000	12000	132000
4月	450	130000	12000	142000
5月	580	168000	12000	180000
6月	680	168500	12000	180500

下半年销售费用预算

预测月份	预计销量（件）	销售费用预算 变动性费用	销售费用预算 固定性费用	销售费用合计
7月	800	198745		
8月	900	217648		
9月	1200	274355		
10月	1400	312159		
11月	900	217648		
12月	800	198745		

图 12-68

D15 =D5

2020年下半年销售费用预算模型

上半年实际销量和销售费用

月份	实际销量（件）	实际销售费用 变动性费用	实际销售费用 固定性费用	销售费用合计
1月	180	80000	12000	92000
2月	250	95000	12000	107000
3月	380	120000	12000	132000
4月	450	130000	12000	142000
5月	580	168000	12000	180000
6月	680	168500	12000	180500

下半年销售费用预算

预测月份	预计销量（件）	销售费用预算 变动性费用	销售费用预算 固定性费用	销售费用合计
7月	800	198745	12000	
8月	900	217648	12000	
9月	1200	274355	12000	
10月	1400	312159	12000	
11月	900	217648	12000	
12月	800	198745	12000	

图 12-69

❺ 在 E15 单元格中输入公式：

=C15+D15

按 Enter 键，向下复制公式，得到各月预测的销售费用合计值，如图 12-70 所示。

E15 =C15+D15

2020年下半年销售费用预算模型

上半年实际销量和销售费用

月份	实际销量（件）	实际销售费用 变动性费用	实际销售费用 固定性费用	销售费用合计
1月	180	80000	12000	92000
2月	250	95000	12000	107000
3月	380	120000	12000	132000
4月	450	130000	12000	142000
5月	580	168000	12000	180000
6月	680	168500	12000	180500

下半年销售费用预算

预测月份	预计销量（件）	销售费用预算 变动性费用	销售费用预算 固定性费用	销售费用合计
7月	800	198745	12000	210745
8月	900	217648	12000	229648
9月	1200	274355	12000	286355
10月	1400	312159	12000	324159
11月	900	217648	12000	229648
12月	800	198745	12000	210745

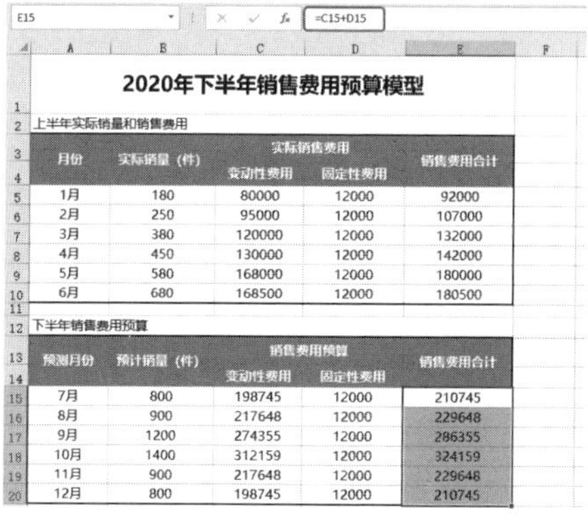

图 12-70

2. 创建图表

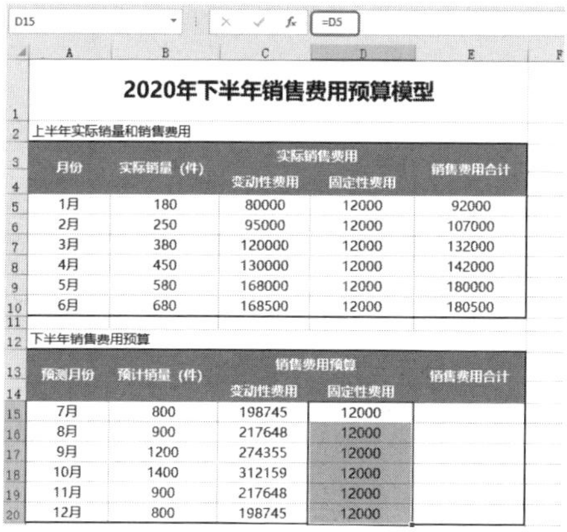

❶ 在 A23:C35 单元格区域中创建作图辅助表格，A 列中输入月份，B 列中输入各月的实际销售费用或预测销售费用，C 列中只输入预测销售费用。

❷ 选中数据区域，在“插入”选项卡的“图表”组中单击“折线图”下拉按钮，在打开的下拉列表中单击“折线图”子类型，如图 12-71 所示。

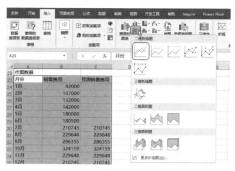

图 12-71

❸ 此时工作表中即可显示默认的图表效果，如图 12-72 所示。

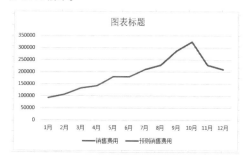

图 12-72

❹ 双击数据系列后打开“设置数据系列格式”对话框，设置标记为内置菱形，并设置“大小”为 9（如图 12-73 所示），再设置填充颜色为“黄色”，如图 12-74 所示。

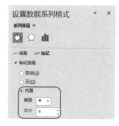

图 12-73

图 12-74

❺ 关闭"设置数据系列格式"对话框并返回图表，更改图表标题为"实际销售费用与预测费用"，

删除图表中的网络线，得到图表的最终效果，如图 12-75 所示。

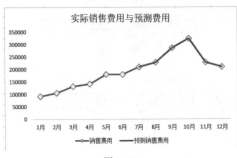

图 12-75

第13章

公司营销决策分析

企业正常运作的过程就是不断做出决策的过程，大小事物都需要结合实际情况做出正确的决定。而正确的营销决策是企业获取利润的关键，也是企业需要经过慎重分析、考量才能做出的决定。本章将通过数据分析工具、公式、图表以及高级分析工具对企业营销数据进行分析。

- ☑ 规划求解
- ☑ 单变量求解
- ☑ 数据分析工具
- ☑ 新产品定价策略
- ☑ 方案管理器
- ☑ 商品促销策略

13.1 ▶ 规划求解在营销决策中的应用

Excel 2019 中的规划求解功能有时也称作假设分析（假设分析的过程是指通过更改单元格中的值来查看这些更改对工作表中公式结果的影响）。借助"规划求解"，可求得工作表上某个单元格（称为目标单元格）中公式的最优值。"规划求解"将调整所指定的变动单元格（称为可变单元格）中的值，从目标单元格公式中求得所指定的结果。

本节通过使用"规划求解"功能分析销售利润数据，计算出公司各类产品达到最大销售利润时的销量数据（如图 13-1 所示），也可以建立表格分析公司指定的两种产品的最佳收益额，并根据数据分析结果做出最佳的营销决策，如图 13-2 所示。

图 13-1

两种产品生产基本信息

图 13-2

13.1.1 建立销售利润最大化决策模型

建立好销售公司各产品单位成本和单位利润表后，可以使用公式计算利润，再使用规划求解功能预测利润最大化时产品的销量。

1. 建立公式

首先建立销售利润最大化规划求解表格，再使用公式计算销售利润和其他数据。

❶ 将工作表标签重命名为"利润最大化营销方案求解"，在工作表中输入销售数据，并进行表格格式设置，如图 13-3 所示。

❷ 在 E5 单元格中输入公式：

=C5*D5

按 Enter 键后向下复制公式至 E7 单元格，计算销售利润（由于预测销量未知，所以值返回 0），如图 13-4 所示。

图 13-3

❸ 在 B14 单元格中输入公式：

=SUMPRODUCT(B5:B7,D5:D7)

按 Enter 键，计算本月实际销售成本，如图 13-5 所示。

④ 在 B15 单元格中输入公式：

=SUM(E5:E7)

按 Enter 键，计算组合最高销售利润，如图 13-6 所示。

图 13-4

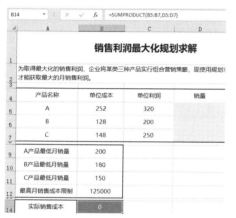

图 13-5

图 13-6

2. 设置目标和可变单元格

下面需要根据实际情况设置目标单元格进行规划求解。

❶ 单击"数据"标签下"分析"选项组中的"规划求解"按钮，如图 13-7 所示，打开"规划求解参数"对话框。

❷ 设置"设置目标"为 B15 单元格并选中"最大值"单选按钮，再设置"通过更改可变单元格"为单元格区域 D5:D7，如图 13-8 所示。

图 13-7

图 13-8

3. 添加约束条件

下面需要在"规划求解参数"对话框中添加约束条件。

❶ 在"规划求解参数"对话框中，单击"添加"按钮打开"添加约束"对话框。设置约束条件为"D5>=B9"，单击"添加"按钮，如图 13-9 所示。

图 13-9

（右侧竖排）
第 13 章　公司营销决策分析

215

❷ 设置约束条件为"D6>=B10"，单击"添加"按钮，继续添加约束条件，如图13-10所示。

图 13-10

❸ 设置约束条件为"D7>=B11"，单击"添加"按钮，继续添加约束条件，如图13-11所示。

图 13-11

❹ 设置"单元格引用"为D5，"约束"条件为"整数"，单击"添加"按钮，继续添加约束条件，如图13-12所示。

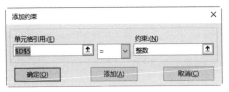

图 13-12

❺ 设置约束条件为D6="整数"，单击"添加"按钮，继续添加约束条件，如图13-13所示。

图 13-13

❻ 设置约束条件为D7="整数"，单击"添加"按钮，继续添加约束条件，如图13-14所示。

图 13-14

❼ 设置约束条件为"B14<=B12"，单击"确定"按钮，如图13-15所示，完成约束条件的添加。

图 13-15

4. 建立规划求解

添加所有约束条件后，可以执行规划求解计算出利润最大化的销售数据。

❶ 设置好所有约束条件后，返回"规划求解参数"对话框，此时所有的"约束条件"都显示在"遵守约束"列表中，单击"求解"按钮，如图13-16所示，打开"规划求解结果"对话框。

图 13-16

❷ 单击"保留规划求解的解"单选按钮，如图13-17所示。

图 13-17

❸ 返回工作表，即可显示规划求解的结果。所求得的最大销售利润为 187000 元，而对应的 A、B、C 三种产品的销售量为 200、185、344，如图 13-18 所示。

图 13-18

❹ 在工作簿中已自动新建了一个"运算结果报告 1"工作表，在该工作表中显示规划求解运算结果报告，如图 13-19 所示。

图 13-19

13.1.2 建立最佳总收益额决策模型

对于企业来说，求出两种产品的最佳毛利与总收益额，可以更好地帮助管理者做出企业营销决策，这种需求可以使用"规划求解"功能来实现。在进行规划求解前，首先要建立好"两种产品生产"规划求解模型。

1. 建立公式

首先需要使用公式计算相关销售数据。

❶ 在工作表中输入两种产品的每件成本额、毛利额、每月成本限额等基本信息，如图 13-20 所示。

	A	B	C	D	E
1	两种产品生产基本信息				
2	元/件	消耗成本（元/件）	毛利（元/件）	生产量	毛利合计
3	A产品	1.80	6.28		
4	B产品	2.68	6.80		
5					
6	每月成本限制额	28000.00			
7	实际成本总额				
8	总收益额				

图 13-20

❷ 在 E3 单元格中输入公式：

=C3*D3

按 Enter 键，计算出 A 产品毛利合计（因为当前生产量未知，所以显示为 0），如图 13-21 所示。

❸ 在 E4 单元格中输入公式：

=C4*D4

按 Enter 键，计算出 B 产品毛利合计（因为当前生产量未知，所以显示为 0），如图 13-22 所示。

E3 · : × ✓ fx =C3*D3

	A	B	C	D	E
1	两种产品生产基本信息				
2	元/件	消耗成本（元/件）	毛利（元/件）	生产量	毛利合计
3	A产品	1.80	6.28		0.00
4	B产品	2.68	6.80		
5					
6	每月成本限制额				
7	实际成本总额				
8	总收益额				

图 13-21

E4 · : × ✓ fx =C4*D4

	A	B	C	D	E
1	两种产品生产基本信息				
2	元/件	消耗成本（元/件）	毛利（元/件）	生产量	毛利合计
3	A产品	1.80	6.28		0.00
4	B产品	2.68	6.80		0.00
5					
6	每月成本限制额				
7	实际成本总额				
8	总收益额				

图 13-22

❹ 在 B7 单元格中输入公式：

=B3*D3+B4*D4

按 Enter 键，计算出实际成本总额（因为当前生产量未知，所以显示为 0），如图 13-23 所示。

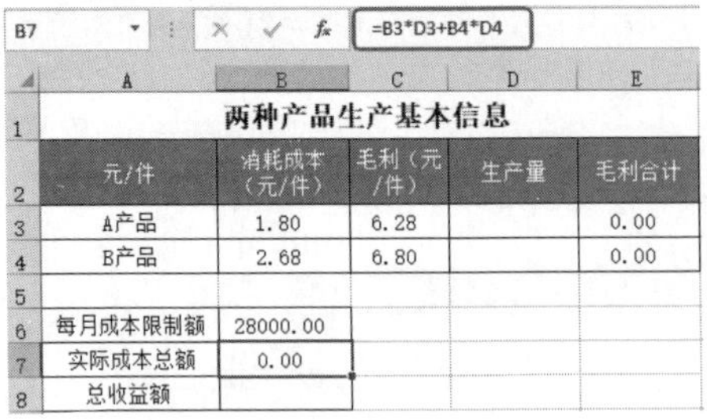

图 13-23

❺ 在 B8 单元格中输入公式：

=E3+E4

按 Enter 键，计算出两种产品的总收益额（因为当前生产量未知，所以显示为 0），如图 13-24 所示。

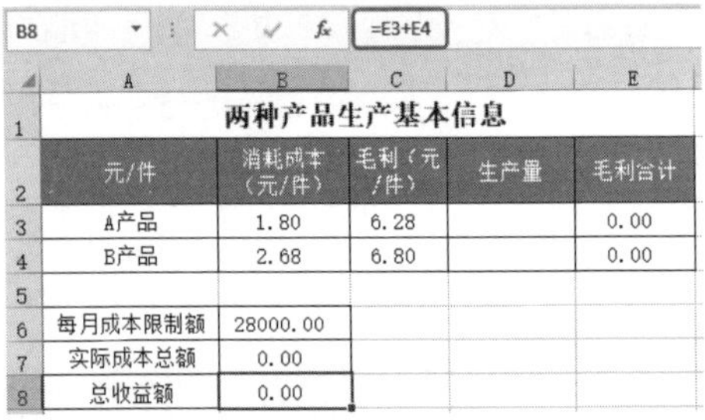

图 13-24

2. 求解最佳总收益额

建立好"两种产品生产分配方案"规划求解模型后，接下来在"规划求解参数"对话框中具体的设置目标单元格、可变单元格等进行规划求解，从而求解出两种产品最佳总收益额。

❶ 单击"数据"标签下"分析"选项组中的"规划求解"按钮，打开"规划求解参数"对话框。

❷ 单击"设置目标"右侧的拾取器按钮回到工作表中选择需要的单元格，如选择 B8 单元格，单击"通过更改可变单元格"右侧的拾取器，设置可变单元格为 D3:D4 单元格区域（显示生产量的单元格），单击"添加"按钮，如图 13-25 所示，打开"添加约束"对话框。

❸ 设置条件为"B7<=B6"，表示实际成本耗费额不能超过每月成本限额，如图 13-26 所示。

❹ 单击"添加"按钮即可继续添加约束条件，继续在"添加约束"对话框中，设置条件为"D3:D4>=0"，表示生产量值大于 0，单击"确定"按钮即可添加该项约束条件，如图 13-27 所示。

图 13-25

图 13-26

图 13-27

❺ 约束条件设置完成后，单击"求解"按钮，如图 13-28 所示。

❻ 打开"规划求解结果"对话框，单击"确定"按钮，完成规划求解，如图 13-29 所示。

❼ 从求解结果中可以看到在目标的生产条件下，本月应只生产 A 产品 15556 件，可以获取最大收益额为 97688.89，如图 13-30 所示。

图 13-28

图 13-29

两种产品生产基本信息				
元/件	消耗成本 (元/件)	毛利(元 /件)	生产量	毛利合计
A产品	1.80	6.28	15555.56	97688.89
B产品	2.64	6.80	0.00	0.00
每月成本限制额	28000.00			
实际成本总额	28000.00			
总收益额	97688.89			

图 13-30

<h2>13.1.3 建立运输成本优化方案模型</h2>

某公司拥有两个处于不同地理位置的生产工厂和五个位于不同地理位置的客户，现在需要将产品从两个工厂运往五个客户。已知两个工厂的最大产量均为 60000，五个客户的需求总量分别为 30000、23000、15000、32000、16000，根据从各工厂到各客户的单位产品运输成本，要求计算出使总成本最小的运输方案。

❶ 选中 B11 单元格并输入公式 "=SUM(B9:B10)"，按 Enter 键后拖动填充柄向右填充到 F11 单元格，计算出各客户需求合计总量，如图 13-31 所示。

B11　　　=SUM(B9:B10)

	单位产品运输成本				
规格	客户1	客户2	客户3	客户4	客户5
工厂A	1.75	2.25	1.50	2.00	1.50
工厂B	2.00	2.50	2.50	1.50	1.00
	运输方案				
	客户1	客户2	客户3	客户4	客户5	合计	产能
工厂A							60000
工厂B							60000
合计	0					
需求	30000	23000	15000	32000	16000	
运输总成本						

图 13-31

❷ 选中 G9 单元格并输入公式 "=SUM(B9:F9)"，按 Enter 键后拖动填充柄向下填充到 G10 单元格，计算出两个工厂的合计总量，如图 13-32 所示。

G9　　　=SUM(F9:F9)

	运输方案				
	客户1	客户2	客户3	客户4	客户5	合计	产能
工厂A						0	60000
工厂B						0	60000
合计	0	0	0	0	0	
需求	30000	23000	15000	32000	16000	
运输总成本						

图 13-32

❸ 选中 B13 单元格并输入公式 "=SUMPRODUCT(B3:F4,B9:F10)"，按 Enter 键，计算出运输总成本，如图 13-33 所示。

B13　　　=SUMPRODUCT(B3:F4,B9:F10)

	运输方案				
	客户1	客户2	客户3	客户4	客户5	合计	产能
工厂A						0	60000
工厂B						0	60000
合计	0	0	0	0	0	
需求	30000	23000	15000	32000	16000	
运输总成本	0					

图 13-33

❹ 保持 B13 单元格选中状态，在"数据"选项卡的"分析"组中单击"规划求解"按钮（如图 13-34 所示），打开"规划求解参数"对话框。

❺ 按图 13-35 所示设置目标值以及更改可变单元格，然后单击"添加"按钮打开"添加约束"对话框。

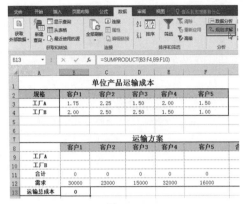

图 13-34

图 13-37

图 13-38

图 13-35

图 13-39

⑥ 分别按图 13-36、图 13-37、图 13-38 所示设置第一个约束条件、第二个约束条件和第三个约束条件。

⑦ 单击"确定"按钮返回"规划求解参数"对话框，再选中"最小值"单选按钮，如图 13-39 所示。

⑧ 单击"求解"按钮后返回"规划求解结果"对话框，如图 13-40 所示。

图 13-40

图 13-36

❾单击"确定"按钮即可得到最优运输方案,如图 13-41 所示。从结果可知当使用 B9:F10 单元格中的运输方案时,可以让运输成本达到最小。

	单位产品运输成本						
规格	客户1	客户2	客户3	客户4	客户5		
工厂A	1.75	2.25	1.50	2.00	1.50		
工厂B	2.00	2.50	2.50	1.50	1.00		
	运输方案						
	客户1	客户2	客户3	客户4	客户5	合计	产能
工厂A	30000	15000	15000			60000	60000
工厂B	0	8000	0	32000	16000	56000	60000
合计	30000	23000	15000	32000	16000		
需求	30000	23000	15000	32000	16000		
运输总成本	192750						

图 13-41

13.2 ▶ 单变量求解在营销决策分析中的应用

单变量求解是根据提供的目标值,将引用单元格的值不断调整,直至达到所要求的公式的目标值时,变量的值才能确定。

本节需要使用单变量求解功能,计算目标利润对应的销售收入,如图 13-42 所示。

各店销售统计		
单价	68	
省份	城市	销量
浙江	合肥	539.8823529
	温州	230
	绍兴	140
	金华	320
福建	徐州	290
	厦门	190
	南京	220
	杭州	276
总计		150000

图 13-42

在单变量模拟运算表中,可以对一个变量输入不同的值从而查看它对一个或多个公式的影响。例如:假设某产品的销售单价为 68 元,除了合肥的销量未知,其他地区的销量都已统计出来。下面预测计算出销售地"合肥"的销售量为多少时,可以达到保本总销售额 150000 元。

❶在 C13 单元格中输入公式:

=SUM(C5:C12)*B2

按 Enter 键,计算出合计值,如图 13-43 所示。

❷在"数据"选项卡"数据工具"组中,单击"模拟分析"下拉按钮,选择"单变量求解"命令,

打开"单变量求解"对话框,如图 13-44 所示。

C13 =SUM(C5:C12)*B2

各店销售统计		
单价	68	
省份	城市	销量
浙江	合肥	
	温州	230
	绍兴	140
	金华	320
福建	徐州	290
	厦门	190
	南京	220
	杭州	276
总计		113288

图 13-43

图 13-44

❸ 将"目标单元格"设置为"C13"，在"目标值"中输入150000，将"可变单元格"设置为"$C$5"，如图 13-45 所示。

图 13-45

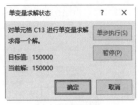

图 13-46

❹ 单击"确定"按钮，即可根据设置的参数条件进行单变量求解计算，如图 13-46 所示。

❺ 单击"确定"按钮，即可显示出"合肥"的销量约为540，才能使总销量达到150000，如图 13-47 所示。

各店销售统计

	A	B	C
1	各店销售统计		
2	单价	68	
3			
4	省份	城市	销量
5	浙江	合肥	539.8823529
6		温州	230
7		绍兴	140
8		金华	320
9	福建	徐州	290
10		厦门	190
11		南京	220
12		杭州	276
13	总计		150000

图 13-47

13.3 使用数据分析工具分析营销数据

使用"回归"分析工具可以对销量与利润总额进行分析（如图 13-48 所示），"移动平均"分析工具可以分析主营业务利润，如图 13-49 所示。

销量与利润统计表

年份	销量（万）	利润（万）
2015年	25	55
2016年	38	62
2017年	78	65
2018年	81.2	75
2019年	80	36.2
2020年	100	50

SUMMARY OUTPUT

回归统计

Multiple	0.112853
R Square	0.012736
Adjusted	-0.23408
标准误差	14.89092
观测值	6

方差分析

	df	SS	MS	F	nificance F
回归分析	1	11.44174	11.44174	0.0516	0.83144
残差	4	886.9583	221.7396		
总计	5	898.4			

	Coefficien	标准误差	t Stat	P-value	Lower 95%	Upper 95%	下限 95.0%	上限 95.0%
Intercept	60.70474	16.58325	3.660607	0.021569	14.66227	106.7472	14.66227	106.7472
销量（万）	-0.05228	0.230166	-0.22716	0.83144	-0.69133	0.586759	-0.69133	0.586759

RESIDUAL OUTPUT

PROBABILITY OUTPUT

观测值	预测 利润（万	残差	标准残差	百分比排位	利润（万）
1	59.39765	-4.39765	-0.33018	8.333333	36.2
2	58.71797	3.282033	0.24642	25	50

图 13-48

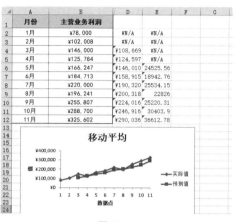

	A	B	D	E	F	C
1	月份	主营业务利润				
2	1月	¥78,000	#N/A	#N/A		
3	2月	¥102,008	#N/A	#N/A		
4	3月	¥146,000	¥108,669	#N/A		
5	4月	¥125,784	¥124,597	#N/A		
6	5月	¥166,247	¥146,010	24525.56		
7	6月	¥184,713	¥158,915	18942.76		
8	7月	¥220,000	¥190,320	25534.15		
9	8月	¥196,241	¥200,318	22826		
10	9月	¥255,807	¥224,016	25220.31		
11	10月	¥288,700	¥246,916	30403.9		
12	11月	¥325,602	¥290,036	36612.78		

图 13-49

13.3.1 销量与利润总额回归分析

本例介绍如何使用"回归"分析工具来对销量与利润总额进行分析。

❶ 在当前工作表中单击"数据"选项卡，在"分析"组中单击"数据分析"按钮（如图 13-50 所示），打开"数据分析"对话框。

图 13-50

❷ 在"分析工具"列表中单击"回归"，单击"确定"按钮（如图 13-51 所示），弹出"回归"对话框。

图 13-51

❸ 设置"Y 值输入区域"为 $C$2:$C$8 单元格区域，设置"X 值输入区域"为 $B$2:$B$8 单元格区域。在"输入"栏下选中"标志"和"置信度"复选框。在"输出选项"栏下选中"输出区域"单选按钮，选择 $E$2 单元格。在"残差"栏下选中"残差""残差图""标准残差""线性拟合图"复选框，在"正态分布"栏下选中"正态概率图"复选框，如图 13-52 所示。

图 13-52

❹ 单击"确定"按钮，返回工作表，此时可以看到从 E2 单元格开始了回归分析的全部输出结果，如图 13-53 所示。

	A	B	C	D	E	F	G	H	I	J	K	L	M
1	销量与利润统计表												
2	年份	销量（万）	利润（万）		SUMMARY OUTPUT								
3	2015年	25	55										
4	2016年	38	62		回归统计								
5	2017年	78	65		Multiple	0.112853							
6	2018年	81.2	75		R Square	0.012736							
7	2019年	80	36.2		Adjusted	-0.23408							
8	2020年	100	50		标准误差	14.89092							
9					观测值	6							
10													
11					方差分析								
12						df	SS	MS	F	nificance F			
13					回归分析	1	11.44174	11.44174	0.0516	0.83144			
14					残差	4	886.9583	221.7396					
15					总计	5	898.4						
16													
17						Coefficien	标准误差	t Stat	P-value	Lower 95%	Upper 95%	下限 95.0%	上限 95.0%
18					Intercept	60.70474	16.58325	3.660607	0.021569	14.66227	106.7472	14.66227	106.7472
19					销量（万）	-0.05228	0.230166	-0.22716	0.83144	-0.69133	0.586759	-0.69133	0.586759
20													
21													
22													
23					RESIDUAL OUTPUT					PROBABILITY OUTPUT			
24													
25					观测值	周 利润（万	残差	标准残差		百分比排位	利润（万）		
26						1	59.39765	-4.39765	-0.33018		8.333333	36.2	
27						2	58.71797	3.282033	0.24642		25	50	

图 13-53

⑤ 除了输出三个分析表外，还输出了三张图表，第一张为正态概率分布图，主要用来判断因变量 Y 是否为正态分布，如果是，则图表中的散点中央点应最高，然后逐渐向两侧下降。本例中的正态概率图中不是呈这样的形态，因此 Y 值不呈正态分布，如图 13-54 所示。

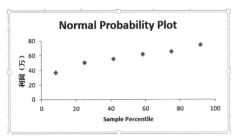

图 13-54

⑥ 第二张图为残差图，用于判断回归方差的拟合程度，一般来说，如果残差散点随机分布在 0 值附近，则说明回归模型可以接受，否则就要通过其他的方式去得到该模型。本例中的残差散点在 0 的附近，因此回归方程的误差还是比较小的，如图 13-55 所示。

⑦ 第三张图为线性拟合图，其中蓝色菱形的原点为利润总计，红色正方形的点为根据回归方程得到的预测值，如图 13-56 所示。

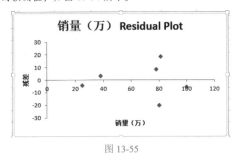

图 13-55

图 13-56

13.3.2 移动平均法分析主营业务利润

"移动平均"分析工具可以基于特定的过去某段时期中变量的平均值，对未来值进行预测。

移动平均值提供了由所有历史数据的简单的平均值所代表的趋势信息。本例中将使用"移动平均"分析工具分析主营业务利润。

❶ 在当前工作表中单击"数据"选项卡，在"分析"组中单击"数据分析"按钮（如图 13-57 所示），打开"数据分析"对话框。

图 13-57

❷ 在"分析工具"列表中选择"移动平均"选项，然后单击"确定"按钮（如图 13-58 所示），打开"移动平均"对话框。

图 13-58

❸ 设置"输入区域"为 $B$1:$B$12 单元格区域，选中"标志位于第一行"复选框，在"间隔"文本框中输入 3，设置"输出区域"为 $D%2 单元格，最后选中"图表输出"和"标准误差"复选框，如图 13-59 所示。

图 13-59

❹ 单击"确定"按钮，返回工作表，输出如图 13-60 所示的移动平均和标准误差值，并输出了一个移动平均图表，该图表中显示了实际值与预测值之间的趋势以及它们之间的差异。

	A	B	D	E	F	G
1	月份	主营业务利润				
2	1月	¥78,000	#N/A	#N/A		
3	2月	¥102,008	#N/A	#N/A		
4	3月	¥146,000	¥108,669	#N/A		
5	4月	¥125,784	¥124,597	#N/A		
6	5月	¥166,247	¥146,010	24525.56		
7	6月	¥184,713	¥158,915	18942.76		
8	7月	¥220,000	¥190,320	25534.15		
9	8月	¥196,241	¥200,318	22826		
10	9月	¥255,807	¥224,016	25220.31		
11	10月	¥288,700	¥246,916	30403.9		
12	11月	¥325,602	¥290,036	36612.78		

图 13-60

13.3.3 方差分析工具

分析工具库提供了三种工具，可用来分析方差。具体使用哪一种工具则根据因素的个数以及待检验样本总体中所含样本的个数而定。方差分析工具通过简单的方差分析，对两个以上样本均值进行相等性假设检验（抽样取自具有相同均值的样本空间）。此方法是对双均值检验（如 t- 检验）的扩充。

方差分析又称"变异数分析"或"F 检验"，它用于两个及两个以上样本均值差别的显著性检验。一个复杂的事物，其中往往有许多因素互相制约，又互相依存，方差分析的目的是通过数据分析找出对事物有显著影响的因素、各因素之间的交互作用，以及显著影响因素的最佳水平等。

例如医学界研究几种药物对某种疾病的疗效；农业研究土壤、肥料、日照时间等因素对某种农作物产量的影响；不同化学药剂对作物害虫的杀虫效果等，都可以使用方差分析方法去解决。下面通过几个例子解说，比如品牌与营销额之间的关系，各种因素对产量的影响是否显著等。

1. 分析品牌对销售额的影响

某企业统计各品牌营销额后，需要分析品牌对营销总额的影响。此时可以使用"方差分析：单因素方差分析"来进行分析。

❶ 如图 13-61 所示是品牌与营销额的统计表，可以将数据整理成 E2:G9 单元格区域的样式（先按品牌筛选再复制数据，后面会对这组数据的相关性进行分析）。

图 13-61

❷ 在"数据"选项卡的"分析"组中单击"数据分析"按钮，打开"数据分析"对话框。选中"方差分析：单因素方差分析"，如图 13-62 所示。

图 13-62

❸ 单击"确定"按钮，打开"方差分析：单因素方差分析"对话框。分别设置"输入区域"和"输出区域"的参数并且选中"标志位于第一行"复选框，如图 13-63 所示。

❹ 单击"确定"按钮，即可得到方差分析结果，效果如图 13-64 所示。从分析结果中可以看出 P 值为

0.000278，小于 0.05，说明方差在 a=0.05 水平上有显著差异，即说明品牌对营销额有一定的影响。

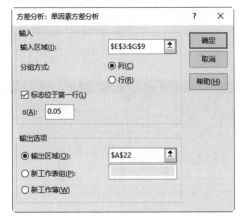

图 13-63

SUMMARY

组	观测数	求和	平均	方差
79.5	5	375.2	75.04	5.408
95.5	6	545	90.83333	59.36667
99.5	3	291	97	

方差分析

差异源	SS	df	MS	F	P-value	F
组间	1100.072	2	550.0359	18.88003	0.000278	3.9
组内	320.4653	11	29.13321			
总计	1420.537	13				

图 13-64

2. 分析何种因素对生产量有显著性影响

双因素方差分析是指分析两个因素，即行因素和列因素，对试验结果的影响的分析方法。当两个因素对试验结果的影响是相互独立的，且可以分别判断出行因素和列因素对试验数据的影响时，可使用双因素方差分析中的无重复双因素分析，即无交互作用的双因素方差分析方法。当这两个因素不仅会对试验数据单独产生影响，还会因二者搭配而对结果产生新的影响时，便可使用可重复双因素分析，即有交互作用的双因素方差分析方法。下面介绍一个可重复双因素分析的实例。

例如某企业用两种机器生产 3 种不同花型样式的产品，想了解两台机器（因素 1）生产

不同样式（因素2）产品的生产量情况。分别用两台机器去生产各种样式的产品，现在各提取5天的生产量数据如图13-65所示。要求分析不同样式、不同机器，以及二者相交互分别对生产量的影响。

图 13-65

❶ 在"数据"选项卡的"分析"组中单击"数据分析"按钮，打开"数据分析"对话框。选中"方差分析：可重复双因素分析"命令，如图13-66所示。

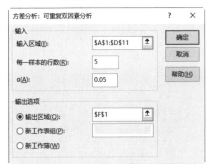

图 13-66

❷ 单击"确定"按钮，打开"方差分析：可重复双因素分析"对话框。分别设置输入区域等各项参数，如图13-67所示。

图 13-67

❸ 单击"确定"按钮，返回到工作表中，即可

得出输出结果，如图13-68所示。

方差分析：可重复双因素分析

SUMMARY	样式1	样式2	样式3	总计
机器A				
观测数	5	5	5	15
求和	244	242	235	721
平均	48.8	48.4	47	48.06667
方差	6.7	7.3	14	8.638095
机器B				
观测数	5	5	5	15
求和	263	226	270	759
平均	52.6	45.2	54	50.6
方差	4.3	15.7	12.5	25.25714
总计				
观测数	10	10	10	
求和	507	468	505	
平均	50.7	46.8	50.5	
方差	8.9	13.06667	25.38889	

方差分析

差异源	SS	df	MS	F	P-value	F crit
样本	48.13333	1	48.13333	4.773554	0.038898	4.259677
列	96.46667	2	48.23333	4.783471	0.017848	3.402826
交互	136.0667	2	68.03333	6.747107	0.004731	3.402826
内部	242	24	10.08333			
总计	522.6667	29				

图 13-68

🖋 专家提示

在第二部分的"方差分析"中可看到，分析结果不但有样本行因素（因素2）和列因素（因素1）的F统计量和F临界值，也有交互作用的F统计量和F临界值。对比3项F统计量和各自的F临界值，样本、列、交互的F统计量都大于F临界值，说明机器、样式都对生产量有显著的影响。此外，结果中3个P-value值都小于0.05，也说明了机器和样式以及二者之间的交互作用对生产量都有显著影响，所以，该公司在制定后续的生产决策时，应考虑这些因素，使得产量最大化。

13.3.4 相关系数工具

相关系数是描述两组数据集（可以使用不同的度量单位）之间的关系。可以使用"相关系数"分析工具来确定两个区域中数据的变化是否相关，即一个集合的较大数据是否与另一个集合的较大数据相对应（正相关）；或者一

个集合的较小数据是否与另一个集合的较小数据相对应（负相关）；还是两个集合中的数据互不相关（相关性为零）。

本例中统计了"完成数量""合格数""奖金"数据（如图 13-69 所示），下面需要使用相关系数分析这三者之间的相关性。

	A	B	C
1	完成数量(个)	合格数(个)	奖金(元)
2	210	195	500
3	205	196	800
4	200	198	800
5	210	202	800
6	206	200	800
7	210	208	800
8	200	187	500
9	210	179	200

图 13-69

❶ 首先打开"数据分析"对话框，然后选中"相关系数"，如图 13-70 所示。

图 13-70

❷ 单击"确定"按钮，打开"相关系数"对话框。设置"输入区域"和"输出区域"的参数并且选中"标志位于第一行"复选框，如图 13-71 所示。

图 13-71

❸ 单击"确定"按钮，返回工作表中，得到的输出表为"完成数量""合格数""奖金"三个变量的相关系数矩阵，如图 13-72 所示。从分析结果可知完成数量和奖金没有相关性，合格数具有显著相关性。当计算出的相关系数值越接近 1，表示二者的相关性越强。这个值为负值表示完成数量与奖金无相关性；这个值为正值且接近 1 表示合格数与资金具有较强的相关性。

	A	B	C	D
13		完成数量(个)	合格数	奖金
14	完成数量(个)	1		
15	合格数	0.154977813	1	
16	奖金	−0.193024635	0.890162166	1
17				

图 13-72

13.3.5 协方差工具

在概率论和统计学中，协方差用于衡量两个变量的总体误差。如果结果为正值，则说明两者是正相关的，结果为负值就说明是负相关的，如果为 0，则是统计学上说的"相互独立"。

例如以公司在各年份广告投放额和实际营业额的调查数据，现在通过计算协方差可判断广告投放与营业额是否存在显著关系。

❶ 如图 13-73 所示统计了各个年份的历史数据。打开"数据分析"对话框，然后选择"协方差"选项（如图 13-74 所示），单击"确定"按钮，打开"协方差"对话框。按如图 13-75 所示设置各项参数。

	A	B	C
1	年份	营业额	广告投放
2	2005	1200	300
3	2006	2000	310
4	2007	200	98
5	2008	650	285
6	2009	265	126
7	2010	95	80
8	2011	205	155
9	2012	69	50
10	2013	290	220
11	2014	260	120
12	2015	98	40
13	2016	356	210
14	2017	350	180
15	2018	100	56
16	2019	560	145
17	2020	75	35

图 13-73

图 13-74

图 13-75

❷ 单击"确定"按钮,返回工作表中,即可看到数据分析的结果,输出表为"营业额"和"广告投放"两个变量的协方差矩阵,如图 13-76 所示。协方差为 35436.68,根据此值得出的结论为广告投放与营业额有正相关,即广告投放额越多,当年的营业额越高。

图 13-76

13.3.6 描述统计工具

在数据分析时,一般首先要对数据进行描述性统计分析,以便发现其内在的规律,再选择进一步分析的方法。描述性统计分析要对调查总体所有变量的有关数据做统计性描述,主要包括数据的频数分析、数据的集中趋势分析、数据离散程度分析、数据的分布以及一些基本的统计图形,常用的指标有均值、中位数、众数、方差、标准差等。

本例中需要根据三位业务员近十年的业绩数据(如图 13-77 所示),来分析业绩的稳定性,了解哪一年的业绩最好。

年份	李旭阳	王慧	刘婷婷
	近十年业务员业绩统计		
2011	98	90	88
2012	91	98	97
2013	88	92	85
2014	74	87	79
2015	68	77	65
2016	77	79	69
2017	65	81	70
2018	90	88	83
2019	87	78	90
2020	77	76	71

图 13-77

❶ 首先打开"数据分析"对话框,然后选中"描述统计"(如图 13-78 所示),单击"确定"按钮,打开"描述统计"对话框。分别设置输入区域等各项参数,如图 13-79 所示。

图 13-78

图 13-79

② 单击"确定"按钮，即可得到描述统计结果，效果如图 13-80 所示。在数据输出的工作表中，可以看到对三名业务员近十年业绩数据的分析。其中第 3 行至第 18 行分别为平均值、标准误差、中位数、众数、标准差、方差、峰度、偏度、区域、最小值、最大值、求和、观测数、第 1 最大值、第 1 最小值、95% 概率保证程度的置信度。

图 13-81

	F	G	H	I	J	K	L
1	李旭阳		王慧		刘婷婷		
2							
3							
4	平均	81.5	平均	84.6	平均	79.7	
5	标准误差	3.429448	标准误差	2.357965	标准误差	3.356751	
6	中位数	82	中位数	84	中位数	81	
7	众数	77	众数	#N/A	众数	#N/A	
8	标准差	10.84487	标准差	7.456541	标准差	10.61498	
9	方差	117.6111	方差	55.6	方差	112.6778	
10	峰度	-1.15985	峰度	-0.94246	峰度	-1.23009	
11	偏度	-0.12544	偏度	0.481447	偏度	0.122387	
12	区域	33	区域	22	区域	32	
13	最小值	65	最小值	76	最小值	65	
14	最大值	98	最大值	98	最大值	97	
15	求和	815	求和	846	求和	797	
16	观测数	10	观测数	10	观测数	10	
17	最大(1)	98	最大(1)	98	最大(1)	97	
18	最小(1)	65	最小(1)	76	最小(1)	65	
19	置信度(95	7.75795	置信度(95	5.334088	置信度(95	7.593498	

图 13-80

13.3.7 排位与百分比排位工具

"排位与百分比排位"分析工具可以产生一个数据表，在其中包含数据集中各个数值的顺序排位和百分比排位。该工具用来分析数据集中各数值间的相对位置关系，它使用到的工作表函数有 RANK 和 PERCENTRANK。

本例需要统计公司业务员在近两年的业绩数据，以方便业务员可以通过业绩查询到自己的排名，并同时得到该业绩位于全公司业务员业绩的百分比排名（即该业务员是排名位于前"X%"的人员）。图 13-81 所示为近两年业务员业绩统计表。

① 首先打开"数据分析"对话框，然后选择"排位与百分比排位"选项（如图 13-82 所示），单击"确定"按钮，打开"排位与百分比排位"对话框。

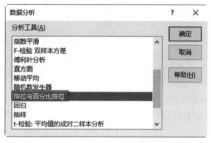

图 13-82

② 分别设置"输入区域"和"输出区域"的单元格区域并选中"标志位于第一行"复选框，如图 13-83 所示。

③ 单击"确定"按钮即可得到结果，效果如图 13-84 所示。从中可以很直观地看到每位业务员的业绩排名情况及百分比排位。

图 13-83

图 13-84

13.3.8 F– 检验（双样本方差检验）工具

F- 检验又叫方差齐性检验，若要判断两总体方差是否相等，就可以用 F- 检验。简单地说就是检验两个样本的方差是否有显著性差异。

如图 13-85 所示统计了员工培训前和培训后的销售额，下面需要使用 F- 检验进行双样本方差分析，查看二者的样本方差是否不同。

	A	B	C
1	培训前业绩	培训后业绩	
2	16454	19657	
3	11220	19600	
4	10670	13660	
5	11990	14100	
6	11110	13990	
7	10340	12210	
8	9680	12980	
9	11110	12210	
10	10890	12000	
11	11220	13770	
12	11440	12100	
13	10890	11990	
14	11440	12430	
15	11660	12980	
16	11110	13200	
17	8680	11690	

图 13-85

❶ 首先打开"数据分析"对话框，然后选中"F- 检验 双样本方差"（如图 13-86 所示），单击"确定"按钮，打开"F- 检验 双样本方差"对话框，按图 13-87 所示设置各项参数。

图 13-86

图 13-87

❷ 单击"确定"按钮，返回工作表中，即可看到创建的双样本方差分析表格，如图 13-88 所示。P 值小于 0.05，所以拒绝原假设。得出的结论是员工培训对员工业绩有明显影响，公司可以在未来的营销决策中加入新的培训计划。

F–检验 双样本方差分析		
	变量 1	变量 2
平均	11414.93333	13791.8
方差	2243619.352	6152431
观测值	15	15
df	14	14
F	0.364671979	
P(F<=f) 单尾	0.034583932	
F 单尾临界	0.402620943	

图 13-88

13.3.9 t– 检验工具

"t- 检验工具"分析工具可以进行双样本学生氏 t - 检验。此 t- 检验先假设两个数据集的平均值相等，故也称作齐次方差 t - 检验。可以使用 t - 检验来确定两个样本均值实际上是否相等。

本例统计了近两年的公司营业额数据（如图 13-89 所示），下面需要使用 t - 检验来确定两个样本均值实际上是否相等，也就是是否有差异。

	A	B
1	2019年营业额	2020年营业额
2	99	112
3	102	106
4	97	106
5	109	110
6	101	109
7	94	111
8	88	118
9	101	111
10	99	100
11	102	107
12	104	110
13	99	109
14	104	113
15	106	118
16	101	120

图 13-89

❶ 首先打开"数据分析"对话框，然后选中"t - 检验：双样本异方差假设"（如图 13-90 所示），单击"确定"按钮，打开"t - 检验：双样本异方差假设"对话框，按图 13-91 所示设置各项参数。

❷ 单击"确定"按钮，可以得到统计表格，如图 13-92 所示。P 值（单尾）大于 0.05 即接受原假设，即两分类的均值相同。可以得出的结论是 2020 年各分店平均营业额与 2019 年各分店的平均营业额相等。

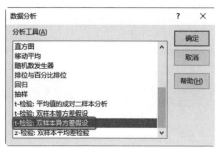

图 13-90

图 13-91

图 13-92

13.3.10 z- 检验工具（双样本平均差检验）

"z- 检验"分析工具可以进行方差已知的双样本均值 z- 检验。它用于检验两个总体均值之间存在差异的假设。例如，可以使用此检验来确定两种汽车模型性能之间的差异情况等。

本例统计了两个年份中的营业额数据（沿用上例中的表格数据），下面需要使用 z- 检验来比较不同年份营业额的检测数据是否相同。

❶ 首先打开"数据分析"对话框，然后选中"z- 检验：双样本平均差检验"（如图 13-93 所示），单击"确定"按钮，打开"z- 检验：双样本平均差检验"对话框，按图 13-94 所示设置各项参数。

图 13-93

图 13-94

❷ 单击"确定"按钮，即可建立双样本均值分析表格，如图 13-95 所示。可以看到 Z 值为 -5.1767，双尾临界值为 1.959964，因此，可以接受零假设，认为两个年份下各分店营业额的检测数据无显著差异。

	A	B	C	D	E	F	G	H
1	**2019年营业额**	**2020年营业额**						
2	99	112		z-检验: 双样本均值分析				
3	102	106						
4	97	106			变量 1	变量 2		
5	109	110		平均	100.4	110.6667		
6	101	109		已知协方差	24	35		
7	94	111		观测值	15	15		
8	88	118		假设平均差	0			
9	101	111		z	-5.17665			
10	99	100		P(Z<=z) 单尾	1.13E-07			
11	102	107		z 单尾临界	1.644854			
12	104	110		P(Z<=z) 双尾	2.26E-07			
13	99	109		z 双尾临界	1.959964			
14	104	113						
15	106	118						
16	101	120						

图 13-95

13.4 ▶ 新产品定价策略分析

新产品定价通常有三种策略，撇脂定价（高端价格）、渗透定价（低端价格）和满意定价（介于高低之间的价格）。如图 13-96 所示为新产品定价策略数据分析，如图 13-97 所示为根据数据建立的图表。

图 13-96

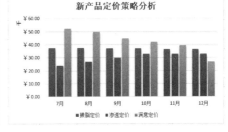

图 13-97

13.4.1 计算利润

下面需要根据相关公式计算利润。

❶ 新建工作表，将工作表标签重命名为"新产品定价策略分析"，在工作表中输入新产品定价数据，并进行表格格式设置，如图 13-98 所示。

图 13-98

❷ 在 B14 单元格中输入公式：

=($D$3-$A$4)*B5-D5*$D$3*B5

按 Enter 键，向下复制公式，计算出该定价策略下各月的利润，如图 13-99 所示。

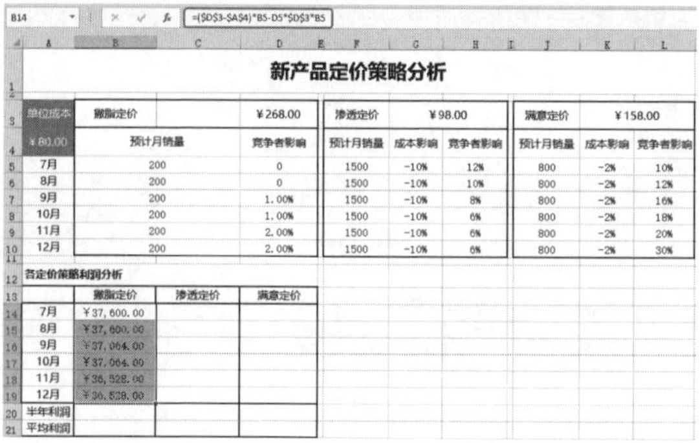

B14 =($D$3-$A$4)*B5-D5*$D$3*B5

新产品定价策略分析

单位成本	撇脂定价	¥268.00	渗透定价	¥98.00		满意定价	¥158.00	
¥80.00	预计月销量	竞争者影响	预计月销量	成本影响	竞争者影响	预计月销量	成本影响	竞争者影响
7月	200	0	1500	-10%	12%	800	-2%	10%
8月	200	0	1500	-10%	10%	800	-2%	12%
9月	200	1.00%	1500	-10%	8%	800	-2%	16%
10月	200	1.00%	1500	-10%	6%	800	-2%	18%
11月	200	2.00%	1500	-10%	6%	800	-2%	20%
12月	200	2.00%	1500	-10%	6%	800	-2%	30%

各定价策略利润分析

	撇脂定价	渗透定价	满意定价
7月	¥37,600.00		
8月	¥37,600.00		
9月	¥37,064.00		
10月	¥37,064.00		
11月	¥36,528.00		
12月	¥36,528.00		
半年利润			
平均利润			

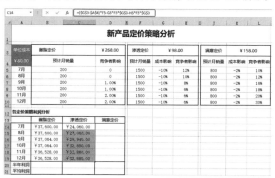

图 13-99

❸ 在 C14 单元格中输入公式：

=($G$3-$A$4)*F5-G5*F5*$G$3-H5*F5*$G$3

按 Enter 键，向下复制公式，计算该定价方式下各月的利润，如图 13-100 所示。

C14 =($G$3-$A$4)*F5-G5*F5*$G$3-H5*F5*$G$3

新产品定价策略分析

单位成本	撇脂定价	¥268.00	渗透定价	¥98.00		满意定价	¥158.00	
¥80.00	预计月销量	竞争者影响	预计月销量	成本影响	竞争者影响	预计月销量	成本影响	竞争者影响
7月	200	0	1500	-10%	12%	800	-2%	10%
8月	200	0	1500	-10%	10%	800	-2%	12%
9月	200	1.00%	1500	-10%	8%	800	-2%	16%
10月	200	1.00%	1500	-10%	6%	800	-2%	18%
11月	200	2.00%	1500	-10%	6%	800	-2%	20%
12月	200	2.00%	1500	-10%	6%	800	-2%	30%

各定价策略利润分析

	撇脂定价	渗透定价	满意定价
7月	¥37,600.00	¥24,060.00	
8月	¥37,600.00	¥27,000.00	
9月	¥37,064.00	¥29,940.00	
10月	¥37,064.00	¥32,880.00	
11月	¥36,528.00	¥32,880.00	
12月	¥36,528.00	¥32,880.00	
半年利润			
平均利润			

图 13-100

❹ 在 D14 单元格中输入公式：

=($K$3-$A$4)*J5-K5*J5*$K$3-L5*J5*$K$3

按 Enter 键，向下复制公式，计算出该定价策略下各月的利润，如图 13-101 所示。

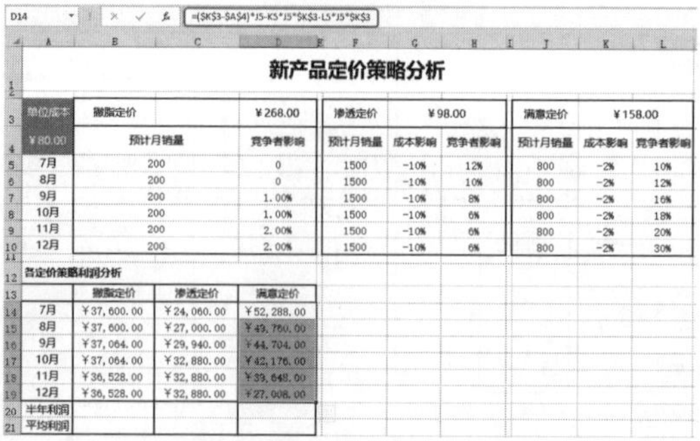

D14 =($K$3-$A$4)*J5-K5*J5*$K$3-L5*J5*$K$3

新产品定价策略分析

单位成本	撇脂定价	¥268.00	渗透定价	¥98.00		满意定价	¥158.00	
¥80.00	预计月销量	竞争者影响	预计月销量	成本影响	竞争者影响	预计月销量	成本影响	竞争者影响
7月	200	0	1500	-10%	12%	800	-2%	10%
8月	200	0	1500	-10%	10%	800	-2%	12%
9月	200	1.00%	1500	-10%	8%	800	-2%	16%
10月	200	1.00%	1500	-10%	6%	800	-2%	18%
11月	200	2.00%	1500	-10%	6%	800	-2%	20%
12月	200	2.00%	1500	-10%	6%	800	-2%	30%

各定价策略利润分析

	撇脂定价	渗透定价	满意定价
7月	¥37,600.00	¥24,060.00	¥52,288.00
8月	¥37,600.00	¥27,000.00	¥49,760.00
9月	¥37,064.00	¥29,940.00	¥44,704.00
10月	¥37,064.00	¥32,880.00	¥42,176.00
11月	¥36,528.00	¥32,880.00	¥39,648.00
12月	¥36,528.00	¥32,880.00	¥27,008.00
半年利润			
平均利润			

图 13-101

⑤ 在 B20 单元格中输入公式：

=SUM(B14:B19)

按 Enter 键，向右复制公式，得到每种定价策略的半年利润和，如图 13-102 所示。

图 13-102

⑥ 在 B21 单元格中输入公式：

=AVERAGE(B14:B19)

按 Enter 键，向右复制公式，得到每种定价策略的月平均利润，如图 13-103 所示。

图 13-103

13.4.2 创建图表分析新产品

下面需要根据公式计算出的利润来创建图表分析数据。

1. 创建柱形图

① 选中 A13:D19 单元格区域，单击"插入"标签下"图表"选项组中"柱形图"下拉按钮，在下拉菜单中选择"簇状柱形图"，如图 13-104 所示。

② 工作表中即可显示默认格式的簇状柱形图，再更改图表标题即可，如图 13-105 所示。

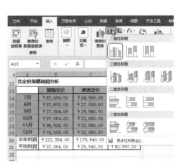

图 13-104

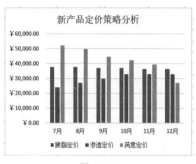

图 13-105

2. 设置坐标轴格式

下面需要更改默认的坐标轴单位为"千"。

❶ 双击图表纵坐标轴打开"设置坐标轴格式"对话框，单击"显示单位"下拉按钮，在下拉菜单中选择"千"命令，如图 13-106 所示。

图 13-106

❷ 单击图表中的网格线，按 Delete 键删除网络线，如图 13-107 所示。

3. 美化图表

下面需要一键应用指定样式美化柱形图图表。

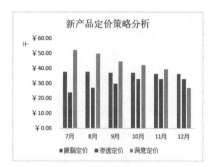

图 13-107

❶ 选中图表后，单击图表右侧的"图表样式"按钮，在打开的列表中选择一种样式，如图 13-108 所示。

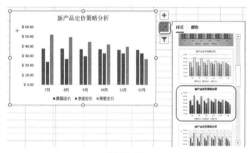

图 13-108

❷ 单击后，即可快速应用指定样式，如图 13-109 所示。

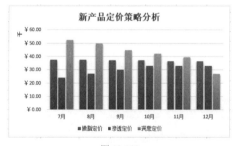

图 13-109

13.5 使用方案管理器分析最优销售方案

在企业的生产经营活动中，由于市场的不断变化，企业的生产销售受到各种因素的影响，企业需要估计这些因素并分析其对企业生产销售的影响。Excel 2019 提供了称为方案的工具来解决上述问题，利用其提供的方案管理器，可以很方便地对多种方案（即多个假设条件）进行分析。

方案是 Excel 保存在工作表中并可进行自动替换的一组值，用户可以使用方案来预测工作表模型的输出结果，同时还可以在工作表中创建并保存不同的数值组，然后切换到任意新方案以查看不同的结果。方案管理器作为一种分析工具，就是管理多变量的数据变化情况，它可以进行多方案的分析比较。每个方案允许财务管理人员建立一组假设条件，自动产生多种结果，并直观地看到每个结果的显示过程，还可以将多种结果同时存在一个工作表中，十分方便。企业对于较为复杂的计划，可能需要制定多个方案进行比较，然后进行决策。

如图 13-110 所示为使用"方案管理器"进行销售方案的预测结果。

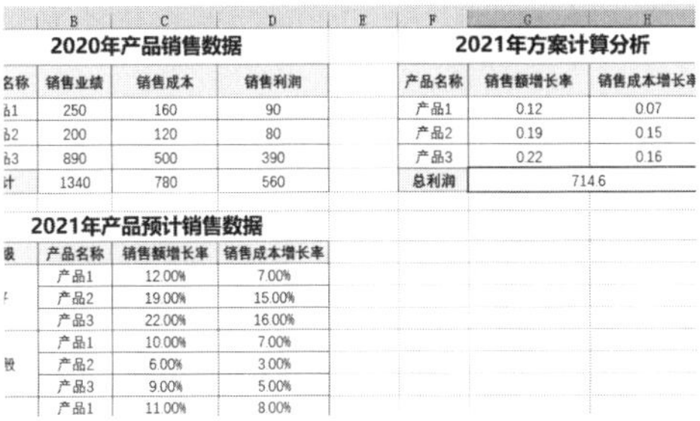

图 13-110

13.5.1 创建方案分析模型

通过 Excel 中的方案功能，我们可以直观地显示所定方案的结果，方便我们选择最佳方案并决策。

本例假设某企业生产产品 1、产品 2、产品 3，在 2020 年的销售额分别为 250 万元、200 万元、890 万元，销售成本分别为 160 万元、120 万元、500 万元。根据市场情况推测，2021 年产品的销售情况有好、一般和差三种情况，每种情况的销售额及销售成本的增长率已输入工作表中，现根据这些资料来创建方案。

❶ 新建一个工作簿，将"Sheet 1"工作表标签重命名为"方案模型"，在工作表中建立方案分析模型，该模型是假设不同的等级对应的销售额和销售成本增长率，如图 13-111 所示。

❷ 在 G6 单元格中输入公式：

=SUMPRODUCT(B3:B5,G3:G5+1)-

SUMPRODUCT(C3:C5,1+H3:H5)

按 Enter 键，由于相关数据还没输入，暂时会显示一个不正确的数据，如图 13-112 所示。

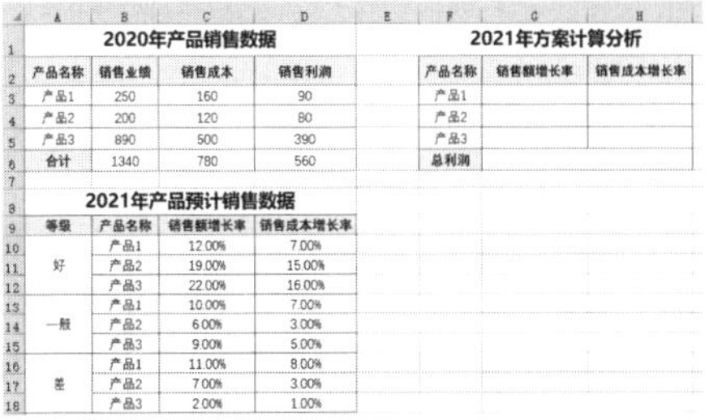

图 13-111

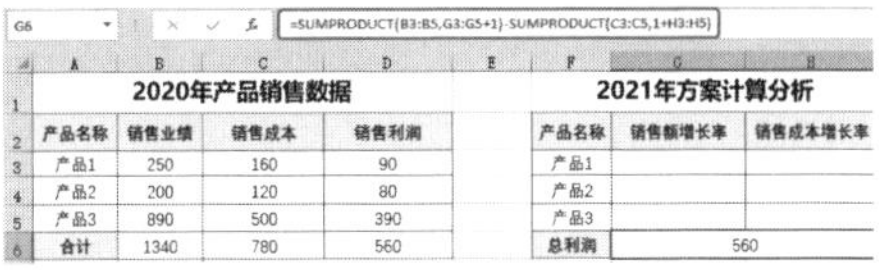

图 13-112

13.5.2 定义名称方便引用

❶ 选中 G3 单元格，在左上角的名称框中输入名称为"产品 1 销售额增长率"（如图 13-113 所示），按 Enter 键后，即可定义名称。

图 13-113

❷ 按照相同的方法依次定义其他单元格名称，在打开的"名称管理器"对话框中可以看到所有定义好的名称，如图 13-114 所示。

图 13-114

13.5.3 添加方案

❶ 在当前工作表中单击"数据"选项卡，在"数据工具"组中单击"模拟分析"按钮，打开下拉菜单。

❷ 选择"方案管理器"命令（如图 13-115 所示），打开"方案管理器"对话框。

图 13-115

❸ 单击"添加"按钮（如图 13-116 所示），弹出"编辑方案"对话框，在"方案名"文本框中键入方案名"方案一：好"。在"可变单元格"框中键入单元格的引用，在这里输入"$G$3:$H$5"，如图 13-117 所示。

图 13-116

图 13-117

❹ 设置完成后，单击"确定"按钮，进入"方案变量值"对话框中，在"请输入每个可变单元格的值"下依次输入第一个方案中的各项比率值，即依次为 0.12、0.07、0.19、0.15、0.22，如图 13-118 所示。

❺ 输入完成后，单击"确定"按钮，返回"方案管理器"对话框，如图 13-119 所示。

图 13-118

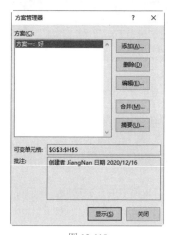

图 13-119

❻ 再按照相同的操作方法依次设置其他两个方案的变量值，如图 13-120、图 13-121 所示。

图 13-120

❼ 最终设置的三个方案如图 13-122 所示。

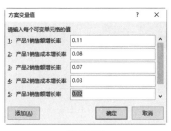

图 13-121

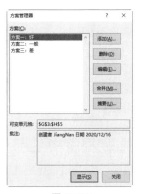

图 13-122

13.5.4 显示方案

❶ 选中要显示的方案（如“方案一：好”）（如图 13-123 所示），单击“显示”按钮即可显示方案，如图 13-124 所示为方案一的总利润计算。

图 13-123

❷ 用户可以通过选择对应的方案名称，按相同的方法查看各方案的预测结果。

2020年产品销售数据

产品名称	销售业绩	销售成本	销售利润
产品1	250	160	90
产品2	200	120	80
产品3	890	500	390
合计	1340	780	560

2021年方案计算分析

产品名称	销售额增长率	销售成本增长率
产品1	0.12	0.07
产品2	0.19	0.15
产品3	0.22	0.16
总利润	714.6	

2021年产品预计销售数据

等级	产品名称	销售额增长率	销售成本增长率
好	产品1	12.00%	7.00%
	产品2	19.00%	15.00%
	产品3	22.00%	16.00%
一般	产品1	10.00%	7.00%
	产品2	6.00%	3.00%
	产品3	9.00%	5.00%
差	产品1	11.00%	8.00%
	产品2	7.00%	3.00%
	产品3	2.00%	1.00%

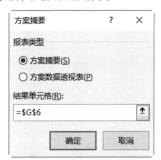

图 13-124

13.5.5 方案摘要

❶ 打开建立了方案且想显示方案摘要的工作表，打开“方案管理器”，单击“摘要”按钮，打开“方案摘要”对话框。

❷ 选中“方案摘要”单选按钮，设置“结果单元格”为 G6，如图 13-125 所示。

图 13-125

❸ 设置完成后，单击“确定”按钮即可新建“方案摘要”工作表，显示摘要信息，即显示出不同销售等级下各个产品的销售额增长率和销售成本增长率，如图 13-126 所示。从方案摘要中可以看出哪个方案为最优销售方案。

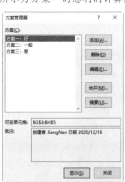

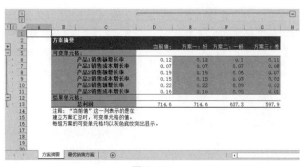

图 13-126

13.6 商品促销策略分析

价格永远是促销的利器，在常见的促销方式中，直接涉及价格的促销方式永远具有最大的诱惑力。如图 13-127 所示为商品促销策略分析计算表格。

商品促销策略分析				
不同促销方式的利润增长率比较				
店面	店面A	店面B	店面C	店面D
促销策略	特价包装	现金折扣	优惠券	赠品
1月	12.80%	36.50%	22.70%	15.30%
2月	22.80%	33.30%	19.80%	17.50%
3月	29.50%	30.10%	17.50%	16.80%
4月	32.60%	24.50%	18.30%	16.10%
5月	33.50%	29.80%	16.50%	14.50%
6月	32.80%	30.50%	14.20%	13.60%
7月	27.50%	32.50%	13.80%	14.20%
8月	32.10%	33.20%	13.20%	14.30%
9月	32.60%	31.50%	13.60%	15.20%
10月	28.90%	23.60%	17.50%	14.20%
11月	36.50%	27.80%	17.60%	13.10%
12月	20.80%	29.80%	18.20%	13.60%
平均增长率	28.5%	30.3%	16.9%	14.9%
最高增长率	36.5%	36.5%	22.7%	17.5%
第2个最高增长率	33.5%	33.3%	19.8%	16.8%
最低增长率	12.8%	23.6%	13.2%	13.1%
第2个最低增长率	20.8%	24.5%	13.6%	13.6%

图 13-127

13.6.1 创建促销分析表格

新建工作簿，并命名为"公司营销决策分析"，将 Sheet1 工作表标签重命名为"商品促销策略分析"，在工作表中建立商品促销策略分析表格，如图 13-128 所示。

商品促销策略分析				
不同促销方式的利润增长率比较				
店面	店面A	店面B	店面C	店面D
促销策略	特价包装	现金折扣	优惠券	赠品
1月	12.80%	36.50%	22.70%	15.30%
2月	22.80%	33.30%	19.80%	17.50%
3月	29.50%	30.10%	17.50%	16.80%
4月	32.60%	24.50%	18.30%	16.10%
5月	33.50%	29.80%	16.50%	14.50%
6月	32.80%	30.50%	14.20%	13.60%
7月	27.50%	32.50%	13.80%	14.20%
8月	32.10%	33.20%	13.20%	14.30%
9月	32.60%	31.50%	13.60%	15.20%
10月	28.90%	23.60%	17.50%	14.20%
11月	36.50%	27.80%	17.60%	13.10%
12月	20.80%	29.80%	18.20%	13.60%
平均增长率				
最高增长率				
第2个最高增长率				
最低增长率				
第2个最低增长率				

图 13-128

13.6.2 计算增长率

下面按不同的促销方式进行产品促销策略分析，统计出各月的利润增长率，然后使用统计函数对各门店的利润增长率进行分析和比较，找出最具影响力的促销方式。

❶ 在 B17 单元格中输入公式：

=AVERAGE(B5:B16)

按 Enter 键，向右复制公式至 E17 单元格，计算出平均增长率，如图 13-129 所示。

❷ 在 B18 单元格中输入公式：

=MAX(B5:B17)

按 Enter 键，向右复制公式至 E18 单元格，计算最高增长率，如图 13-130 所示。

图 13-129

图 13-130

❸ 在 B19 单元格中输入公式：

=LARGE(B5:B16,2)

按 Enter 键，向右复制公式至 E19 单元格，计算第 2 个最高增长率，如图 13-131 所示。

❹ 在 B20 单元格中输入公式：

=MIN(B5:B16)

按 Enter 键，向右复制公式至 E20 单元格，计算最低增长率，如图 13-132 所示。

❺ 在 B21 单元格中输入公式：

=SMALL(B5:B16,2)

按 Enter 键，向右复制公式至 E21 单元格，计算第 2 个最低增长率，如图 13-133 所示。

图 13-131

图 13-132

图 13-133